美国著名奥数教练蒂图·安德雷斯库系列丛书(第二辑)

110个几何问题：
选自各国数学奥林匹克竞赛
110 Geometry Problems: for the International Mathematical Olympiad

[美] 蒂图·安德雷斯库(Titu Andreescu)
[罗] 科斯明·波霍阿塔(Cosmin Pohoata) 著

罗 炜 译

哈尔滨工业大学出版社
HARBIN INSTITUTE OF TECHNOLOGY PRESS

黑版贸审字 08-2017-067 号

内 容 简 介

本书以《106 个几何问题：来自 AwesomeMath 夏季课程》和《107 个几何问题：来自 AwesomeMath 全年课程》的内容为背景，共分为问题、解答、参考文献和进阶读物三部分，列出了选自各国数学奥林匹克竞赛的 110 道几何问题，并对这些几何问题进行了详细解答，有些问题有多种解法，还给出了一些问题的相应的点评以及解决此题用到的定理.

本书可作为几何学家以及备战高难度国际数学奥林匹克竞赛的学生们使用的习题集.

图书在版编目(CIP)数据

110 个几何问题：选自各国数学奥林匹克竞赛/(美)蒂图·安德雷斯库(Titu Andreescu),(罗)科斯明·波霍阿塔(Cosmin Pohoata)著；罗炜译. —哈尔滨：哈尔滨工业大学出版社,2024.5

书名原文：110 Geometry Problems：for the International Mathematical Olympiad

ISBN 978-7-5767-1086-1

Ⅰ.①1… Ⅱ.①蒂… ②科… ③罗… Ⅲ.①几何课-中学-教学参考资料 Ⅳ.①G634.633

中国国家版本馆 CIP 数据核字(2023)第 232302 号

© 2014 XYZ Press，LLC
All rights reserved. This work may not be copied in whole or in part without the written permission of the publisher (XYZ Press, LLC, 3425 Neiman Rd., Plano, TX 75025, USA) except for brief excerpts in connection with reviews or scholarly analysis. www.awesomemath.org

110 GE JIHE WENTI：XUANZI GEGUO SHUXUE AOLINPIKE JINGSAI

策划编辑　刘培杰　张永芹
责任编辑　宋　淼　李兰静
封面设计　孙茵艾
出版发行　哈尔滨工业大学出版社
社　　址　哈尔滨市南岗区复华四道街 10 号　邮编 150006
传　　真　0451-86414749
网　　址　http://hitpress.hit.edu.cn
印　　刷　哈尔滨市工大节能印刷厂
开　　本　787 mm×1 092 mm　1/16　印张 16　字数 284 千字
版　　次　2024 年 5 月第 1 版　2024 年 5 月第 1 次印刷
书　　号　ISBN 978-7-5767-1086-1
定　　价　58.00 元

（如因印装质量问题影响阅读,我社负责调换）

美国著名奥数教练蒂图·安德雷斯库

前　　言

本书是 XYZ Press 已出版的两本几何书籍，即《106 个几何问题：来自 AwesomeMath 夏季课程》和《107 个几何问题：来自 AwesomeMath 全年课程》的非正式续篇. 本书以这两本书的内容为背景，可作为几何学家以及备战高难度国际数学奥林匹克竞赛（IMO）的学生们使用的习题集.

有了前两本书的铺垫，我们已然知道，熟练掌握并且有效应用基本原理是解决几何问题的关键. 然而，并非全部的几何问题都可以通过简单地罗列 19 世纪的几何原理来解决. 一些问题不仅需要对图形结构有深刻的见解，而且还需要不拘泥于常识性技巧的思路与洞察力. 本书就是一本汇集了我们最爱的这类题目的习题集.

书中所给出的解题方法及其评论展示了我们出版本书的主要意图. 因为书中的大部分题目都是我们为全球各大数学竞赛草拟的，所以通常情况下我们选择的解题方法都复现了出题时的原始思路. 这样做的目的是不仅使读者有机会一窥出题者如何设计问题，而且还可以使读者在面对复杂的图形结构解析时，能够自然而然地得到结构性的思路. 针对那些并非本书作者所出的题目，我们也是从这个角度出发来提供解题方法的.

祝您有一个愉快的阅读体验！

Titu Andreescu, Cosmin Pohoata

缩写与符号

几何元素符号

$\angle BAC$	以 A 为顶点的凸角
$\angle(p,q)$	直线 p 与 q 之间的有向角
$\angle BAC \equiv \angle B'AC'$	$\angle BAC$ 与 $\angle B'AC'$ 重合
AB	经过点 A 与点 B 的直线，点 A 与点 B 之间的距离
$\overline{AB}$	从点 A 到点 B 的有向线段
$X \in AB$	点 X 在直线 AB 上
$X = AC \cap BD$	点 X 是直线 AC 与 BD 的交点
$\triangle ABC$	A、B、C 三点构成的三角形
$[ABC]$	$\triangle ABC$ 的面积
$[A_1 \cdots A_n]$	多边形 $A_1 \cdots A_n$ 的面积
(ABC)	$\triangle ABC$ 的外接圆
$(A_1 \cdots A_n)$	多边形 $A_1 \cdots A_n$ 的外接圆
$AB \parallel CD$	直线 AB 与 CD 平行
$AB \perp CD$	直线 AB 与 CD 垂直
$p(X, \omega)$	点 X 到圆 ω 的幂
$\triangle ABC \cong \triangle DEF$	$\triangle ABC$ 与 $\triangle DEF$ 全等（依对应顶点顺序）
$\triangle ABC \sim \triangle DEF$	$\triangle ABC$ 与 $\triangle DEF$ 相似（依对应顶点顺序）
$\mathcal{H}(H, k)$	以 H 为中心、相似比为 k 的位似变换
$\Psi(P, r^2)$	以 P 为中心、幂为 r^2 的反演变换
$\mathcal{S}(S, k, \varphi)$	以 S 为中心、伸缩比为 k、旋转角为 φ 的旋转相似变换

三角形元素符号

a、b、c	$\triangle ABC$ 的边或边长
$\angle A$、$\angle B$、$\angle C$	$\triangle ABC$ 中以 A、B、C 为顶点的角
s	半周长
x、y、z	表达式为 $\frac{1}{2}(b+c-a)$、$\frac{1}{2}(c+a-b)$、$\frac{1}{2}(a+b-c)$
r	内径
R	外径
K	面积
h_a、h_b、h_c	$\triangle ABC$ 的高
m_a、m_b、m_c	$\triangle ABC$ 的中线
l_a、l_b、l_c	$\triangle ABC$ 的角平分线（线段）
r_a、r_b、r_c	$\triangle ABC$ 的旁切圆半径

缩写

USAMO	美国数学奥林匹克竞赛
USAJMO	美国少年数学奥林匹克竞赛
IMO	国际数学奥林匹克竞赛
IMO TST	IMO 国家队选拔赛
RMM	罗马尼亚数学大师赛
BMO	英国数学奥林匹克竞赛
MOSP	数学奥林匹克夏令营
AoPS	解题的艺术

目　录

第 1 部分　问　题 1

第 2 部分　解　答 21

参考文献和进阶读物 220

第1部分
问 题

题目 1. (Haruki 引理) 已知 AB、CD 为某圆上的两条不相交的弦，P 为 $\overset{\frown}{AB}$ 上一个动点，且点 P 不与点 C、D 重合. 设弦 PC 与 AB、PD 与 AB 的交点分别为 E、F. 求证：$\frac{AE \cdot BF}{EF}$ 的值与点 P 的位置无关.

题目 2. 考虑这样的一个 $\triangle ABC$，满足 $a \leqslant b \leqslant c$，并分别用 X、Y、Z 表示边 BC、CA、AB 的中点. 设点 D、E、F 分别在边 BC、CA、AB 上，并满足以下两个条件：

 (i) 点 D 在点 X 与点 C 之间，点 E 在点 Y 与点 C 之间，点 F 在点 Z 与点 B 之间.

 (ii) $\angle CDE \leqslant \angle BDF, \angle CED \leqslant \angle AEF, \angle BFD \leqslant \angle AFE$.

 求证：$\triangle DEF$ 的周长不大于 $\triangle ABC$ 的半周长.

Nikolaos Dergiades – 几何论坛

题目 3. 在已知的 $\triangle ABC$ 中，设 $\angle BAC$ 的内角平分线与对边的交点为 A'. 设 P 为 Ceva 线 AA' 上不同于 A' 的任意点，B'、C' 分别为直线 BP、CP 与边 CA、AB 的交点. 若 $BB' = CC'$，求证：$AB = AC$.

Virgil Nicula, Cosmin Pohoata –《几何和图形杂志》

题目 4. (Taylor 定理) 在 $\triangle ABC$ 中，点 A'、B'、C' 分别为以 A、B、C 为顶点的高的垂足. 设点 A' 到 AB 的垂足为 A_1，A' 到 AC 的垂足为 A_2. 此外，设以顶点 A 为圆心、AA' 为半径的圆为 Ω_A. 类似地，我们也有点 B_1、B_2、C_1、C_2，和圆 Ω_B、Ω_C. 求证：

 (a) 点 A_1、A_2、B_1、B_2、C_1 和 C_2 都在同一个圆上.

 (b) (a) 中所得的圆的圆心到圆 Ω_A、Ω_B 和 Ω_C 的幂相同.

题目 5. 设 $\mathcal{C}$ 为一个圆，P 为圆 $\mathcal{C}$ 外的一个点. 过点 P 作圆的两条切线，切点分别为 A 和 B. 设点 M 为线段 AP 的中点，点 N 为直线 BM 与圆 $\mathcal{C}$ 的另一交点. 求证：$PN = 2MN$.

Virgil Nicula – AoPS 论坛

题目 6. 设 ℓ 为已知圆 $\rho(O)$ 外部的一条直线. 设圆心 O 在直线 ℓ 上的垂足为 A，M 为圆 ρ 上的任意点. 此外，以 AM 为直径的圆分别与圆 ρ 和直线 ℓ 二次相交于点 X 和 Y. 求证：直线 XY 经过一个定点，并且此定点与点 M 的位置无关.

Virgil Nicula – 多瑙河数学杯 2010

题目 7. 设 X、Y、Z 分别为 $\triangle ABC$ 的外接圆上包含三角形顶点的 $\overset{\frown}{BC}$、$\overset{\frown}{CA}$、$\overset{\frown}{AB}$ 的中点. 求证：点 X、Y、Z 各自在 $\triangle ABC$ 中的 Simson 线相交于一点.

AoPS 论坛

题目 8. 设 $\triangle ABC$ 的外心为 O,点 D、E、F 分别为边 BC、CA、AB 上的任意点. 设点 D、E、F 关于边 BC、CA、AB 的中点的反射分别为 D'、E'、F'. 求证:

(a) 点 D、E、F 的 Miquel 点 M 与点 D'、E'、F' 的 Miquel 点 M' 到 $\triangle ABC$ 的外心的距离相等.

(b) $\triangle DEF$ 的重心与 $\triangle D'E'F'$ 的重心关于 $\triangle ABC$ 的重心对称.

(c) $\triangle DEF$ 与 $\triangle D'E'F'$ 的面积相等.

Mario Dalcin, Eckart Schmidt – 几何论坛

题目 9. 在 $\triangle ABC$ 中,$\angle BAC < \angle ACB$. 设 D、E 分别为边 AC 和 AB 上的点,满足 $\angle ACB$ 与 $\angle BED$ 相等. 若点 F 落在四边形 $BCDE$ 内部,且满足 $\triangle BCF$ 的外接圆与 $\triangle DEF$ 的外接圆相切,并且 $\triangle BEF$ 的外接圆与 $\triangle CDF$ 的外接圆相切,求证:A、C、E、F 四点共圆.

Cosmin Pohoata – 罗马尼亚 IMO TST 2008

题目 10. 已知圆 γ 及直线 ℓ 在同一平面上. 直线 ℓ 上的点 K 位于圆 γ 的外部. 过点 K 作圆 γ 的两条切线 KA、KB,其中 A、B 分别为圆 γ 上互异的两点. P、Q 为圆 γ 上的两个点. 直线 PA、PB 分别与直线 ℓ 相交于点 R、S. 直线 QR、QS 分别与圆 γ 二次相交于点 C、D. 求证:分别与圆 γ 相切于点 C、D 的直线的交点在直线 ℓ 上.

Dinu Serbanescu – 罗马尼亚 IMO TST 2012

题目 11. 在不等边锐角 $\triangle ABC$ 中,$AC > BC$. 以 C 为顶点的高线的垂足为 F,点 P 在边 AB 上(不与点 A 重合),满足 $AF = PF$. 设三角形的垂心、外心以及边 AC 的中点分别为 H、O、M. 设 BC 与 HP 的交点为 X,OM 与 FX 的交点为 Y,OF 与 AC 的交点为 Z. 求证:F、M、Y、Z 四点共圆.

BMO 2008

题目 12. $\triangle ABC$ 为一个任意三角形,I 是 $\triangle ABC$ 的内心. 设 D、E、F 分别为直线 BC、CA、AB 上的点,并且满足 $\angle BID = \angle CIE = \angle AIF = 90°$. 此外还有以下定义:$r_a$、$r_b$、$r_c$ 分别为 $\triangle ABC$ 的三个旁切圆半径,$[DEF]$ 为 $\triangle DEF$ 的面积,$[ABC]$ 为 $\triangle ABC$ 的面积. 求证:

$$\frac{[DEF]}{[ABC]} = \frac{4r(r_a + r_b + r_c)}{(a+b+c)^2}.$$

Mehmet Sahin – 《哈佛数学评论》

题目 13. 设非钝角三角形中顶点 A、B、C 的对边边长分别是 a、b、c，并且对应的高分别为 h_a、h_b、h_c. 求证：

$$\left(\frac{h_a}{a}\right)^2 + \left(\frac{h_b}{b}\right)^2 + \left(\frac{h_c}{c}\right)^2 \geqslant \frac{9}{4},$$

并给出取等号的条件.

Omran Kouba – 《美国数学月刊》

题目 14. $\triangle ABC$ 为一个锐角三角形，垂心为 H，W 为边 BC 上的一个点. 分别用 M、N 表示经过顶点 B、C 的高的垂足. 用 ω_1 表示 $\triangle BWN$ 的外接圆，并且设 W 在圆 ω_1 上的对径点为 X. 类似地，用 ω_2 表示 $\triangle CWM$ 的外接圆，并设 W 在圆 ω_2 上的对径点为 Y. 求证：X、Y 和 H 三点共线.

Warut Suksompong, Potcharapol Suteparuk – IMO 2013

题目 15. 已知 $\triangle ABC$ 及其内部一点 P. 设 AP、BP、CP 与边 BC、CA、AB 的交点分别为 X、Y、Z. 求证：

$$\frac{XB}{XY} \cdot \frac{YC}{YZ} \cdot \frac{ZA}{ZX} \leqslant \frac{R}{2r}.$$

Titu Andreescu – USAMO 2014 预选题

题目 16. 设圆 C_1 与 $\triangle ABC$ 的边 AB、AC 相切，圆 C_2 经过点 B、C，并且与圆 C_1 相切于点 D. 求证：$\triangle ABC$ 的内心在 $\angle BDC$ 的内角平分线上.

Vladimir Protassov

题目 17. 已知 $\triangle ABC$ 及其外接圆上的两点 P、Q. 求证：当且仅当 $PQ /\!/ BC$ 时，P、Q 的 Simson 线相交于 $\triangle ABC$ 中以 A 为顶点的高上.

Alexey Zaslavsky – Hyacinthos 新闻组

题目 18. 已知 $\triangle ABC$ 及其内部一点 P，$\triangle DEF$ 为 P 在 $\triangle ABC$ 内的垂足三角形. 假设直线 DE 垂直于 DF. 求证：点 P 相对于 $\triangle ABC$ 的等角共轭点是 $\triangle AEF$ 的垂心.

MOSP

题目 19. 设直线 τ 与 $\triangle ABC$ 的外接圆 $\Gamma(O, R)$ 相切. 设 I、I_a、I_b、I_c 分别为 $\triangle ABC$ 的内心和三个旁心，并用 $\delta(P)$ 表示点 P 到直线 τ 的距离. 求证：存在一组运算符号使以下等式成立：

$$\pm\delta(I) \pm \delta(I_a) \pm \delta(I_b) \pm \delta(I_c) = 4R.$$

Luis Gonzalez – AoPS 论坛

题目 20. (Feuerbach 定理) 求证：三角形的九点圆分别与该三角形的内切圆和各旁切圆相切.

题目 21. 在锐角 $\triangle ABC$ 中，$\angle A < \angle B$、$\angle A < \angle C$. P 是边 BC 上的一个动点. 点 D、E 分别在边 AB、AC 上，并满足 $BP = PD$、$CP = PE$. 求证：随着点 P 沿边 BC 运动，$\triangle ADE$ 的外接圆经过除点 A 外的另一个定点.

冯祖鸣 – 美国 IMO TST 2012

题目 22. 设 $\triangle ABC$ 的外心是 O，X、Y、Z 分别是 $\triangle BOC$、$\triangle COA$、$\triangle AOB$ 的外心. 求证：直线 AX、BY、CZ 相交于一点.

Cezar Cosnita –《数学公报》*

题目 23. (Brocard 定理) 已知 $\triangle ABC$ 与其内部一点 P. 设一条直线经过点 P 且垂直于 PA，并与 BC 相交于点 A_1. 类似地定义点 B_1 和 C_1. 求证：点 A_1、B_1、C_1 三点共线.

题目 24. 已知在四边形 $ABCD$ 中，$\angle B = \angle D = 90°$. 在线段 AB 上取点 M，满足 $AD = AM$. 射线 DM、CB 相交于点 N. H、K 分别为点 D、C 在直线 AC、AN 上的垂足. 求证：$\angle MHN = \angle MCK$.

Zhautykov 数学奥林匹克 2009

题目 25. 设点 P 与 $\triangle ABC$ 在同一平面上，点 Q 是它关于 $\triangle ABC$ 的等角共轭点. 求证：
$$\frac{AP \cdot AQ}{AB \cdot AC} + \frac{BP \cdot BQ}{BA \cdot BC} + \frac{CP \cdot CQ}{CA \cdot CB} = 1.$$

IMO 预选题 1998

题目 26. 在 $\triangle ABC$ 中，设各旁切圆在边 BC、CA、AB 上的切点分别为 A_1、B_1、C_1. 求证：AA_1、BB_1、CC_1 的长度可以组成一个三角形.

Lev Emelyanov – Tuymaada 数学奥林匹克 2005

题目 27. (Morley 定理) 将三角形的三个内角分别三等分，靠近某边的两条角三分线相交得到一个交点，则这样的三个交点可以构成一个正三角形.

题目 28. 设 Ω 为 $\triangle ABC$ 的外接圆，D 是内切圆 $\rho(I)$ 与边 BC 的切点. 设圆 ω 与 Ω 内切于 T，与 BC 相切于 D. 证明：$\angle ATI = 90°$.

Nguyen Minh Ha –《数学与青年杂志》

---

*《数学公报》(*Gazeta Matematica*) 是罗马尼亚的一个数学杂志. ——译者注

题目 29. (Hartcourt 定理) 设在 $\triangle ABC$ 中, 直线 ℓ 与内切圆相切. 设 x、y、z 分别为点 A、B、C 到 ℓ 的有向距离. 证明:
$$ax + by + cz = 2[ABC],$$
其中 $[ABC]$ 为 $\triangle ABC$ 的面积.

题目 30. (Neuberg-Pedoe 不等式) 设 a、b、c 和 x、y、z 分别为 $\triangle ABC$、$\triangle XYZ$ 的边长, 而 $[ABC]$ 和 $[XYZ]$ 分别表示它们的面积. 那么, 不等式
$$a^2\left(y^2+z^2-x^2\right) + b^2\left(z^2+x^2-y^2\right) + c^2\left(x^2+y^2-z^2\right) \geqslant 16[ABC][XYZ]$$
成立, 当且仅当两个三角形相似时等号成立.

题目 31. 一个圆内接四边形 $ABCD$ 的对角线相交于 K. 线段 AC、BD 的中点分别为 M、N. $\triangle ADM$ 和 $\triangle BCM$ 的外接圆相交于点 M 和 L. 证明: K、L、M、N 四点共圆.

Zhautykov 数学奥林匹克 2011

题目 32. 设 $\triangle ABC$ 的内心为 I, 内切圆为 γ, 外接圆为 Γ. 设 M、N、P 分别为边 BC、CA、AB 的中点, E、F 分别为 CA、AB 与圆 γ 的切点. 设 U、V 分别为 MN、MP 与 EF 的交点. 设 X 为圆 Γ 上 $\overset{\frown}{BAC}$ 的中点. 证明: XI 平分 UV.

Titu Andreescu, Cosmin Pohoata – USAJMO 2014

题目 33. 在 $\triangle ABC$ 中, M、N、P 分别为边 BC、CA、AB 的中点. 设 X、Y、Z 分别为从 A、B、C 出发的高的中点. 证明: 圆 (AMX)、(BNY)、(CPZ) 的根心是 $\triangle ABC$ 的九点圆的圆心.

Cosmin Pohoata –《数学反思》

题目 34. 设四边形 $A_1A_2A_3A_4$ 的对边均不平行. 对 $i = 1, 2, 3, 4$, 定义 ω_i 为四边形外与三条直线 $A_{i-1}A_i$、A_iA_{i+1}、$A_{i+1}A_{i+2}$ 均相切的圆(指标模 4 理解, 于是 $A_{i+4} = A_i$). 设 T_i 为圆 ω_i 与 A_iA_{i+1} 的切点. 证明: 直线 A_1A_2、A_3A_4、T_2T_4 共点, 当且仅当直线 A_2A_3、A_4A_1、T_1T_3 共点.

Pavel Kozhevnikov – RMM 2010

题目 35. 设 P 为 $\triangle ABC$ 内一点. 证明:
$$\frac{1}{PA} + \frac{1}{PB} + \frac{1}{PC} \geqslant \frac{1}{R_a} + \frac{1}{R_b} + \frac{1}{R_c},$$
其中 R_a、R_b、R_c 分别为 $\triangle PBC$、$\triangle PCA$、$\triangle PAB$ 的外接圆的半径.

Cosmin Pohoata –《美国数学月刊》

题目 36. (Thebault 定理) 过 $\triangle ABC$ 的顶点 A 作直线 AD 与边 BC 相交于 D. 设 I 为 $\triangle ABC$ 的内心, 圆心为 P 的圆与 DC、DA 相切, 并且与 $\triangle ABC$ 的外接圆内切. 圆心为 Q 的圆与 DB、DA 相切, 并且与 $\triangle ABC$ 的外接圆内切. 证明: P、I、Q 三点共线.

题目 37. 设 $\triangle ABC$ 的外接圆为 Γ, A' 在边 BC 上. 设 $\mathcal{T}_1$、$\mathcal{T}_2$ 分别为同时与 AA'、BA'、圆 Γ 相切以及同时与 AA'、CA'、圆 Γ 相切的圆. 证明:

(a) 若 A' 是点 A 处的内角平分线与对边的交点, 则圆 $\mathcal{T}_1$ 和 $\mathcal{T}_2$ 在 $\triangle ABC$ 的内心处相切.

(b) 若 A' 是 A-旁切圆与 BC 的切点, 则圆 $\mathcal{T}_1$ 和 $\mathcal{T}_2$ 大小相同.

Jean-Pierre Ehrmann, Cosmin Pohoata – 数学链接*竞赛 2007

题目 38. 设 M、N 为 $\triangle ABC$ 所在平面上的两个不同点, 满足 $AM:BM:CM = AN:BN:CN$. 证明: 直线 MN 经过 $\triangle ABC$ 的外心.

Cosmin Pohoata, Josef Tkadlec –《数学反思》

题目 39. 设点 M、N、P 分别在 $\triangle ABC$ 的边 BC、CA、AB 上, 满足 $\triangle MNP$ 是锐角三角形. 记 x 为 $\triangle ABC$ 的最短的高, y 是 $\triangle MNP$ 的最长的高. 证明: $x \leqslant 2y$.

罗马尼亚 IMO TST 2007

题目 40. 设 $\triangle ABC$ 为非等腰三角形, X、Y、Z 分别为内切圆在边 BC、CA、AB 上的切点. 设 D 是 OI 与 BC 的交点, 其中 O、I 分别为外心和内心. 经过 X 垂直于 YZ 的直线与 AD 相交于 E. 证明: 直线 YZ 是线段 EX 的垂直平分线.

Lev Emelyanov – 几何论坛, 罗马尼亚 IMO TST 2009

题目 41. 在正 $\triangle ABC$ 的三边上取 6 个点: A_1、A_2 在 BC 上, B_1、B_2 在 CA 上, C_1、C_2 在 AB 上, 这些点构成一个所有边长都相等的凸六边形 $A_1A_2B_1B_2C_1C_2$. 证明: 直线 A_1B_2、B_1C_2、C_1A_2 共点.

Bogdan Enescu – IMO 2005

题目 42. 给定 $\triangle ABC$ 以及它的重心 G、内心 I, 使用无标记的直尺, 作出它的垂心 H.

Victor Oxman –《数学难题》[†]

---

*数学链接 (MathLinks) 是一个知名的国际数学论坛. ——译者注

[†]《数学难题》(*Crux Mathematicorum*) 是加拿大的一个杂志, 刊登数学难题. ——译者注

题目 43. 设在不等边 $\triangle ABC$ 中,圆 Ω 与边 BC 相交于 A_1、A_2,与边 CA 相交于 B_1、B_2,与边 AB 相交于 C_1、C_2. 设圆 Ω 在 A_1、A_2 处的切线相交于 P,类似地定义 Q 和 R. 证明:直线 AP、BQ、CR 共点.

罗马尼亚 IMO TST 2009

题目 44. 设四边形 $ABCD$(AB 与 CD 不平行)的边 AD 和 BC 相交于 P. 点 O_1、O_2 分别为 $\triangle ABP$、$\triangle CDP$ 的外心,H_1、H_2 分别为它们的垂心. 设线段 O_1H_1、O_2H_2 的中点分别为 E_1、E_2. 证明:E_1 到 CD 的垂线、E_2 到 AB 的垂线、直线 H_1H_2 三线共点.

IMO 预选题 2009

题目 45. 设 $\triangle ABC$ 是锐角三角形,外接圆为 $\Gamma(O)$. 直线 ℓ 和 BC、CA、AB 分别交于 X、Y、Z. 设 ℓ_A、ℓ_B、ℓ_C 分别为 ℓ 关于 BC、CA、AB 的反射. 进一步,设 M 为 $\triangle ABC$ 关于直线 ℓ 的 Miquel 点.

(a) 证明:由直线 ℓ_A、ℓ_B、ℓ_C 决定的三角形的内心在 $\triangle ABC$ 的外接圆上.

(b) 若 S 是 (a) 中的内心,O_a、O_b、O_c 分别为 $\triangle AYZ$、$\triangle BZX$、$\triangle CXY$ 的外心. 证明:S、O、M、O_a、O_b、O_c 共圆.

Cosmin Pohoata –《数学反思》

题目 46. 设凸六边形 $ABCDEF$ 的所有边都与圆 ω 相切,O 为圆心. 假设 $\triangle ACE$ 的外接圆与 ω 同心. J 是 B 到 CD 的投影. B 到 DF 的垂线与 EO 相交于 K. L 为 K 到 DE 的投影. 证明:$DJ = DL$.

IMO 预选题 2011

题目 47. 给定非等腰锐角 $\triangle ABC$. 设 O、I、H 分别为其外心、内心、垂心. 证明:$\angle OIH > 135°$.

Nairi Sedrakyan – Zhautykov 数学奥林匹克 2010

题目 48. 如图 1 所示,设 $\triangle ABC$ 的外心为 O、垂心为 H. 平行直线 α、β、γ 分别经过点 A、B、C. 设 α'、β'、γ' 分别为 α、β、γ 关于边 BC、CA、AB 的反射. 证明:这些反射直线共点,当且仅当 α、β、γ 平行于 $\triangle ABC$ 的 Euler 线 OH.

Cyril Parry –《美国数学月刊》

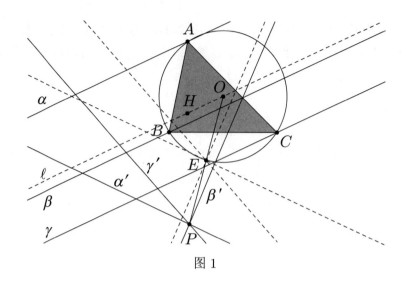

图 1

题目 49. 设 $\triangle ABC$ 的外接圆为 Γ，九点圆为 γ，点 X 在 γ 上，点 Y、Z 在 Γ 上，使得线段 XY 和 XZ 的中点都在 γ 上.

(a) 证明：YZ 的中点在 γ 上.

(b) 当点 X 在 Γ 上移动时，求 $\triangle XYZ$ 的陪位重心 K 的轨迹.

Luis Gonzalez and Cosmin Pohoata –《数学反思》

题目 50. 设 $\triangle ABC$ 的外接圆为 ω，直线 ℓ 与 ω 不相交，P 为 ω 的圆心到 ℓ 的投影. 边 BC、CA、AB 所在直线分别与 ℓ 相交于 X、Y、Z，均与点 P 不同. 证明：$\triangle AXP$、$\triangle BYP$、$\triangle CZP$ 的外接圆有一个不同于 P 的公共点，或者它们两两相切于 P.

Cosmin Pohoata – IMO 预选题 2012

题目 51. 设锐角 $\triangle ABC$ 的垂心为 H. t_a、t_b、t_c 分别为 $\triangle HBC$、$\triangle HCA$、$\triangle HAB$ 的内径. 证明：
$$t_a + t_b + t_c \leqslant (6\sqrt{3} - 9)r,$$
其中 r 为 $\triangle ABC$ 的内径.

Cosmin Pohoata –《大学数学杂志》

题目 52. 设在锐角 $\triangle ABC$ 中，$AB > BC$，$AC > BC$. 设 O、H 分别为 $\triangle ABC$ 的外心和垂心. 设 $\triangle AHC$ 的外接圆与 AB 相交于不同于 A 的一点 M，$\triangle AHB$ 的外接圆与 AC 相交于不同于 A 的一点 N. 证明：$\triangle MNH$ 的外心在直线 OH 上.

亚太数学奥林匹克 2010

题目 53. 设 $ABCD$ 为矩形,ω 为经过 A、C 的任何圆. 设 Γ_1、Γ_2 分别为 $ABCD$ 内的圆,满足 Γ_1 和 AB、BC 以及 Γ 相切,Γ_2 和 CD、DA 以及 Γ 相切. 证明:Γ_1 和 Γ_2 的半径之和与 ω 的选择无关.

Luis Gonzalez, Cosmin Pohoata – IMO 2014 提案

题目 54. 给定锐角 $\triangle ABC$,点 A_1、B_1、C_1 分别为从 A、B、C 出发的高的垂足. 一个圆经过点 A_1、B_1,并与 $\triangle ABC$ 的外接圆中的劣弧 $\overset{\frown}{AB}$ 相切于 C_2. 类似地定义点 A_2、B_2. 证明:直线 A_1A_2、B_1B_2、C_1C_2 共点,并且此点在 $\triangle ABC$ 的 Euler 线上.

Fedor Petrov, Cosmin Pohoata – 数学链接竞赛 2008

题目 55. 设 $\triangle ABC$ 的九点圆为 ω. 证明:

(a) $\triangle ABC$ 的外接圆上恰好存在三个点,满足其关于 $\triangle ABC$ 的 Simson 线和 ω 相切.

(b) (a) 中的三个点构成一个正三角形.

Lev Emelyanov, Vladimir Zajic – AoPS 论坛

题目 56. 设锐角 $\triangle ABC$ 的外接圆为 ω,直线 ℓ 与 ω 相切,ℓ_a、ℓ_b、ℓ_c 分别为 ℓ 关于直线 BC、CA、AB 的反射. 证明:由 ℓ_a、ℓ_b、ℓ_c 确定的三角形的外接圆和 ω 相切.

IMO 2011

题目 57. 设 M 为 $\triangle ABC$ 内一点,O 为 $\triangle ABC$ 外心. 设 A_1、B_1、C_1 分别为 AM、BM、CM 与外接圆 (O) 不同于三角形顶点的交点. 进一步,设 A_2、B_2、C_2 分别为 A_1、B_1、C_1 关于直线 BC、CA、AB 的反射. 证明:$\triangle A_1B_1C_1$ 和 $\triangle A_2B_2C_2$ 相似.

Wilhelm Fuhrmann

题目 58. 设 P 为 $\triangle ABC$ 内一点. L、M、N 分别为 BC、CA、AB 的中点,满足
$$PL : PM : PN = BC : CA : AB.$$
AP、BP、CP 的延长线分别交 $\triangle ABC$ 的外接圆于另一点 D、E、F. 证明:$\triangle PBF$、$\triangle PCE$、$\triangle PCD$、$\triangle PAF$、$\triangle PAE$、$\triangle PBD$ 的外接圆共点.

中国国家队选拔考试 2013

题目 59. 设 $\triangle ABC$ 为锐角三角形,τ 为垂足三角形的内径. 证明:
$$r \geqslant \sqrt{R\tau},$$
其中 r、R 分别为 $\triangle ABC$ 的内径和外径.

Luis Gonzalez –《数学反思》

题目 60. 固定 $\triangle ABC$,设 A_1、B_1、C_1 分别为边 BC、CA、AB 的中点,P 是外接圆上的一个动点. 直线 PA_1、PB_1、PC_1 分别和外接圆相交于另一点 A'、B'、C'. 假设点 A、B、C、A'、B'、C' 两两不同,于是直线 AA'、BB'、CC' 构成一个三角形. 证明:这个三角形的面积不依赖于 P.

Christopher Bradley – IMO 预选题 2007

题目 61. 设 P 是 $\triangle ABC$ 所在平面上的一点,直线 AP、BP、CP 分别和 BC、CA、AB 相交于 A'、B'、C',Q 为 P 关于 $\triangle ABC$ 的等角共轭点. 证明:直线 AQ、BQ、CQ 关于 $B'C'$、$C'A'$、$A'B'$ 的反射直线共点.

Antreas Hatzipolakis – Hyacinthos 新闻组

题目 62. 设 $\triangle ABC$ 的外接圆为 (O),内切圆为 (I),D、E、F 分别为 (I) 在边 BC、CA、AB 上的切点. 直线 EF 和 (O) 相交于 X_1、X_2. 类似地定义 Y_1、Y_2 和 Z_1、Z_2. 证明:$\triangle DX_1X_2$、$\triangle EY_1Y_2$、$\triangle FZ_1Z_2$ 的根心为 $\triangle DEF$ 的垂心.

Darij Grinberg, Cosmin Pohoata – 《数学反思》

题目 63. 设 M 为 $\triangle ABC$ 的外接圆 (O) 上任意一点,从 M 作三角形的内切圆的切线,与 BC 相交于 X_1、X_2 两点. 证明:$\triangle MX_1X_2$ 的外接圆和 (O) 的另一个交点为 A-伪内切圆与 (O) 的切点.

Cosmin Pohoata – 《数学反思》

题目 64. 设 A_1、B_1、C_1 为 $\triangle ABC$ 的边 BC、CA、AB 上的点,满足直线 AA_1、BB_1、CC_1 共点. 在三角形的外部作三个圆 Γ_1、Γ_2、Γ_3 分别与 $\triangle ABC$ 相切于 A_1、B_1、C_1,并且都和 $\triangle ABC$ 的外接圆相切. 证明:和这三个圆外切的圆也和 $\triangle ABC$ 的内切圆相切.

Lev Emelyanov – 几何论坛

题目 65. 设 P 为 $\triangle ABC$ 所在平面内一点. D、E、F 分别为 P 到 BC、CA、AB 的垂线上的一点. 证明:若 $\triangle DEF$ 是正三角形,并且 P 在 $\triangle ABC$ 的 Euler 线上,则 $\triangle DEF$ 的重心也在 $\triangle ABC$ 的 Euler 线上.

Darij Grinberg, Cosmin Pohoata – 《哈佛数学评论》

题目 66. 设四边形 $ABCD$ 内接于圆 Γ,E 为边 AB 上任意一点,DE 和 BC 相交于 F,DE 和 Γ 相交于另一点 P,BP 和 AF 相交于 Q,QE 和 CD 相交于 V. 证明:点 V 的位置和 E 的位置无关.

Petrisor Neagoe – AoPS 论坛

题目 67. 设 $\triangle ABC$ 的内心和外心分别为 I、O. 圆 ω_A 经过 B、C 与 $\triangle ABC$ 的内切圆相切. 类似地定义圆 ω_B 和 ω_C. 圆 ω_B 和 ω_C 相交于不同于 A 的点 A', 类似地定义点 B' 和 C'. 证明: 直线 AA'、BB'、CC' 相交于 IO 上一点.

Fedor Ivlev – RMM 2012

题目 68. 设 $\triangle ABC$ 的外接圆为 Ω. 点 X、Y 在 Ω 上, XY 和 AB、AC 分别相交于 D、E. 证明: 线段 XY、BE、CD、DE 的中点共圆.

Son Hong Ta – 改编自 IMO 2009

题目 69. (Droz-Farny 线定理) 通过一个三角形的垂心做两条垂直的直线, 它们在每条边所在的直线上分别截得一条线段, 证明: 三条线段的中点共线.

题目 70. 设 $\triangle ABC$ 为等边三角形, P 为 $\triangle ABC$ 所在平面上一点. 从 P 到 BC 的垂线与 AB 相交于 X, 从 P 到 CA 的垂线和 BC 相交于 Y, 从 P 到 AB 的垂线和 CA 相交于 Z.

(a) 若 P 在 $\triangle ABC$ 的内部, 证明: $\triangle XYZ$ 的面积不超过 $\triangle ABC$ 的面积.

(b) 若 P 在 $\triangle ABC$ 的外接圆上, 证明: X、Y、Z 三点共线.

Christopher Bradley – 《数学难题》

题目 71. $\triangle ABC$ 内接于圆 ω. 动直线 ℓ 平行于 BC, 与 AB、AC 分别相交于 D、E, 与 ω 相交于 K、L(其中 D 在 K 和 E 之间). 圆 γ_1 与 KD、BD、ω 相切, 圆 γ_2 与 LE、CE、ω 相切. 当 ℓ 变化时, 求 γ_1 和 γ_2 内公切线交点的轨迹.

Vasily Mokin, Fedor Ivlev – RMM 2010

题目 72. 四边形 $ABCD$ 内接于圆 Γ. E 为 AB 和 CD 的交点, F 为 AD 和 BC 的交点. M、N 分别为 AC、BD 的中点. 证明: EF 和 $\triangle MNF$ 的外接圆相切.

Nguyen Hoang Son – AoPS 论坛

题目 73. 考虑 $\triangle ABC$, 三个正方形 $BCDE$、$CAFG$、$ABHI$ 在三角形的外部. 设 $\triangle XYZ$ 为由直线 EF、DI、GH 形成的三角形. 证明:
$$[XYZ] \leqslant (4 - 2\sqrt{3})[ABC].$$

Toshio Seimiya – 《数学难题》

题目 74. 一个三角形被其中线分成 6 个小三角形. 证明: 这些小三角形的外接圆的圆心共圆.

Floor van Lamoen – 《美国数学月刊》

题目 75. 设 H 为锐角 $\triangle ABC$ 的垂心,三角形的外接圆为 Γ,P 在 Γ 的 $\overset{\frown}{AB}$ 上(不含 C 的一段),M 在 Γ 的 $\overset{\frown}{CA}$ 上(不含点 B 的一段),满足 H 在线段 PM 上,K 为 Γ 上另一点,满足 KM 平行于点 P 关于 $\triangle ABC$ 的 Simson 线,Q 为 Γ 上另一点,满足 $PQ/\!/AB$. 线段 AB 和 KQ 相交于点 J. 证明:$\triangle KJM$ 为等腰三角形.

中国国家队选拔考试 2011

题目 76. 设 D、E、F 分别为 $\triangle ABC$ 的内切圆在边 BC、CA、AB 上的切点,EF 与 $\triangle ABC$ 的外接圆 Γ 相交于 X、Y,T 为 $\triangle DXY$ 的外接圆与 $\triangle ABC$ 的内切圆的另一个交点. 证明:AT 经过 A-伪内切圆与 Γ 的切点 A'.

Sammy Luo, Cosmin Pohoata –《数学反思》

题目 77. 设 $\triangle ABC$ 的内切圆为 γ,外接圆为 Γ,圆 Ω 与射线 AB、AC 以及 Γ 外切,A' 为 Ω 和 Γ 的切点. 进一步,过 A' 作 γ 的切线,设 B'、C' 分别为两条切线与 Γ 的另一个交点. 若 X 表示弦 $B'C'$ 和 γ 的切点,证明:$\triangle BXC$ 的外接圆和 γ 相切.

Titu Andreescu, Cosmin Pohoata – USAMO 预选题 2014

题目 78. 在 $\triangle ABC$ 中,D、E、F 分别为从 A、B、C 引出的高的垂足,H 为 $\triangle ABC$ 的垂心,I_1、I_2、I_3 分别为 $\triangle EHF$、$\triangle FHD$、$\triangle DHE$ 的内心. 证明:直线 AI_1、BI_2、CI_3 共点.

AoPS 论坛

题目 79. 如图 2 所示,设 $\triangle ABC$ 的内切圆为 Γ,D、E、F 分别为 Γ 在 BC、CA、AB 上的切点,M、N、P 分别为 BC、CA、AB 的中点,X、Y、Z 分别在 AI、BI、CI 上. 证明:直线 XD、YE、ZF 共点,当且仅当 XM、YN、ZP 共点.

Eric Daneels – 几何论坛

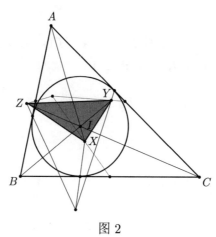

图 2

题目 80. 凸四边形的一条对角线将其分成两个三角形,作这两个三角形的内切圆. 证明:两个内切圆在这条对角线上的切点关于对角线的中点对称,当且仅当两条对角线和两个内心的连线共点.

Dan Schwarz – 数学之星 2008

题目 81. 设圆 $\mathcal{K}$ 经过 $\triangle ABC$ 的顶点 B、C,圆 ω 与 AB、AC、$\mathcal{K}$ 分别相切于 P、Q、T,M 是 $\mathcal{K}$ 的包含点 T 的 $\widehat{BC}$ 的中点. 证明:直线 BC、PQ、MT 共点.

Luis Gonzalez – AoPS 论坛

题目 82. 设四边形 $ABCD$ 有内切圆 Γ,圆心为 O,直线 γ 与 Γ 相切,A'、B'、C'、D' 分别为 A、B、C、D 到 γ 的投影. 证明:

$$\frac{AA' \cdot CC'}{BB' \cdot DD'} = \frac{AO \cdot CO}{BO \cdot DO}.$$

Cosmin Pohoata – 《数学杂志》

题目 83. 设四边形 $ABCD$ 有内切圆,P 为对角线的交点. 证明:$\triangle PAB$、$\triangle PBC$、$\triangle PCD$、$\triangle PDA$ 的内心共圆.

Peter Woo – 《数学难题》

题目 84. 设 P 为等边 $\triangle ABC$ 内任一点. 证明:

$$|\angle PAB - \angle PAC| \geqslant |\angle PBC - \angle PCB|.$$

Tashio Seimiya – 《数学难题》

题目 85. 设 ρ 为 $\triangle ABC$ 的内切圆,圆心为 I,D、E、F 分别为 ρ 在边 BC、CA、AB 上的切点,M 为 ρ 和 AD 的第二个交点,N 为 $\triangle CDM$ 的外接圆与 DF 的第二个交点,G 为 CN 和 AB 的交点. 证明:$CD = 3FG$.

AoPS 论坛

题目 86. 设 P 为 $\triangle ABC$ 内一点,满足

$$\angle PAB + \angle PBC + \angle PCA = 90°,$$

P' 为 P 相对于 $\triangle ABC$ 的等角共轭点. 证明:PP' 经过 $\triangle ABC$ 的外心.

AoPS 论坛

题目 87. $\triangle ABC$ 的外接圆在点 B 和 C 处的切线相交于点 X. 考虑圆 $\mathcal{X}$,圆心为 X,半径为 XB. 设 M 为 $\angle A$ 的内角平分线与 $\mathcal{X}$ 的一个交点,满足 M 在 $\triangle ABC$ 的内部. 若 O 为 $\triangle ABC$ 的外心,P 为 OM 与 BC 的交点,E、F 是 M 分别到 CA、AB 的投影. 证明:PE 和 FP 垂直.

Cosmin Pohoata – 罗马尼亚 IMO TST 2014

题目 88. 设 $\triangle ABC$ 的垂心为 H,P 为 $\triangle AHC$ 的外接圆与 $\angle BAC$ 的内角平分线的另一个交点,X 为 $\triangle APB$ 的外心,Y 为 $\triangle APC$ 的垂心. 证明:XY 的长度等于 $\triangle ABC$ 的内接圆的半径.

Cosmin Pohoata – USAMO 2014

题目 89. 设 C_1、C_2、C_3 为两两不相交且互不包含的圆,(L_1, L_2)、(L_3, L_4)、(L_5, L_6) 分别为圆对 (C_1, C_2)、(C_1, C_3)、(C_2, C_3) 的内公切线. 进一步,设 L_1、L_2、L_3、L_4、L_5、L_6 围成一个六边形 $AC'BA'CB'$,其中顶点按逆时针顺序排列. 证明:直线 AA'、BB'、CC' 共点.

伊朗 IMO TST 2007

题目 90. 设在 $\triangle ABC$ 中,E、F 分别为内切圆 $\Gamma(I)$ 在边 AC、AB 上的切点,M 为边 BC 的中点,$N = AM \cap EF$,γ 为以 BC 为直径的圆,X、Y 分别为 BI、CI 与 γ 的另一个交点. 证明:
$$\frac{NX}{NY} = \frac{AC}{AB}.$$

Cosmin Pohoata – 罗马尼亚 IMO TST 2007

题目 91. 设 $\triangle ABC$ 的 A-旁切圆在边 BC 上的切点为 A_1,类似地定义 B_1、C_1,并且设 $\triangle A_1B_1C_1$ 的外心在 $\triangle ABC$ 的外接圆上. 证明:$\triangle ABC$ 为直角三角形.

IMO 2013

题目 92. 设 $\triangle ABC$ 的旁切圆圆心分别为 I_a、I_b、I_c,A-旁切圆为 Γ_a,ℓ_1、ℓ_2 为 Γ_a 和 $\triangle ABC$ 的外接圆 Ω 的两条公切线,它们分别和 BC 相交于点 D、E. 进一步,设 P、Q 分别为 Ω 和 ℓ_1、ℓ_2 的切点. 证明:P、Q、I_b、I_c 四点共圆.

AoPS 论坛

题目 93. 设 $\triangle ABC$ 的外接圆为 Γ,旁切圆分别为 Γ_a、Γ_b、Γ_c,T_A 为 Γ 在 B 和 C 处的切线的交点,类似地定义 T_B 和 T_C,并且设 D 为 T_BT_C 上的任何点. 进一步,设 D 到 Γ_c 的切线与 T_BT_C 不同,和直线 T_CT_A 相交于 E,D 到 Γ_b 的切线和 T_AT_B 相交于 F. 证明:直线 EF 和 Γ_a 相切.

AoPS 论坛

题目 94. 点 M 在凸四边形 $ABCD$ 中,满足 $MA = MC$,$\angle AMB = \angle MAD + \angle MCD$ 以及 $\angle CMD = \angle MCB + \angle MAB$. 证明:$AB \cdot CM = BC \cdot MD$ 并且 $BM \cdot AD = MA \cdot CD$.

IMO 预选题 1999

题目 95. 设 $\triangle ABC$ 的内角平分线分别交对边 BC、CA、AB 于 A_1、B_1、C_1. 证明：$\triangle A_1 B_1 C_1$ 的外接圆经过 $\triangle ABC$ 的 Feuerbach 点.

Lev Emelyanov, Tatiana Emelyanova – 几何论坛

题目 96. (Brown 定理) 设 $ABCD$ 是圆内接四边形. 如果存在点 X, 使得四个角 $\angle XAD$、$\angle XBA$、$\angle XCB$、$\angle XDC$ 都相等, 证明：$ABCD$ 为调和四边形.

题目 97. 设在等腰 $\triangle ABC$ 中，$AB = AC$，M 为 BC 中点. 求 $\triangle ABC$ 内点 P 的轨迹, 满足 $\angle BPM + \angle CPA = 180°$.

数学学院竞赛 2007

题目 98. 设在 $\triangle ABC$ 中，M 为 BC 中点，X 为从 A 出发的高的中点. 证明：$\triangle ABC$ 的陪位重心在直线 MX 上.

题目 99. 设 $\triangle ABC$ 的旁切圆分别和边 BC、CA、AB 相切于 D、E、F. 证明：$\triangle ABC$ 的周长至多是 $\triangle DEF$ 的周长的两倍.

Sherry Gong, 冯祖鸣 – 美国 IMO TST 2013

题目 100. (Sondat 定理) 设 $\triangle ABC$ 和 $\triangle A'B'C'$ 满足从 A、B、C 分别到边 $B'C'$、$C'A'$、$A'B'$ 的垂线共点 O. 证明：

(a) 从 A'、B'、C' 分别到 BC、CA、AB 的垂线共点, 设为 O'.

(b) 若 $O = O'$, 则 AA'、BB'、CC' 共点.

(c) 若 $O \neq O'$, 但是直线 AA'、BB'、CC' 还是共点于某点 P, 则直线 OO' 经过点 P, 并且垂直于 $\triangle ABC$ 和 $\triangle A'B'C'$ 的透视轴（两个透视的三角形由 Desargues 定理确定的直线）.

题目 101. 设非等边 $\triangle ABC$ 的外接圆为 Γ，A'、B'、C' 分别为 A、B、C 关于边 BC、CA、AB 的反射，A_t、B_t、C_t 分别为 Γ 在 $\triangle ABC$ 的顶点处的切线两两配对的交点. 证明：$\triangle A_t B'C'$、$\triangle B_t C'A'$、$\triangle C_t A'B'$ 的外接圆共点.

Cosmin Pohoata – 几何论坛

题目 102. 如图 3 所示, 四条线段将一个凸四边形分成 9 个四边形, 这些线段的交点在四边形的对角线上. 已知四边形 1、2、3、4 都有内切圆. 证明：四边形 5 也有内切圆.

Nairi Sedrakyan – Zhautykov 数学奥林匹克 2014

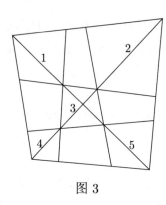

图 3

题目 103. 在 $\triangle ABC$ 中,圆 C_A 与边 AB、AC 相切,与外接圆内切. 类似地定义 C_B 和 C_C. 求 $\triangle ABC$ 的形状(唯一确定到至多相差一个相似),使得内径以及三个圆 C_A、C_B、C_C 的半径成等差数列.

Paul Yiu – 《数学难题》

题目 104. 设 $BCKL$、$CAHF$、$ABDE$ 分别为由 $\triangle ABC$ 的边 BC、CA、AB 向外作出的矩形,A' 为 EK 和 HL 的交点、B' 为 HL 和 DF 的交点、C' 为 DF 与 EK 的交点. 证明:直线 AA'、BB'、CC' 共点.

Kostas Vittas – AoPS 论坛

题目 105. (Rabinowitz 七圆定理) 设 Γ 为平面上的一个圆,六个圆 γ_A、γ_B、γ_C、γ_D、γ_E、γ_F 在 Γ 内,均与 Γ 相切,并且依次相切,A、B、C、D、E、F 分别为小圆和 Γ 的切点,如图 4 所示. 证明:直线 AD、BE、CF 共点.

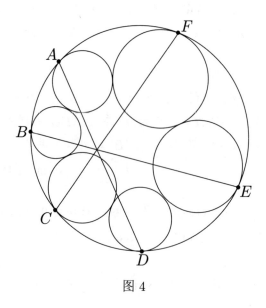

图 4

题目 106. (Leon-Anne 定理) 设 $ABCD$ 为凸四边形，r 为正实数. 证明：平面上使得 $[PAB]+[PCD]$ 等于 r 的点 P 的轨迹为一条直线. *

题目 107. 设 $ABCD$ 是凸四边形，M、N 分别为对角线 AC、BD 的中点，$XYZT$ 为由四条内角平分线确定的四边形. 证明：$XYZT$ 内接于圆，并且 M、N 以及 $XYZT$ 的反中心†共线.

Titu Andreescu, Luis Gonzalez, Cosmin Pohoata –《数学反思》

题目 108. 在 $\triangle ABC$ 中，求 BC 上满足如下性质的所有点 P：若 X、Y 分别为直线 PA 与 $\triangle PAB$、$\triangle PAC$ 的外接圆的两条公切线的交点，则有

$$\left(\frac{PA}{XY}\right)^2 + \frac{PB \cdot PC}{AB \cdot AC} = 1.$$

Titu Andreescu, Cosmin Pohoata – USAMO 2013

题目 109. 设 $\triangle ABC$ 的边长分别为 a、b、c，面积为 S，x、y、z 为三个正实数. 证明：

$$a^2+b^2+c^2 \geqslant 4\sqrt{3}S + \frac{2}{x+y+z}\left(\frac{x^2-yz}{x}\cdot a^2 + \frac{y^2-zx}{y}\cdot b^2 + \frac{z^2-xy}{z}\cdot c^2\right).$$

Cosmin Pohoata –《美国数学月刊》

题目 110. (Yiu 定理) 设在 $\triangle ABC$ 中，D_1、D_2 分别为 A-旁切圆与直线 AB、AC 的切点. 类似地定义 B_1、B_1 和 C_1、C_2. 进一步，设 E_1E_2 和 F_1F_1 相交于 X，F_1F_2 和 D_1D_2 相交于 Y，D_1D_2 和 E_1E_2 相交于 Z. 证明：X、Y、Z 分别在 $\triangle ABC$ 的三条高上.

---

*当 $ABCD$ 为矩形，r 为矩形面积的一半时，这个轨迹为一个区域. ——译者注

†在题目的证明中有定义. ——译者注

第 2 部分
解 答

题目 1. (Haruki 引理) 已知 AB、CD 为某圆上的两条不相交的弦,P 为 $\overset{\frown}{AB}$ 上一个动点,且点 P 不与点 C、D 重合. 设弦 PC 与 AB、PD 与 AB 的交点分别为 E、F. 求证:$\frac{AE \cdot BF}{EF}$ 的值与点 P 的位置无关.

证明 本题的证明依赖于这样一个事实:$\angle CPD$ 的大小为常量.

作 $\triangle PED$ 的外接圆,并设直线 AB 与此圆的交点为 G,如图 1 所示. 在 $\triangle PED$ 的外接圆上,$\angle EGD$ 与 $\angle EPD$ 对应同一条弦 ED,因此 $\angle EGD = \angle EPD$,并且随着点 P 在 $\overset{\frown}{AB}$ 上运动,这两个角的大小保持不变. 对于点 P 的所有可能取到的位置,因为 $\angle EGD$ 保持不变,所以可得点 G 为直线 AB 上的定点,BG 的长度为常量.

另外,由点到圆的幂我们得到 $AF \cdot FB = PF \cdot FD$ 和 $EF \cdot FG = PF \cdot FD$. 因此
$$(AE + EF) \cdot FB = EF \cdot (FB + BG),$$
即 $AE \cdot FB = EF \cdot BG$. 由此可得:$\frac{AE \cdot BF}{EF} = BG$ 为常量. $\square$

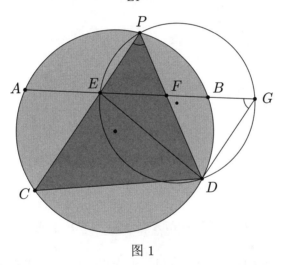

图 1

点评 Haruki 引理为著名的蝴蝶定理提供了一个非常简短的证明方法.

蝴蝶定理 PQ 为已知圆上的一条弦,M 为 PQ 上一点. 过点 M 作圆的另外两条弦 AB、CD,并设 AD 与 PQ 的交点为 X、BC 与 PQ 的交点为 Y. 若 M 为 PQ 中点,则 M 为 XY 中点.

蝴蝶定理的证明 如图 2 所示,我们将点 A 与 C 看作某个沿着圆运动的动点在圆上取到的两个位置,那么由 Haruki 引理可知

$$\frac{XP \cdot MQ}{XM} = \frac{MP \cdot YQ}{YM},$$

若 $MP = MQ$，则等式可简化为

$$\frac{XP}{XM} = \frac{YQ}{YM}.$$

将等式左右两边分别加 1，可得

$$\frac{XP + XM}{XM} = \frac{YQ + YM}{YM}.$$

再次应用 $MP = MQ$，我们即可得到要求证的 $XM = YM$. □

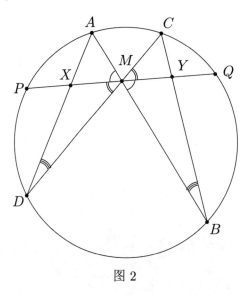

图 2

点评 实际上，若已知 $MX = MY$，则有 $MP = MQ$. 此时由 Haruki 引理得到的恒等式简化为 $XP \cdot MQ = MP \cdot YQ$，又因为

$$XP + MQ = PQ - MX = PQ - MY = MP + YQ,$$

所以 $\{XP, MQ\}$ 与 $\{MP, YQ\}$ 的和与积均相同. 由于 $XP < MQ$，因此必有 $XP = YQ, MQ = MP$. 这可以算作蝴蝶定理的逆定理.

题目 2. 考虑这样的 $\triangle ABC$，满足 $a \leqslant b \leqslant c$，并分别用 X、Y、Z 表示边 BC、CA、AB 的中点. 设点 D、E、F 分别在边 BC、CA、AB 上，并满足以下两个条件：

(i) 点 D 在点 X 与点 C 之间，点 E 在点 Y 与点 C 之间，点 F 在点 Z 与点 B 之间.

(ii) $\angle CDE \leqslant \angle BDF, \angle CED \leqslant \angle AEF, \angle BFD \leqslant \angle AFE$.

求证：$\triangle DEF$ 的周长不大于 $\triangle ABC$ 的半周长.

Nikolaos Dergiades – 几何论坛

证明 如图 3 所示，分别用 i、j、k 表示沿 $\overrightarrow{EF}$、$\overrightarrow{FD}$、$\overrightarrow{DE}$ 方向的单位向量. 由于 $\angle BFD \leqslant \angle AFE$，我们得到 $i \cdot \overrightarrow{ZF} \leqslant j \cdot \overrightarrow{ZF}$. 类似地，由于 $\angle CDE \leqslant \angle BDF$ 和 $\angle CED \leqslant \angle AEF$，我们也可得到 $j \cdot \overrightarrow{XD} \leqslant k \cdot \overrightarrow{XD}$ 和 $i \cdot \overrightarrow{EY} \leqslant k \cdot \overrightarrow{EY}$.

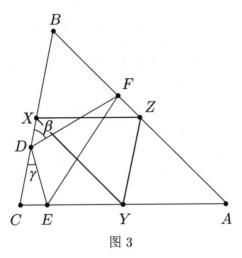

图 3

于是我们有

$$\begin{aligned}
EF+FD+DE &= i \cdot \overrightarrow{EF} + j \cdot \overrightarrow{FD} + k \cdot \overrightarrow{DE} \\
&= i \cdot (\overrightarrow{EY}+\overrightarrow{YZ}+\overrightarrow{ZF}) + j \cdot (\overrightarrow{FZ}+\overrightarrow{ZX}+\overrightarrow{XD}) + k \cdot \overrightarrow{DE} \\
&\leqslant (k \cdot \overrightarrow{EY} + i \cdot \overrightarrow{YZ} + j \cdot \overrightarrow{ZF}) + (j \cdot \overrightarrow{FZ} + j \cdot \overrightarrow{ZX} + k \cdot \overrightarrow{XD}) + k \cdot \overrightarrow{DE} \\
&= i \overrightarrow{YZ} + j \overrightarrow{ZX} + k \overrightarrow{XY} \\
&\leqslant |i| \cdot |\overrightarrow{YZ}| + |j| \cdot |\overrightarrow{ZX}| + |k| \cdot |\overrightarrow{XY}| \\
&= YZ + ZX + XY \\
&= \frac{1}{2}(AB + BC + CA).
\end{aligned}$$

很容易看出，只有当 $\triangle DEF$ 和 $\triangle XYZ$ 的各对应边互相平行，即点 D、E、F 同时分别与各边的中点 X、Y、Z 重合时，以上表达式才能取等号. □

题目 3. 在已知的 $\triangle ABC$ 中，$\angle BAC$ 的内角平分线与对边的交点为 A'，P 为 Ceva 线 AA' 上不同于 A' 的任意点，B'、C' 分别为直线 BP、CP 与边 CA、AB 的交点. 若 $BB' = CC'$，求证：$AB = AC$.

Virgil Nicula, Cosmin Pohoata –《几何和图形杂志》

证明 我们先介绍一个会用到的引理.

引理 在 $\triangle ABC$ 中，设两条 Ceva 线 BB' 与 CC' 相交于点 P. 若 $BB' = CC'$，则 $PB' < PC$，且 $PC' < PB$.

引理的证明 反证法,假设 $PB' \geqslant PC$. 因为 $BB' = CC'$,于是有 $PC' \geqslant PB$. 根据大边对大角,于是有 $\angle PB'C \leqslant \angle PCB' = \angle PCA$, $\angle PC'B \leqslant \angle PBC' = \angle PBA$. 但是根据外角定理,有

$$\angle PB'C + \angle PC'B = \angle PBA + \angle BAC + \angle PCA + \angle BAC > \angle PBA + \angle PCA.$$

矛盾,因此证明了 $PB' < PC$. 同理可得 $PC' < PB$,因此证明了引理.

现在我们将题目主体的证明分为两个部分.

第一部分:假设点 P 在线段 AA' 上. 如图 4 所示,基于线段 CC' 构造一个 $\triangle C'XC$,使得 $\triangle C'XC$ 与 $\triangle BAB'$ 全等,并且点 B 和 X 不在 AC 的同侧.

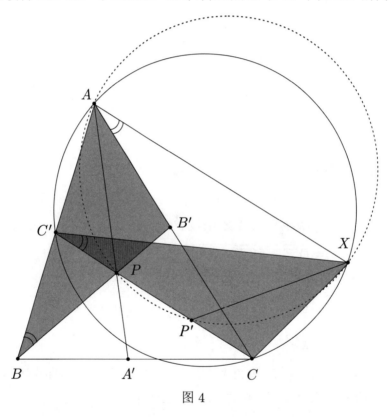

图 4

我们有 $\angle C'AC$ 与 $\angle C'XC$ 相等,于是四边形 $C'AXC$ 为圆内接四边形,这意味着 $\angle CAX = \angle CC'X$. 另外,$\angle CC'X$ 与 $\angle B'BA$ 相等,因此,$\angle CAX = \angle B'BA$.

在 $\triangle C'XC$ 中,设 $\angle C'XC$ 的内角平分线与对边的交点为 P'. 因为 $\triangle C'XC$ 与 $\triangle BAB'$ 全等,由上述引理的结论可得 $CP' = B'P < CP$,这表示 P' 位于点 C 与点 C' 之间. 此外,

$$\angle CP'X = \angle CC'X + \angle P'XC' = \angle CAX + \angle BAP$$
$$= \angle CAX + \angle PAC = \angle PAX.$$

因此四边形 $AXP'P$ 为圆内接四边形. 由于线段 AP 与 XP' 长度相等, 因此四边形 $AXP'P$ 为等腰梯形, 于是直线 AX 与 CC' 平行. 因此 $\angle ACC' = \angle CAX = \angle CC'X = \angle ABB'$. 又因为 $BB' = CC'$, 所以根据角角边定理, 得到 $\triangle ABB'$ 与 $\triangle ACC'$ 全等, $AB = AC$. 第一部分证明完毕.

第二部分: 假设 P 为射线 AA' 上点 A' 以后的点. 设 A'' 为 AA' 与 $B'C'$ 的交点. 在 $\triangle AC'B'$ 中应用第一部分的结论, 可得 $AC' = AB'$. 同时也可以得到 A'' 是 $B'C'$ 的中点, 图形关于直线 AA' 对称, 于是 $AB = AC$, 完成这一部分的证明. □

题目 4. (Taylor 定理) 在 $\triangle ABC$ 中, 点 A'、B'、C' 分别为以 A、B、C 为顶点的高的垂足. 设点 A' 到 AB 的垂足为 A_1, A' 到 AC 的垂足为 A_2. 此外, 设以顶点 A 为圆心、AA' 为半径的圆为 Ω_A. 类似地, 我们也有点 B_1、B_2、C_1、C_2, 和圆 Ω_B、Ω_C. 求证:

(a) 点 A_1、A_2、B_1、B_2、C_1 和 C_2 都在同一个圆上.

(b) (a) 中所得的圆的圆心到圆 Ω_A、Ω_B 和 Ω_C 的幂相同.

证明 (a) 如图 5 所示, 我们观察到四边形 $BCB'C'$ 与 $C'B_2C_1B'$ 都是圆内接四边形, 所以
$$\angle AC_1B_2 = \angle AC'B' = \angle ACB,$$
这意味着直线 B_2C_1 与 BC 平行. 类似地, 我们得到 $A_2B_1 \mathbin{/\mkern-6mu/} AB$ 和 $A_1C_2 \mathbin{/\mkern-6mu/} AC$.

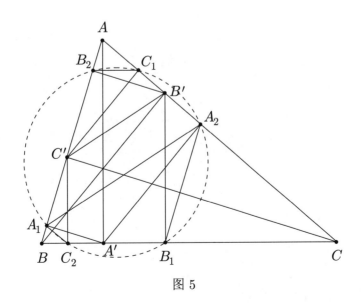

图 5

另外,四边形 $AA_1A'A_2$ 也是一个圆内接四边形,因此
$$\angle AA_1A_2 = \angle AA'A_2 = \angle C = \angle AC_1B_2,$$
所以,四边形 $A_1B_2C_1A_2$ 同样是圆内接四边形. 同理,我们得到 $C_1A_2B_1C_2$ 和 $B_1C_2A_1B_2$ 也是圆内接四边形. 分别用 Γ_1、Γ_2、Γ_3 表示这三个四边形的外接圆. 我们期望证明 $\Gamma_1 = \Gamma_2 = \Gamma_3$,并且我们将使用反证法来达到这个目的.

可以注意到,如果三个圆中的任意两个重合,那么全部的六个点 A_1、A_2、B_1、B_2、C_1、C_2 在同一个圆上,证明就结束了. 因此,我们假设 Γ_1、Γ_2、Γ_3 两两不同. 在这种情况下,这三个圆两两之间都有一个根轴,并且这三个根轴相交于三个圆的轴心. 然而,由于这三个根轴分别是 BC、CA、AB,显然它们并不相交于一点,因此,假设的情况是不可能发生的. 这就证明了 $\Gamma_1 = \Gamma_2 = \Gamma_3$,(a) 的证明完成.

点评 在文献中,经过 A_1、A_2、B_1、B_2、C_1、C_2 这六个点的圆被称为 $\triangle ABC$ 的 Taylor 圆.

(b) 设线段 AA'、BB'、CC' 的长分别为 h_a、h_b、h_c,T 为 (a) 中所得的圆的圆心. 我们想要证明
$$AT^2 - h_a^2 = BT^2 - h_b^2 = CT^2 - h_c^2.$$

我们通过一个简单的观察来开始本题的证明.

断言 线段 $B'C'$ 的中点 X 在圆 Ω_B 与圆 Ω_C 的根轴上.

断言的证明 如图 6 所示,因为 BX 和 CX 分别是 $\triangle BB'C'$ 和 $\triangle CC'B'$ 的一条中线,所以

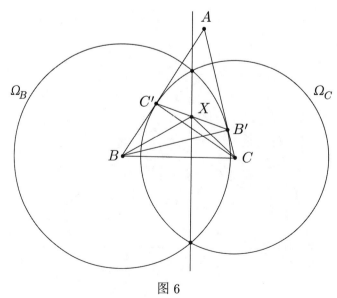

图 6

$$
\begin{aligned}
BX^2 - h_b^2 &= \frac{1}{4}\left(2BC'^2 - 2h_b^2 - B'C'^2\right) \\
&= \frac{1}{4}\left(2a^2 - 2h_c^2 - 2h_b^2 - B'C'^2\right) \\
&= \frac{1}{4}\left(2B'C^2 - 2h_c^2 - B'C'^2\right) \\
&= CX^2 - h_c^2.
\end{aligned}
$$

因此,点 X 在这两个圆的根轴上.

回到原题. 由于 X 为 $B'C'$ 的中点,所以经过点 X 并垂直于边 BC 的直线 ℓ_1 是线段 A_1A_2 的中垂线. 于是,作为圆 Ω_B 与圆 Ω_C 的根轴,直线 ℓ_1 经过 Taylor 圆的圆心 T. 类似地,分别经过线段 $C'A'$、$A'B'$ 的中点 Y、Z,并分别垂直于边 CA、AB 的直线 ℓ_2、ℓ_3 也经过 Taylor 圆的圆心 T. 因此,分别以点 A、B、C 为圆心,h_a、h_b、h_c 为半径的圆的根心,与 $\triangle ABC$ 的 Taylor 圆的圆心重合. □

题目 5. 设 $\mathcal{C}$ 为一个圆,P 为圆 $\mathcal{C}$ 外的一个点. 过点 P 作圆的两条切线,切点分别为 A 和 B. 设点 M 为线段 AP 的中点,点 N 为直线 BM 与圆 $\mathcal{C}$ 的另一交点. 求证:$PN = 2MN$.

Virgil Nicula – AoPS 论坛

证法一 设 PN 与圆 $\mathcal{C}$ 的另一交点为 X. 由于分别与圆相切于点 A、B 的切线相交于点 P,因此四边形 $AXBN$ 为调和四边形. 特别地,这意味着线束 (BA, BX, BB, BN) 是调和束,所以通过用 PA 切割它可得 $BX \parallel PA$.

设点 Y 为点 N 关于点 M 的对称点. 由整体结构可以看出,为了证明 $PN = 2MN$,只需得到 $PN = YN$,或者换句话说,只需证明 $\angle YPN = \angle PYN$. 而这一点非常简单:通过平行关系可得

$$
\begin{aligned}
\angle YPN &= \angle YPA + \angle APN \\
&= \angle PAN + \angle NXB \\
&= \angle AXN + \angle NXB \\
&= \angle AXB,
\end{aligned}
$$

由于 $\angle PYN = \angle YNA = \angle AXB$,因此证明完成. □

证法二 (证法二更接近于选手在现场比赛压力下给出的答案.)由点到圆的幂可得,$MN \cdot MB = MA^2 = MP^2$. 因此,直线 MP 与 $\triangle PNB$ 的外接圆相切,或者换句话说,$\angle MPN = \angle PBN$. 因此 $\triangle MPN$ 与 $\triangle MBP$ 相似,于是

$$
\frac{PN}{MN} = \frac{BP}{MP} = \frac{AP}{MP} = 2.
$$ □

题目 6. 设 ℓ 为已知圆 $\rho(O)$ 外部的一条直线. 设圆心 O 在直线 ℓ 上的垂足为 A, M 为圆 ρ 上的任意点. 此外, 以 AM 为直径的圆分别与圆 ρ 和直线 ℓ 二次相交于点 X 和 Y. 求证: 直线 XY 经过一个定点, 并且此定点与点 M 的位置无关.

Virgil Nicula – 多瑙河数学杯 2010

证明 设与以 AM 为直径的圆相切于点 A 的切线为 γ, 并且 $F = \gamma \cap XM$, $L = OA \cap XY$. 由于 $\angle FMA = \angle LYA$, 并且 $\angle YAL = \angle FAM = 90°$, 所以 $\triangle LAY$ 与 $\triangle FAM$ 相似, 因此 $\angle ALY = \angle AFM$, 这意味着四边形 $AFXL$ 为圆内接四边形.

另外, 因为 $AL \perp FL$, 所以 $FL \perp AL$, 即 $FL \perp AO$, 这直接说明了 $FL /\!/ \ell$. 现在, 由于直线 γ 是以 AM 为直径的圆与退化的圆 A 的根轴, 并且直线 XM 是以 AM 为直径的圆与圆 ρ 的根轴, 所以它们的交点 $F = \gamma \cap XM$ 是这三个圆的根心. 于是, 点 F 在圆 ρ 与退化的圆 A 的根轴上. 这个根轴垂直于圆心的连线 OA, 因此 L 为此根轴与 OA 的交点, 是固定的点. 由于点 L 在 XY 上, 因此 L 就是要求的定点. 结论得证. □

题目 7. 设 X、Y、Z 分别为 $\triangle ABC$ 的外接圆上包含三角形顶点的 $\overset{\frown}{BC}$、$\overset{\frown}{CA}$、$\overset{\frown}{AB}$ 的中点. 求证: 点 X、Y、Z 各自在 $\triangle ABC$ 中的 Simson 线相交于一点.

AoPS 论坛

证明 设 M、N、P 分别为三角形三边的中点. 我们将证明点 X 的 Simson 线 s_X 是 $\triangle MNP$ 中的 M-内角平分线. 因为 $\overset{\frown}{BX} = \overset{\frown}{XC}$, 并且 A、X 在 BC 同侧, 所以 AX 为 $\angle BAC$ 的外角平分线. 于是 X 到 AB、AC 的垂足的连线 s_X 平行于 $\angle BAC$ 的内角平分线. 又因为 $\triangle MNP$ 与 $\triangle ABC$ 位似, 并且 s_X 过 M, 所以 s_X 为 $\triangle MNP$ 的 M-内角平分线. 类似地, s_Y、s_Z 也是 $\triangle MNP$ 的内角平分线, 因此 Simson 线 s_X、s_Y、s_Z 将会相交于 $\triangle MNP$ 的内心. □

题目 8. 设 $\triangle ABC$ 的外心为 O, 点 D、E、F 分别为边 BC、CA、AB 上的任意点. 设点 D、E、F 关于边 BC、CA、AB 的中点的反射分别为 D'、E'、F'. 求证:

(a) 点 D、E、F 的 Miquel 点 M 与点 D'、E'、F' 的 Miquel 点 M' 到 $\triangle ABC$ 的外心的距离相等.

(b) $\triangle DEF$ 的重心与 $\triangle D'E'F'$ 的重心关于 $\triangle ABC$ 的重心对称.

(c) $\triangle DEF$ 与 $\triangle D'E'F'$ 的面积相等.

Mario Dalcin, Eckart Schmidt – 几何论坛

证明 (a) 设点 M 关于边 BC 的中垂线的反射为 N. 设以点 O 为圆心、OM 为半径的圆为 ω, 且直线 $D'N$ 与圆 ω 二次相交于点 N'. 于是根据圆心角性质, 有

$\angle N'OM = 2\angle N'NM = 2\angle MDB$*. 而根据 Miquel 点性质, $\angle MDB = \angle MEC = \angle MFA$, 因此若通过边 AB、AC 的中垂线类似作出 N' 来, 可得到相同的点. 又根据对称性, 有 $\angle N'D'C = \angle MDB$ 以及 $\angle N'E'A$、$\angle N'F'B$ 均为这个值, 于是 N' 为 D'、E'、F' 的 Miquel 点, 并且 $ON' = OM$. 这就证明了 (a) 的结论.

(b) 假设点 D、E、F 分别以以下比例分割边 BC、CA、AB:

$$BD:DC = x:1-x, \quad CE:EA = y:1-y, \quad AF:FB = z:1-z.$$

用 $\triangle ABC$ 的重心坐标表示, 我们得到

$$D = (1-x)B + xC, \quad E = (1-y)C + yA, \quad F = (1-z)A + zB.$$

于是, 由定义可知, 点 D'、E'、F' 满足

$$D' = xB + (1-x)C, \quad E' = yC + (1-y)A, \quad F' = zA + (1-z)B,$$

因此 $\triangle DEF$ 的重心 $G_{\triangle DEF}$ 和 $\triangle D'E'F'$ 的重心 $G_{\triangle D'E'F'}$ 满足

$$\begin{aligned} G_{\triangle DEF} &= \frac{1}{3}(D+E+F) \\ &= \frac{(1+y-z)A + (1+z-x)B + (1+x-y)C}{3}, \\ G_{\triangle D'E'F'} &= \frac{1}{3}(D'+E'+F') \\ &= \frac{(1-y+z)A + (1-z+x)B + (1-x+y)C}{3}. \end{aligned}$$

因此

$$G_{\triangle DEF} + G_{\triangle D'E'F'} = \frac{2A+2B+2C}{3} = 2G,$$

其中, G 表示 $\triangle ABC$ 的重心. 因此 $G_{\triangle DEF}$ 与 $G_{\triangle D'E'F'}$ 关于点 G 对称, (b) 得证.

(c) **证法一** 我们可以通过 (b) 中运用过的计算方法来完成这部分证明. 事

---

*书中有很多由共圆得到的导角性质需要以有向角的意义来理解角度, 可参考《数学奥林匹克中的欧几里得几何》. ——译者注

实上，通过给出点 D、E、F、D'、E'、F' 的重心坐标，我们可以直接应用行列式得到

$$\frac{[DEF]}{[ABC]} = \begin{vmatrix} 0 & 1-x & x \\ y & 0 & 1-y \\ 1-z & z & 0 \end{vmatrix} = xyz + (1-x)(1-y)(1-z),$$

$$\frac{[D'E'F']}{[ABC]} = \begin{vmatrix} 0 & x & 1-x \\ 1-y & 0 & y \\ z & 1-z & 0 \end{vmatrix} = xyz + (1-x)(1-y)(1-z).$$

因此 $[DEF] = [D'E'F']$.

证法二 我们还可以利用几何模型得到

$$\frac{[BDF]}{[ABC]} = x(1-z), \quad \frac{[CDE]}{[ABC]} = y(1-x), \quad \frac{[AEF]}{[ABC]} = z(1-y).$$

因此

$$\frac{[DEF]}{[ABC]} = 1 - x(1-z) - y(1-x) - z(1-y) = xyz + (1-x)(1-y)(1-z).$$

当把 x、y、z 分别替换成 $1-x$、$1-y$、$1-z$ 时，上式右端不变，因此得到 $[DEF] = [D'E'F']$.

证法三 我们还将提供一个美妙的合成法，它仅仅利用了加法与减法之间的相互作用. 我们注意到

$$[CD'E'] = [AD'E] = [AD'C] - [CD'E].$$

类似地，还有 $[AE'F'] = [BE'A] - [AE'F]$ 与 $[BF'D'] = [CF'B] - [BF'D]$. 将这三个表达式相加，得到

$$[CD'E'] + [AE'F'] + [BF'D']$$
$$= [AD'C] + [BE'A] + [CF'B] - [CD'E] - [AE'F] - [BF'D]. \tag{1}$$

此外，

$$[CDE] = [BD'E] = [BEC] - [CD'E],$$

并且类似地，有 $[AEF] = [CFA] - [AE'F]$ 与 $[BFD] = [ADB] - [BF'D]$. 因此，

$$[CDE] + [AEF] + [BFD]$$
$$= [BEC] + [CFA] + [ADB] - [CD'E] - [AE'F] - [BF'D]. \tag{2}$$

然而由于 $D'C = DB$、$E'A = EC$、$F'B = FA$，因此 $[AD'C] = [ADB]$、$[BE'A] = [BEC]$、$[CF'B] = [CFA]$. 结合式 (1) 与 (2)，推出

$$[CD'E'] + [AE'F'] + [BF'D'] = [CDE] + [AEF] + [BFD],$$

于是 $[ABC] - [D'E'F'] = [ABC] - [DEF]$，即 $[DEF] = [D'E'F']$，(c) 得证. □

题目 9. 在 $\triangle ABC$ 中，$\angle BAC < \angle ACB$. 设 D、E 分别为边 AC 和 AB 上的点，满足 $\angle ACB$ 与 $\angle BED$ 相等. 若点 F 落在四边形 $BCDE$ 内部，且满足 $\triangle BCF$ 的外接圆与 $\triangle DEF$ 的外接圆相切，并且 $\triangle BEF$ 的外接圆与 $\triangle CDF$ 的外接圆相切，求证：A、C、E、F 四点共圆.

Cosmin Pohoata – 罗马尼亚 IMO TST 2008

证明 以 F 为中心进行反演变换（反演幂可选任意值），并用 P' 表示点 P 在此反演变换下所得的像. 由于 $\triangle FBE$ 的外接圆与 $\triangle DFC$ 的外接圆相切，于是我们得到 $B'E' \parallel D'C'$. 类似地，有 $E'D' \parallel B'C'$，因此 $E'D'C'B'$ 为平行四边形. 这意味着 $\angle B'E'D' = \angle D'C'B'$. 此外，由反演变换我们得到

$$\angle BED = \angle FEB + \angle FED = \angle FD'E' + \angle FB'E'.$$

类似地，

$$\angle ACB = \angle DCB = \angle FCD + \angle FCB = \angle FB'C' + \angle FD'C'.$$

因此

$$\angle FD'E' + \angle FB'E' = \angle BED = \angle ACB = \angle FB'C' + \angle FD'C'.$$

于是

$$\angle FD'E' + \angle FB'E' = \frac{1}{2}(\angle E'D'C' + \angle E'B'C') = \angle E'D'C',$$

得到 $\angle FB'E' = \angle FD'C'$，于是 B'、D'、F 共线. 此时，可得点 A 是 BE 与 CD 的交点，所以 A' 是 $\triangle FE'B'$ 的外接圆与 $\triangle FD'C'$ 的外接圆的交点. 并且因为

$$\angle FA'E' = 180° - \angle FB'E' = 180° - \angle FD'C' = 180° - \angle FA'C',$$

所以 $\angle FA'C' + \angle FA'E' = 180°$，这表示点 E'、A' 和 C' 共线，因此 $FCAE$ 为圆内接四边形. □

题目 10. 已知圆 γ 及直线 ℓ 在同一平面上. 直线 ℓ 上的点 K 位于圆 γ 的外部. 过点 K 作圆 γ 的两条切线 KA、KB,其中 A、B 分别为圆 γ 上互异的两点. P、Q 为圆 γ 上的两个点. 直线 PA、PB 分别与直线 ℓ 相交于点 R、S. 直线 QR、QS 分别与圆 γ 二次相交于点 C、D. 求证:分别与圆 γ 相切于点 C、D 的直线的交点在直线 ℓ 上.

Dinu Serbanescu – 罗马尼亚 IMO TST 2012

证明 首先,在圆内接六边形 $DAPBCQ$ 上应用 Pascal 定理,得到 $DA \cap BC \in \ell$. 此外,在退化的圆内接六边形 $DBBCAA$ 中应用 Pascal 定理可以得到 $DB \cap CA$(表示 DB 与 CA 的交点)、点 K 以及 $BC \cap AD$ 共线,因此结合前面由 Pascal 定理推导出的结论可知 $DB \cap CA$ 在直线 ℓ 上. 最后,在圆内接六边形 $DDACCB$ 上应用 Pascal 定理,可得 $CC \cap DD \in \ell$. 而直线 ℓ 是由 $DA \cap CB$ 与 $AC \cap BD$ 决定的,由此命题得证. □

点评 以下的练习题选自《数学反思》,它证明了更一般的命题:

习题 已知直线 ℓ 在圆 Γ 的外部. 取 $K \in \ell$,并且圆 Γ 的两条弦 AB、CD 都经过点 K. 在圆 Γ 上取两个点 P、Q,设 PA、PB、PC、PD 分别与直线 ℓ 相交于点 X、Y、Z、T,另设 QX、QY、QZ、QT 分别与圆 Γ 二次相交于点 R、S、U、V. 求证:RS 与 UV 的交点在直线 ℓ 上.

习题的证明 正如前面的证明过程所示,本题的技巧是反复应用 Pascal 定理,并将所得的共线关系关联起来.

首先考虑六边形 $PAUQRC$. 因为 $PA \cap QR = X \in \ell$,并且 $PC \cap QU = Z \in \ell$,所以由 Pascal 定理可得,$L = AU \cap CR \in \ell$. 接下来考虑六边形 $PBVQSD$,因为 $PB \cap QS = Y \in \ell$,并且 $PD \cap QV = T \in \ell$,则由 Pascal 定理可得,$M = BV \cap DS \in \ell$. 进一步地,考虑六边形 $ABVCDS$,我们有 $AB \cap CD = K \in \ell$ 和 $BV \cap DS = M \in \ell$,于是再次应用 Pascal 定理,得到 $N = AS \cap CV \in \ell$. 最后我们考虑六边形 $VUASRC$,其中 $AU \cap CR = L \in \ell$,并且 $AS \cap CV = N \in \ell$. 最后一次应用 Pascal 定理可得 UV 与 RS 的交点在直线 ℓ 上. 于是,命题得证. □

题目 11. 在不等边锐角 $\triangle ABC$ 中,$AC > BC$. 以 C 为顶点的高线的垂足为 F,点 P 在边 AB 上(不与点 A 重合),满足 $AF = PF$. 设三角形的垂心、外心以及边 AC 的中点分别为 H、O、M. 设 BC 与 HP 的交点为 X,OM 与 FX 的交点为 Y,OF 与 AC 的交点为 Z. 求证:F、M、Y、Z 四点共圆.

BMO 2008

证明 用 C' 表示 CH 与 $\triangle ABC$ 的外接圆二次相交的交点. 点 F 为线段 HC' 的中点,因此 $AC'PH$ 为平行四边形,并且点 F 为它的对称中心. 由于点 X 在直线 PH 上,于是它关于 F 的对称点 X' 在 AC' 上. 在以点 O 为外心的圆内接四边形 $AC'BC$ 上,由蝴蝶定理*我们得到 $OF \perp XF$;结合 $OM \perp AC$,我们即可得到预期的结论:点 F、M、Y、Z 四点共圆. $\square$

点评 1 当然,通过计算我们可以得到几个更直接的解法. 例如,取以下点的坐标 $F(0,0)$、$A(a,0)$、$B(0,-b)$、$C(0,c)$,其中 a、b、c 均大于 0,于是得到 $P(-a,0)$. 对于点 $H(0,h)$,有 $\frac{h}{a}=\frac{b}{c}$,因此,$h=\frac{ab}{c}$. 而对于点 $O(\frac{a-b}{2},o)$,我们有

$$\left(\frac{a+b}{2}\right)^2 + o^2 = \left(\frac{a-b}{2}\right)^2 + (o-c)^2,$$

因此,$o=\frac{c^2-ab}{2c}$,而由于点 X 是以下两条直线的交点

$$HP: -\frac{x}{a}+\frac{y}{h}=1, \quad BC: -\frac{x}{b}+\frac{y}{c}=1,$$

由此得

$$X\left(\frac{b(ab-c^2)}{c^2-b^2}, \frac{bc(a-b)}{c^2-b^2}\right).$$

因此,

$$\overrightarrow{FO} \cdot \overrightarrow{FX} = \frac{b(ab-c^2)}{c^2-b^2} \cdot \frac{a-b}{2} + \frac{bc(a-b)}{c^2-b^2} \cdot \frac{c^2-ab}{2c} = 0,$$

这就得到了前面已经证明过的结论 $FO \perp FX$.

另一种可选的解法是通过三角法证明 $\angle OFE = \angle CFX$(E 为边 AB 的中点). 我们有

$$\tan \angle OFE = \frac{OE}{EF} = \frac{OA\cos C}{\frac{c}{2} - a\cos B} = \frac{\cos C}{\sin C - 2\sin A\cos B} = \frac{\cos C}{\sin(B-A)},$$

其中用到

$$\sin C - 2\sin A\cos B = \sin(A+B) - 2\sin A\cos B = \sin(B-A).$$

而在 $\triangle PCF$ 中,由 Ceva 定理的三角形式得到

$$\frac{\sin \angle CFX}{\sin \angle BFX} \cdot \frac{\sin \angle BPX}{\sin \angle CPX} \cdot \frac{\sin \angle PCX}{\sin \angle FCX} = 1.$$

---

*在 XX' 所在的弦 UV 上,从点 F 引出的弦 AB、CC' 使得 AC'、CB 在 UV 上截出 $FX=FX'$,于是得到 $FU=FV$. 本题应用的是蝴蝶定理的逆定理. ——译者注

由于

$$\angle BPX = \angle BAH = 90° - \angle B = \angle FCX,$$

$$\angle CPX = \angle CAH = 90° - \angle C,$$

$$\angle PCX = \angle PCF - \angle FCB = 90° - \angle A - (90° - \angle B) = \angle B - \angle A,$$

因此可得

$$\tan \angle CFX = \frac{\sin \angle CFX}{\sin \angle BFX} = \frac{\sin \angle CPX}{\sin \angle PCX} = \frac{\sin(90° - C)}{\sin(B - A)} = \frac{\cos C}{\sin(B - A)}.$$

对比前面的计算结果,得到 $\angle OFE = \angle CFX$.

点评 2 整体上说,作者尽量避免在本书中展现那些使用计算法完成解题的方法. 另外,我们也不想忽略这样的一个事实: 如果方法应用得当,那么掌握分析技巧在竞赛中将是极其有效的.

因此,在成书时我们妥协了. 为了向读者证实将几何问题简化为代数计算并非易事,我们引入了少量这一类型的解法. 而难度更高的题目则总需要把代数计算与发掘潜在的几何性质结合起来才能解决.

题目 12. $\triangle ABC$ 为一个任意三角形,I 是 $\triangle ABC$ 的内心. 设 D、E、F 分别为直线 BC、CA、AB 上的点,并且满足 $\angle BID = \angle CIE = \angle AIF = 90°$. 此外还有以下定义:$r_a$、$r_b$、$r_c$ 分别为 $\triangle ABC$ 的三个旁切圆半径,$[DEF]$ 为 $\triangle DEF$ 的面积,$[ABC]$ 为 $\triangle ABC$ 的面积. 求证:

$$\frac{[DEF]}{[ABC]} = \frac{4r(r_a + r_b + r_c)}{(a+b+c)^2}.$$

Mehmet Sahin – 《哈佛数学评论》

证明 设 $a = BC, b = CA, c = AB$. 分别用 r 和 s 表示 $\triangle ABC$ 的内径和半周长,$S = [ABC]$. 众所周知,$r = \frac{S}{s}$,于是我们有

$$AF = AI \sec \frac{A}{2} = r \csc \frac{A}{2} \sec \frac{A}{2} = \frac{2r}{\sin A} = \frac{2S}{s} \cdot \frac{bc}{2S} = \frac{bc}{s}.$$

类似地,得到 $CE = \frac{ab}{s}$.

因此,$AE = AC - EC = b - \frac{ab}{s} = \frac{b(s-a)}{s}$,于是有

$$\frac{[AEF]}{[ABC]} = \frac{AE \cdot AF}{AB \cdot AC} = \frac{bc}{s} \cdot \frac{b(s-a)}{s} \cdot \frac{1}{bc} = \frac{b(s-a)}{s^2}.$$

同理可得，$\triangle BDF$ 与 $\triangle CED$ 的面积分别为 $\frac{c(s-b)S}{s^2}$ 与 $\frac{a(s-c)S}{s^2}$. 于是

$$\frac{[DEF]}{[ABC]} = 1 - \frac{b(s-a) + c(s-b) + a(s-c)}{s^2}$$
$$= \frac{2(ab+bc+ca) - (a^2+b^2+c^2)}{(a+b+c)^2}.$$

因此接下来只需证明

$$4r(r_a + r_b + r_c) = 2(ab+bc+ca) - (a^2+b^2+c^2).$$

利用以下熟知的结论

$$r_a = \frac{[ABC]}{s-a}, \quad r_b = \frac{[ABC]}{s-b}, \quad r_c = \frac{[ABC]}{s-c},$$

和面积 S 的 Heron 公式，我们可以得到

$$4r(r_a + r_b + r_c) = \frac{4S}{s}\left(\frac{S}{s-a} + \frac{S}{s-b} + \frac{S}{s-c}\right)$$
$$= \frac{4S^2((s-b)(s-c) + (s-c)(s-a) + (s-a)(s-b))}{s(s-a)(s-b)(s-c)}$$
$$= 4((s-b)(s-c) + (s-c)(s-a) + (s-a)(s-b))$$
$$= 2(ab+bc+ca) - (a^2+b^2+c^2),$$

由此，命题得证. □

题目 13. 设非钝角三角形中顶点 A、B、C 的对边边长分别是 a、b、c，并且对应的高分别为 h_a、h_b、h_c. 求证：

$$\left(\frac{h_a}{a}\right)^2 + \left(\frac{h_b}{b}\right)^2 + \left(\frac{h_c}{c}\right)^2 \geqslant \frac{9}{4},$$

并给出取等号的条件.

Omran Kouba –《美国数学月刊》

证明 由于通过缩放后，标度比例不变，因此我们只需将注意力放在单位面积三角形上. 对于这样的三角形，我们有

$$H := \left(\frac{h_a}{a}\right)^2 + \left(\frac{h_b}{b}\right)^2 + \left(\frac{h_c}{c}\right)^2 = \frac{4}{a^4} + \frac{4}{b^4} + \frac{4}{c^4}.$$

设 $\angle C$ 为最大的角，并考虑固定 $\angle C$，改变 a 和 b 的情况.

因为面积可表示为 $\frac{1}{2}ab\sin C$,由此可知,ab 为定值. 我们先来比较一下 H 与以 $(\sqrt{ab}, \sqrt{ab}, c_0)$ 为三边的三角形的面积 H_0,其中

$$c_0 = ab + ab - 2ab\cos C = 2ab(1-\cos C).$$

观察可得

$$c^2 - c_0^2 = (a^2 + b^2 - 2ab\cos C) - 2ab(1-\cos C) = (a-b)^2,$$

并且

$$c^2 + c_0^2 = (a+b)^2 - 4ab\cos C.$$

由此计算可得

$$\begin{aligned}
H - H_0 &= \frac{4}{a^4} + \frac{4}{b^4} + \frac{4}{c^4} - \frac{4}{a^2 b^2} - \frac{4}{a^2 b^2} - \frac{4}{c_0^4} \\
&= \frac{4(a^2-b^2)^2}{a^4 b^4} + \frac{4(c^4 - c_0^4)}{c^4 c_0^4} \\
&= 4(a-b)^2 \left[\frac{(a+b)^2}{a^4 b^4} - \frac{(a+b)^2}{c^4 c_0^4} + \frac{4ab\cos C}{c^4 c_0^4} \right].
\end{aligned}$$

在此我们需要注意 $60° \leqslant \angle C \leqslant 90°$. 因为

$$c^4 c_0^4 \geqslant c_0^8 = 16 a^4 b^4 (1-\cos C)^4 \geqslant a^4 b^4,$$

所以对于 $60° \leqslant \angle C \leqslant 90°$,有 $H - H_0 \geqslant 0$,当且仅当 $a = b$ 时取等号. 因此,只需考虑等腰三角形.

在这种情况下,由三角形的面积等于 1 可得

$$a^2 = b^2 = 2\csc C, \quad c^2 = c_0^2 = 4(1-\cos C)\csc C.$$

因此,我们计算

$$\begin{aligned}
H_0 - \frac{9}{4} &= 2\sin^2 C + \frac{\sin^2 C}{4(1-\cos C)^2} - \frac{9}{4} \\
&= 2(1-\cos^2 C) + \frac{1+\cos C}{4(1-\cos C)} - \frac{9}{4} \\
&= \frac{2(2\cos C - 1)^2 \cos C}{4(1-\cos C)} \geqslant 0,
\end{aligned}$$

其中当且仅当 $\angle C = 60°$ 或 $\angle C = 90°$ 时取等号,因此当三角形为等边三角形或等腰直角三角形时取等号. □

点评 另外的一种解法思路是：我们可以注意

$$\frac{h_a}{a} = \frac{1}{\cot B + \cot C},$$

并且按以下方式进行替换：$x = \cot A$、$y = \cot B$、$z = \cot C$，从而将欲证不等式简化为

$$\frac{1}{(x+y)^2} + \frac{1}{(y+z)^2} + \frac{1}{(z+x)^2} \geq \frac{9}{4},$$

其中 $xy + yz + zx = 1$，而这是 1996 年伊朗数学奥林匹克竞赛中出现的一个著名的不等式.

题目 14. $\triangle ABC$ 为一个锐角三角形，垂心为 H，W 为边 BC 上的一个点. 分别用 M、N 表示经过顶点 B、C 的高的垂足. 用 ω_1 表示 $\triangle BWN$ 的外接圆，并且设 W 在圆 ω_1 上的对径点为 X. 类似地，用 ω_2 表示 $\triangle CWM$ 的外接圆，并设 W 在圆 ω_2 上的对径点为 Y. 求证：X、Y 和 H 三点共线.

Warut Suksompong, Potcharapol Suteparuk – IMO 2013

证法一 如图 7 所示，设过顶点 A 的高的垂足为 L，且圆 ω_1 与 ω_2 除点 W 外的另一个交点为 Z. 我们来证明 X、Y、Z 和 H 在同一条直线上. 由于 $\angle BNC = \angle BMC = 90°$，点 B、C、N 和 M 四点共圆，用 ω_3 表示这个圆. 观察可得，直线 WZ 为圆 ω_1 与 ω_2 的根轴；类似地，直线 BN 为圆 ω_1 与 ω_3 的根轴，直线 CM 为圆 ω_2 与 ω_3 的根轴. 因此 $A = BN \cap CM$ 为这三个圆的根心，因此 WZ 经过点 A.

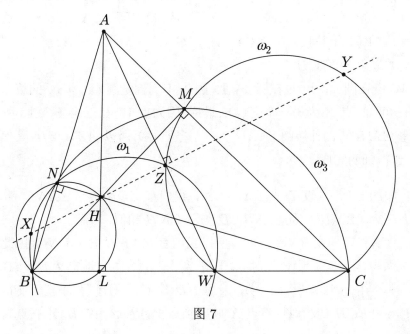

图 7

由于 WX、WY 分别是圆 ω_1、ω_2 的直径,于是我们有 $\angle WZX = \angle WZY = 90°$. 所以点 X 与 Y 都在经过点 Z 并垂直于 WZ 的直线上.

由于有两个对角是直角,因此四边形 $BLHN$ 为圆内接四边形. 由点 A 到圆 ω_1 和 $BLHN$ 的外接圆的幂,我们得到 $AL \cdot AH = AB \cdot AN = AW \cdot AZ$. 若点 H 在直线 AW 上,则这立即简化为 $H = Z$. 否则,由于 $HLWZ$ 为圆内接四边形,于是 $\angle HZA = \angle HLW = 90°$,因此点 H 也在直线 XYZ 上. □

以上的证法可能是在参赛选手中最受欢迎的一种. 然而,接下来我们将另外介绍十种不同的证明方法来阐述一些理念和定理,这些理念与定理将在本书的后续部分中再次出现. 最先介绍的两种证法是已给出的证法的简化版:

证法二 设圆 ω_1 与 ω_2 的第二个交点为 Z. 如证法一所示,点 A、Z 和 W 三点共线. 进一步我们注意到,亦如证法一所示,点 Z 在直线 XY 上. 下一步是证明点 Z 在四边形 $ANHM$ 的外接圆上,并且此圆的直径为 AH. 对边 AB、BC、CA 上的点 N、W、M 应用 Miquel 定理,得到圆 ω_1、ω_2 和 $\triangle ANM$ 的外接圆相交于一点,即点 Z. 因此,$ANZM$ 为圆内接四边形,设这个圆为 Ω. 因为 $\angle HNA = \angle HMA = 90°$,所以点 H 也在圆 Ω 上,并且 AH 为圆 Ω 的一条直径.

因为 XW 为圆 ω_1 的直径,所以 $\angle XZW = 90°$. 又因为 AH 为圆 ω_3 的直径,所以 $\angle HZA = 90°$,于是 $\angle HZW = 90°$,因此点 X、H、Z 在一条直线上. □

证法三 我们可以很容易地证明 M、N、B、C 及 A、M、H、N 分别四点共圆. 因此由点到圆的幂可得,$AN \cdot AB = AM \cdot AC$. 下面考虑以 A 为中心、幂为 $AN \cdot AB$ 的反演变换,这个变换固定 ω_1 与 ω_2. 依照惯例,我们用 X' 表示点 X 在这个反演变换下所成的像. 于是我们可以看到 $M' = C$、$C' = M$、$N' = B$、$B' = N$,并且圆 $AMHN$ 被映射为直线 BC.

点 W 既在圆 ω_1 上,也在圆 ω_2 上,因此,W' 就是圆 ω_1 与 ω_2 的第二个交点(由证法一可知,点 Z 为另一个交点). 最后,因为点 W 在直线 BC 上,所以点 Z 在四边形 $AMHN$ 的外接圆上(AH 为其一条直径),所以 $AZ \perp ZH$,其他部分像证法一一样,证明完成. □

证法四 如图 8 所示,设 $D = BX \cap CN$. 我们有 $\angle DNB$ 与 $\angle BNC$ 都是直角,并且 $\angle BDN = \angle NBC$,因此,$\triangle BND$ 与 $\triangle CNB$ 相似.

因为 $\angle XNW = \angle BNC = 90°$,所以我们有 $\angle XNB = \angle WNC$,因此在上述的相似关系中,点 X 与点 W 相对应. 于是 $\frac{BX}{XD} = \frac{CW}{WB}$. 类似地定义 $E = CY \cap BH$,则有 $\frac{EY}{YC} = \frac{CW}{WB}$. 因此,$\frac{BX}{XD} = \frac{EY}{YC}$. 因为 BD 与 CE 平行(都垂直于 BC),并且 $\triangle BDH$ 与 $\triangle ECH$ 的相似性将点 X 映射到点 Y,所以有 X、H、Y 三点共线. □

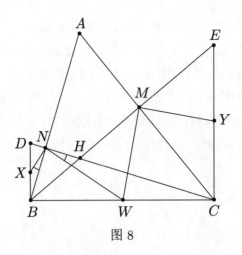

图 8

证法五 如图 9 所示,设经过点 W 并垂直于 BC 的直线分别与直线 CN、BM 相交于点 B'、C'. 因为分别有一组对角为直角,所以四边形 $WB'NB$ 与 $WC'MC$ 都是圆内接四边形. 由点 X 及 Y 的定义,以及点 B' 和 C' 的结构可得,四边形 $WB'XB$ 与 $WC'YC$ 都是矩形.

设 D 为直线 BX 与 CN 的交点、E 为直线 CY 与 BM 的交点. 因为直线 BX、WB'、CY 互相平行,所以以下三角形都两两相似:

$$\triangle HBD \backsim \triangle HEC, \quad \triangle CB'W \backsim \triangle CDB, \quad \triangle C'EY \backsim \triangle BEC.$$

现在考虑以 H 为中心、将 $\triangle HBD$ 映射为 $\triangle HEC$ 的位似变换. 因为

$$\frac{BX}{BD} = \frac{B'W}{BD} = \frac{CW}{BC} = \frac{YC'}{BC} = \frac{YE}{CE},$$

所以这个位似变换将点 X 映射为点 Y. 因此点 H、X、Y 三点共线. □

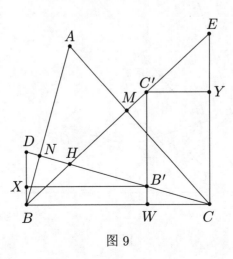

图 9

证法六 如图 10 所示，因为 $BXNW$ 为圆内接四边形，所以 $\angle WXN = \angle B$. 于是 $\triangle XNW \sim \triangle HNA$，因此 $\frac{XN}{NW} = \frac{HN}{AN}$. 此外还注意到 $\angle HNX = \angle ANW$. 于是可得 $\triangle HNX \sim \triangle ANW$. 因此 $\angle NHX = \angle NAW$. 类似地，有 $\angle MHY = \angle MAW$. 由于 $\angle NAW + \angle MAW = \angle A$，因此 $\angle NHX + \angle MHY = \angle A$.

最后，由于 $ANHM$ 为圆内接四边形，因此我们有 $\angle NHM = 180° - \angle A$. 由此可得 $\angle NHX + \angle NHM + \angle MHY = 180°$，因此，$X$、$H$、$Y$ 三点共线. □

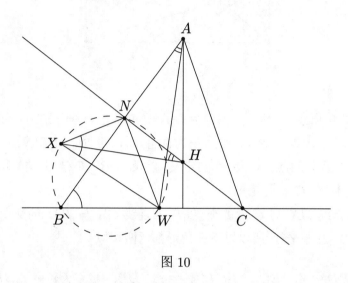

图 10

证法七 （事实上，本证法与证法六非常相似，差别只是围着点 W 把比例减为 $\frac{1}{2}$.）如图 11 所示，设圆 ω_1、ω_2 的圆心分别为 O_1、O_2，线段 WN、WM、WH 的中点分别为 P、Q、R，于是只需证明 O_1、R 与 O_2 三点共线.

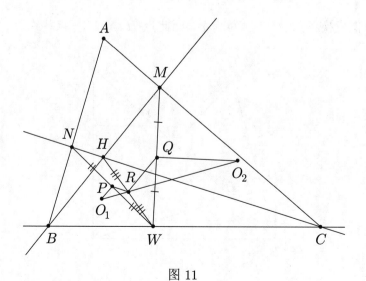

图 11

注意到 PR 平行于 NH,因此 $\angle WPR = \angle WNH$,于是 $\angle O_1PR = \angle WNA$. 并且
$$\frac{O_1P}{NW} = \frac{1}{2}\frac{O_1P}{PW} = \frac{1}{2}\frac{NH}{AN} = \frac{PR}{AN}.$$
于是,$\triangle O_1PR \sim \triangle WNA$, 所以 $\angle PRO_1 = \angle WAN$. 同理,$\angle WAM = \angle QRO_2$. 此外, $\angle PRQ = \angle NHM = 180° - \angle A$, 由此 $\angle O_1RO_2 = 180°$, 从而结论得证. □

接下来的三种证法都涉及一些定理, 这些定理看起来与题目的结构完全不相关. 这几种解法都是非常值得关注的.

证法八 考虑以 BC 为直径的圆 ω_3, 它经过点 M 与 N. 如图 12 所示, 设这个圆的圆心为 O, 因此点 O 是 BC 的中点. 设圆 ω_1、ω_2 的圆心分别为 O_1、O_2. 因为 BN 为圆 ω_3 和 ω_1 的公共弦, 所以 $OO_1 \perp BN$. 因为 $CN \perp AB$, 所以 $CN /\!/ OO_1$. 类似地, 有 $BM /\!/ OO_2$.

现在设点 W 关于 O 的对称点为 U. 因为点 O_1 是 WX 的中点、点 O 是 WU 的中点, 所以 $UX /\!/ OO_1$, 也就是说 $UX /\!/ CN$. 类似地, 有 $UY /\!/ BM$.

我们考虑无穷远直线上的以下几个点: I_B 是垂直于 BN 的直线上的无穷远点; I_C 是垂直于 CM 的直线上的无穷远点; I_U 是垂直于 BC 的直线上的无穷远点. 在直线 BCU 及这条无限远处的直线上应用 Pappus 定理, 我们得到 $BI_C \cap CI_B = H$、$BI_U \cap UI_B = X$、$CI_U \cap UI_C = Y$ 三点共线.

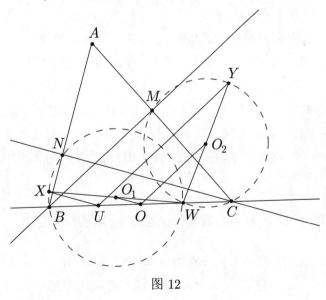

图 12

□

证法九 就像证法一那样, 我们首先观察到点 A 在直线 WZ 上, 接下来的证明是以此为基础展开的.

如图 13 所示，设 BM 与圆 ω_2、CN 与圆 ω_1 的第二个交点分别为 B'、C'. 我们注意到，因为 $\angle BNC' = 90°$，所以 $\angle BWC' = 90°$，进而得到 BX 平行于 WC'. 令它们在无穷远处相交于点 I. 设 $H' = XZ \cap C'N$.

在圆内接六边形 $BXZWC'N$（顶点顺序依此考虑）上应用 Pascal 定理可得点 I、H'、A 三点共线. 这就是说 $H'A$ 也垂直于 BC. 由此 $H' = H$.

由此可得点 X、H、Z 三点共线. 类似地，可以证明 Y、H、Z 三点共线. 因此，X、Y、H 三点共线. □

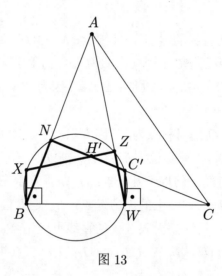

图 13

证法十 正如证法九那样，设 BM 与圆 ω_2、CN 与圆 ω_1 的第二个交点分别为 B'、C'，同时注意到 $B' \in BM$，并且 $C' \in CN$. 在四边形 $BWC'H$ 中应用 Newton-Gauss 定理（将在问题 72 的解答中详细介绍）可得：线段 BC'、HW、$B'C$ 的中点 X'、H'、Y' 三点共线. 然而因为在圆 ω_1、ω_2 中，BC'、$B'C$ 分别是直径，所以事实上，X'、Y' 分别是圆 ω_1、ω_2 的圆心. 所以以 W 为中心，位似比为 2 的位似变换将 X' 映射到 X、将 Y' 映射到 Y、将 H' 映射到 H，由此我们可以得出结论：X、Y、H 三点共线. □

最后我们再介绍一个颇具启发性的证法，它使用了计算方法.

证法十一 设 $\triangle ABC$ 的三边长分别为 $a = BC$、$b = AC$、$c = AB$，三个角分别为 $\alpha = \angle BAC$、$\beta = \angle ABC$、$\gamma = \angle ACB$. 我们有 $\angle WBX = \angle YCW = 90°$. 在 $\triangle BWN$ 中应用余弦定理，因为 $BN = a\cos\beta$，所以

$$WN^2 = BN^2 + BW^2 - 2BN \cdot BW \cdot \cos\beta$$
$$= a^2\cos^2\beta + BW^2 - 2a \cdot BW \cdot \cos^2\beta$$

$$=(a-BW)^2\cos^2\beta+BW^2\sin^2\beta$$
$$=CW^2\cos^2\beta+BW^2\sin^2\beta.$$

因为 XW 是 $\triangle BWN$ 的外接圆的直径,所以在 $\triangle BWN$ 中应用正弦定理得到
$$XW^2=\frac{WN^2}{\sin^2\beta}=CW^2\cot^2\beta+BW^2,$$

因此 $BX^2=CW^2\cot^2\beta$, 即 $BX=CW\cot\beta$. 类似地, 我们有 $CY=BW\cot\gamma$.

设 AL 为 BC 上的高. 通过比较斜率, 问题等价转化为
$$\frac{CY-HL}{CL}=\frac{HL-BX}{BL}.$$

在用分析法证明共线问题时, 比较斜率通常是非常有效的手段. 在本题中, $\triangle CHL$ 与 $\triangle CBN$ 是相似三角形, 因此
$$HL=\frac{BN\cdot CL}{CN}=\frac{a\cos\beta\cdot b\cos\gamma}{a\sin\beta}=b\cos\gamma\cot\beta.$$

类似地, $HL=c\cos\beta\cot\gamma$. 于是, 因为 $CL=b\cos\gamma$ 和 $BL=c\cos\beta$, 所以
$$\frac{CY-HL}{CL}=\frac{BW\cot\gamma-c\cos\beta\cot\gamma}{b\cos\gamma}=\frac{BW-BL}{b\sin\gamma}=\frac{WL}{b\sin\gamma}.$$

类似地, 有
$$\frac{HL-BX}{BL}=\frac{WL}{c\sin\beta}.$$

在 $\triangle ABC$ 中应用正弦定理可得 $\frac{b}{\sin\beta}=\frac{c}{\sin\gamma}$, 于是本题得证. □

题目 15. 已知 $\triangle ABC$ 及其内部一点 P. 设 AP、BP、CP 与边 BC、CA、AB 的交点分别为 X、Y、Z. 求证:
$$\frac{XB}{XY}\cdot\frac{YC}{YZ}\cdot\frac{ZA}{ZX}\leqslant\frac{R}{2r}.$$

Titu Andreescu – USAMO 2014 预选题

证明 由余弦定理和均值不等式可得
$$\begin{aligned}YZ^2&=AY^2+AZ^2-2AY\cdot AZ\cdot\cos A\\&\geqslant 2AY\cdot AZ(1-\cos A)\\&=4AY\cdot AZ\sin^2\frac{A}{2}.\end{aligned}$$

类似地,有 $ZX^2 \geqslant 4BZ \cdot BX \sin^2 \frac{B}{2}$, $XY^2 \geqslant 4CX \cdot CY \sin^2 \frac{C}{2}$. 由此得

$$(XY \cdot YZ \cdot ZX)^2 \geqslant 64 \prod_{A,B,C} (AY \cdot AZ) \cdot \prod_{A,B,C} \sin^2 \frac{A}{2}$$
$$= \frac{4r^2}{R^2} \cdot \prod_{A,B,C} (AY \cdot AZ),$$

其中,等式中使用了以下的恒等式

$$\sin \frac{A}{2} \sin \frac{B}{2} \sin \frac{C}{2} = \frac{r}{4R}.$$

另外,直线 AX、BY、CZ 相交于点 P,因此由 Ceva 定理可得:

$$\frac{XB}{XC} \cdot \frac{YC}{YA} \cdot \frac{ZA}{ZB} = 1.$$

于是,由以上条件我们得到

$$\left(\frac{XY}{XB} \cdot \frac{YZ}{YC} \cdot \frac{ZX}{ZA}\right)^2 = \frac{(XY \cdot YZ \cdot ZX)^2}{AY \cdot AZ \cdot BZ \cdot BX \cdot CX \cdot CY} \geqslant \frac{4r^2}{R^2},$$

由此可得要求证的结论

$$\frac{XY}{XB} \cdot \frac{YZ}{YC} \cdot \frac{ZX}{ZA} \geqslant \frac{2r}{R}.$$

□

题目 16. 设圆 C_1 与 $\triangle ABC$ 的边 AB、AC 相切,圆 C_2 经过点 B、C,并且与圆 C_1 相切于点 D. 求证:$\triangle ABC$ 的内心在 $\angle BDC$ 的内角平分线上.

Vladimir Protassov

证明 如图 14 所示,设 Y 是不含 D 的 $\overset{\frown}{BC}$ 的中点,则 DY 为 $\angle BDC$ 的平分线. 设 DY 与 C_1 相交于点 X. 设圆 C_1 与 AC、AB 的切点分别为 E、F. 延长 XF 并与 YB 相交于点 M,延长 XE 并与 YC 相交于点 N.

设 DF 与 C_2 交于点 Z,设 BA 与 C_2 交于点 A_1. 在 C_1 中,$\overset{\frown}{FD}$ 所对圆周角等于弦切角 $\angle DFB$,还等于在 C_2 中 $\overset{\frown}{DZ}$ 所对圆周角,因此 Z 为 $\overset{\frown}{BA_1}$ 中点. 由于 Y 为 $\overset{\frown}{BA_1C}$ 中点,因此 $\angle YDZ$ 为 $\overset{\frown}{CA_1}$ 所对圆周角的一半,即 $\angle YDZ = \frac{1}{2}\angle ABC$.

由 $\angle XFD$ 为 $\overset{\frown}{XED}$ 在 C_1 中所对圆周角,因此等于 $\overset{\frown}{YCD}$ 在 C_2 中所对圆周角,于是 $\angle XFD = \angle YBD = \angle MBD$,我们得到四边形 $BMFD$ 是圆内接四边形,设这个圆与 XY 的另一个交点为 I',于是得到

$$\angle I'BA = \angle I'DF = \angle YDZ = \frac{1}{2}\angle ABC.$$

类似地，设四边形 $DENC$ 的外接圆与 XY 二次相交于点 I''，则 $\angle I''CA = \frac{1}{2}\angle ACB$. 为了证明 $I' \equiv I''$，我们进行下面的步骤. 由 $\angle BI'Y = \angle BFD = \angle FXD$，我们得到 $MX \parallel BI'$，由 $\angle BMI' = \angle BDI' = \angle YBC$，我们得到 $BC \parallel MI'$. 因此，如果我们设 XY 与 BC 相交于点 P，那么我们有

$$\frac{YP}{YI'} = \frac{YB}{YM} = \frac{YI'}{YX},$$

因此有 $(YI')^2 = YP \cdot YX$. 类似地，有 $(YI'')^2 = YP \cdot YX$，由此可得 $I' \equiv I''$. 结论得证. □

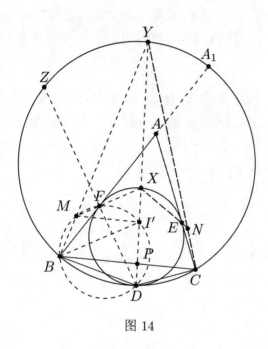

图 14

点评 如果 C_2 是 $\triangle ABC$ 的外接圆，那么圆 C_1 就被称为 $\triangle ABC$ 的 A-伪内切圆. 这类圆有着大量与内切圆相关的优美性质. 在本书中我们对此略有涉猎.

题目 17. 已知 $\triangle ABC$ 及其外接圆上的两点 P、Q. 求证：当且仅当 $PQ \parallel BC$ 时，P、Q 的 Simson 线相交于 $\triangle ABC$ 中以 A 为顶点的高上.

Alexey Zaslavsky – Hyacinthos 新闻组

证明 首先我们介绍一个本题将会用到的关于 Simson 线的经典结论.

引理 若点 P 在 $\triangle ABC$ 的外接圆上，则它的 Simson 线经过线段 PH 的中点，其中 H 表示 $\triangle ABC$ 的垂心.

引理的证明 从综合法到完全的计算法，有许多方法都可以证明这个结论，下面我们将给出一个简短的综合法来证明这个结论.

取垂心 H 关于 BC 的对称点 A'，此点在 $\triangle ABC$ 的外接圆上. 进一步地，设 PA' 与 BC 相交于点 E，以 A 为顶点的高线的垂足为 D、点 P 在边 BC、CA 上的投影分别为 X、Y. 四边形 $YXCP$ 为圆内接四边形，所以有

$$\angle YXB = \angle YPC = 90° - \angle YCP = 90° - \angle AA'P = \angle A'EB.$$

又因为 $\triangle HEA'$ 为等腰三角形，我们有 $\angle HEB = \angle A'EB$. 因此 $YX/\!/HE$. 再根据 $\angle YXB = \angle A'EB = \angle PEX$，以及 $\triangle PXE$ 为直角三角形，可知 YX 过 PE 的中点. 于是 YX 为 $\triangle PHE$ 的中位线，因此 YX 平分 PH. 这样就完成了引理的证明.

回到本题，设点 P、Q 在直线 BC 上的投影分别为 X、Y. HP、HQ 的中点分别为 U、V，其中 H 为 $\triangle ABC$ 的垂心，XU、YV 与 AH 的交点分别为 S、T.

根据引理，XU、YV 分别为 P、Q 的 Simson 线. 由于 $PX/\!/HA, PU=UH$，因此 $SH = PX$. 同理 $TH = QY$. 因此

$$AH \cap XU \cap YV \neq \emptyset \Leftrightarrow S = T \Leftrightarrow PX = QY \Leftrightarrow PQ/\!/BC. \qquad \square$$

题目 18. 已知 $\triangle ABC$ 及其内部一点 P，$\triangle DEF$ 为 P 在 $\triangle ABC$ 内的垂足三角形. 假设直线 DE 垂直于 DF. 求证：点 P 相对于 $\triangle ABC$ 的等角共轭点是 $\triangle AEF$ 的垂心.

MOSP

证明 首先回顾一下与等角共轭有关的以下几个基本引理.

引理 1 设点 P 在 $\triangle ABC$ 所在平面上，X、Y、Z 分别为点 P 在边 BC、CA、AB 上的投影. 那么，从顶点 A、B、C 分别到直线 YZ、ZX、XY 的垂线交于一点，并且此交点是点 P 在 $\triangle ABC$ 中的等角共轭点.

引理 2 设点 P 在 $\triangle ABC$ 所在平面上，X'、Y'、Z' 分别为点 P 相对于边 BC、CA、AB 的对称点. 那么，点 P 在 $\triangle ABC$ 中的等角共轭点是 $\triangle X'Y'Z'$ 的外心.

引理 1 只需沿一条直线利用导角法进行证明即可，我们将具体证明过程留给读者完成. 下面我们来证明引理 2.

引理 2 的证明 如图 15 所示，设 X、Y、Z 分别为线段 PX'、PY'、PZ' 的中点. 显然，$\triangle XYZ$ 是点 P 在 $\triangle ABC$ 中的垂足三角形，并且与 $\triangle X'Y'Z'$ 位似.

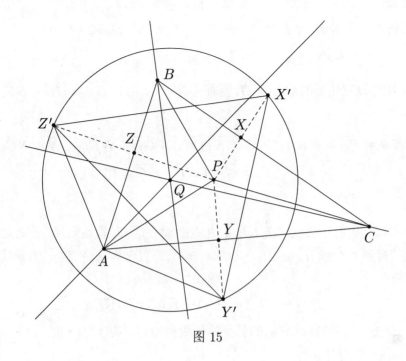

图 15

由引理 1 我们可立即得到：如果点 Q 为点 P 的等角共轭点，那么 $AQ \perp Y'Z'$. 由于 Y'、Z' 分别为 Q 的两个对称点，因此 $AQ = AY' = AZ'$. 因此 $\triangle AY'Z'$ 为等腰三角形，于是高 AQ 也是 $Y'Z'$ 的垂直平分线. 同理 BQ、CQ 也分别是 $X'Z'$、$X'Y'$ 的垂直平分线，因此 Q 为 $\triangle X'Y'Z'$ 的外心. 由此引理 2 得证.

回到本题，设点 P 相对于 $\triangle ABC$ 的等角共轭点为 Q，P 关于边 BC、CA、AB 的对称点分别为 X、Y、Z. 由引理 2 可知，点 Q 是 $\triangle XYZ$ 的外心. 显然，$\triangle DEF$ 与 $\triangle XYZ$ 相似，因此 $\triangle XYZ$ 也是直角三角形，其外心 Q 是斜边 YZ 的中点.

因为 Q、E、F 分别为 $\triangle PZY$ 三边的中点，我们得到 $EQ \parallel PZ$，并且 $FQ \parallel PY$. 然而由于 $PZ \perp AF$、$PY \perp AE$，因此得到 $EQ \perp AF$，并且 $FQ \perp AE$，于是 Q 是 $\triangle AEF$ 的垂心. 证明完成. $\square$

题目 19. 设直线 τ 与 $\triangle ABC$ 的外接圆 $\Gamma(O, R)$ 相切. 设 I、I_a、I_b、I_c 分别为 $\triangle ABC$ 的内心和三个旁心，并用 $\delta(P)$ 表示点 P 到直线 τ 的距离. 求证：存在一组运算符号使以下等式成立：

$$\pm \delta(I) \pm \delta(I_a) \pm \delta(I_b) \pm \delta(I_c) = 4R.$$

Luis Gonzalez – AoPS 论坛

证明 我们首先来看一个关于垂心和九点圆的基本事实.

引理 在任意一个以 H 为垂心、九点圆圆心为 N 的 $\triangle ABC$ 中,有
$$\overrightarrow{NH} + \overrightarrow{NA} + \overrightarrow{NB} + \overrightarrow{NC} = \mathbf{0}.$$

引理的证明 设三角形的重心为 G,则有 $\frac{GN}{NH} = \frac{1}{3}$. 因为 $\overrightarrow{GA} + \overrightarrow{GB} + \overrightarrow{GC} = \mathbf{0}$, 所以我们有
$$\overrightarrow{NH} + \overrightarrow{NA} + \overrightarrow{NB} + \overrightarrow{NC} = \overrightarrow{GN} + \overrightarrow{NA} + \overrightarrow{GN} + \overrightarrow{NB} + \overrightarrow{GN} + \overrightarrow{NC}$$
$$= \overrightarrow{GA} + \overrightarrow{GB} + \overrightarrow{GC} = \mathbf{0}.$$

引理得证.

回到本题,我们注意到 $\triangle I_a I_b I_c$ 的九点圆圆心是 O, 垂心是 I. 于是通过以上引理, 我们得到 $\overrightarrow{OI} + \overrightarrow{OI_a} + \overrightarrow{OI_b} + \overrightarrow{OI_c} = \mathbf{0}$. 设 $f(P)$ 为从 P 到 τ 的垂线代表的矢量,则有
$$f(I) + f(I_a) + f(I_b) + f(I_c) = 4f(O).$$

这些矢量都是平行的,因此它们的长度的代数和为零. 因为 $|f(P)| = \delta(P), \delta(O) = R$,所以存在一组符号使得
$$\pm\delta(I) \pm \delta(I_a) \pm \delta(I_b) \pm \delta(I_c) = \pm 4R$$

成立. $\square$

题目 20. (Feuerbach 定理) 求证:三角形的九点圆分别与该三角形的内切圆和各旁切圆相切.

本题我们将给出两种不同的、具有启发性的证明方法.

证法一 第一种方法将使用反演变换,并且要通过几个步骤才能完成.

断言 1 已知 $\triangle ABC$ 和以 A 为中心、幂为 k^2 的反演变换 $\varPsi$. 如图 16 所示,若 $\mathcal{C}(O,R)$ 表示 $\triangle ABC$ 的外接圆,则 $\varPsi(\mathcal{C}(O,R))$ 表示的直线与直线 BC 逆平行.

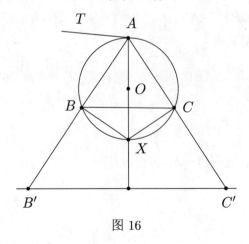

图 16

断言 1 的证明　从反演变换的基本性质可以直接推出这个结论.

我们知道 $\Psi(\mathcal{C}(O,R)) = B'C'$,其中 B'、C' 分别是点 B、C 在反演变换 Ψ 下所成的像. 我们有
$$AB \cdot AB' = AC \cdot AC' = k^2,$$
所以 $B'C'CB$ 为圆内接四边形,也就是说,$\angle ABC = \angle AC'B'$,于是,直线 $B'C'$ 与 BC 逆平行. 断言 1 证毕.

断言 2　在 $\triangle ABC$ 中,设 A_1、A_2、A_3 和 P 分别是边 BC 上的如下点:A_1 为中点,A_2 是以 A 为顶点的高的垂足,A_3 是 $\angle A$ 的内角平分线与 BC 的交点,P 是 I 到 BC 的垂线的垂足(也就是 BC 与内切圆的切点). 那么有 $A_1P^2 = A_1A_2 \cdot A_1A_3$.

断言 2 的证明　设三角形的三边长为 a、b、c,不妨设 $b \geqslant c$,则有
$$BA_1 = \frac{a}{2}, \quad BA_2 = c\cos B = \frac{a^2+c^2-b^2}{2a}, \quad BA_3 = \frac{ac}{b+c}, \quad BP = \frac{a+c-b}{2},$$
于是有
$$A_1P = \frac{b-c}{2}, \quad A_1A_2 = \frac{b^2-c^2}{2a}, \quad A_1A_3 = \frac{a(b-c)}{2(b+c)}.$$
由此可得
$$A_1P^2 = A_1A_3 \cdot A_1A_2 = \left(\frac{b-c}{2}\right)^2,$$
断言 2 得证.

作为另一种选择,也可以使用下面这个方法证明断言 2:设 A-旁切圆与边 BC 的切点为 A_4,则注意到这四个点的组合 (A_2, A_3, P, A_4) 形成了一个调和点列. 事实上,这是由经典的 Nagel 引理得到的.

Nagel 引理　已知在 $\triangle ABC$ 中,P、Q 分别为其内切圆、A-旁切圆与边 BC 的切点,P' 是点 P 在内切圆上的对径点. 于是,A、P'、Q 三点共线.

因为 A_1 是线段 PA_4 的中点,应用交比定义计算,即可推导得到要求证的恒等式.

回到 Feuerbach 定理的证明. 设边 BC 的中点为 A_1,三角形内切圆、A-旁切圆与边 BC 的切点分别为 P、P_a. 考虑以 A_1 为中心、幂为 $k^2 = A_1P^2$ 的反演变换 Ψ.

因为 P 是内切圆 $\mathcal{C}(I,r)$ 与边 BC 的切点,所以点 A_1 到圆 $\mathcal{C}(I,r)$ 的幂为 A_1P^2,于是 $\Psi(\mathcal{C}(I,r)) = \Psi(I,r)$. 同理,由于 $A_1P_a = A_1P$,P_a 是旁切圆与边 BC 的切点,因此圆 $\mathcal{C}(I_a, r_a)$ 也在反演变换下不变.

现在,考虑九点圆 $\mathcal{C}_9$ 在 Ψ 下成的像. 点 A_1 在九点圆 $\mathcal{C}_9$ 上,因此 $\Psi(\mathcal{C}_9)$ 是一条直线 d. $\mathcal{C}_9$ 是 $\triangle ABC$ 各边的中点 A_1、B_1、C_1 形成的三角形的外接圆,因此由断言

1 可得,直线 d 在 $\triangle A_1B_1C_1$ 中与直线 B_1C_1 逆平行.因为 $\triangle A_1B_1C_1$ 与 $\triangle ABC$ 对应边平行,所以 d 在 $\triangle ABC$ 中与 BC 逆平行.由断言 2,有 $A_1A_2 \cdot A_1A_3 = A_1P^2$, $\Psi(A_2) = A_3$. 点 $A_2 \in \mathcal{C}_9$,因此 $A_3 \in d$.

接下来,如图 17 所示,设直线 $B'C'$ 为圆 $\mathcal{C}(I,r)$ 与 $\mathcal{C}(I_a,r_a)$ 的第二条公切线. 内切圆和 A-旁切圆均关于 $\angle BAC$ 的平分线对称,因此两条公切线 BC 与 $B'C'$ 关于角平分线对称. 于是 $BC \cap B'C'$ 为角平分线与 BC 的交点 A_3,于是 $B'C'$ 过 A_3. 由对称性得,$B'C'$ 在 $\triangle ABC$ 中与 BC 逆平行,因此 $d = B'C'$. 由于 d 与两个圆 $\mathcal{C}(I,r)$、$\mathcal{C}(I_a,r_a)$ 均相切,两个圆在反演变换下均不变,因此 $\mathcal{C}_9 = \Psi^{-1}(d)$ 与两个圆相切. 同理,$\mathcal{C}_9$ 也与另外两个旁切圆相切. □

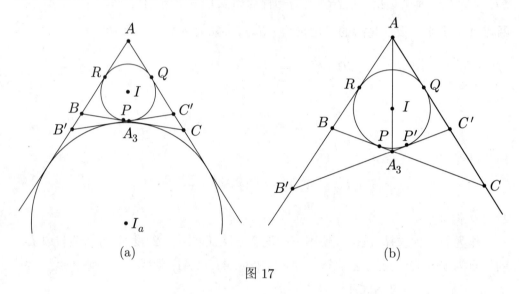

图 17

证法二 第二个证法使用了强大的 Casey 定理.

Casey 定理 已知四个圆 $\mathcal{C}_i, i = 1,2,3,4$,设 t_{ij} 为圆 $\mathcal{C}_i$ 与 $\mathcal{C}_j$ 之间一条公切线的长度. 则当且仅当存在一组运算符号使得

$$t_{12}t_{34} \pm t_{13}t_{42} \pm t_{14}t_{23} = 0.$$

成立时,这四个圆同时与另一个圆(或一条直线)相切.

这个定理中条件的充分性是由 Casey 弦定理直接得到的,在题目 81 的证明过程中,我们将见到 Casey 弦定理和 Ptolemy 定理. 然而,必要性的证明非常复杂,并且所有已知的证法都是过程非常长的计算法,因此我们把它省略. 具体细节参考文献 [1].

为了推导出 Feuerbach 定理,我们采用以下步骤:首先,我们先对表示法稍加改变,以便突出这些证法的区别. 设 $\triangle ABC$ 的三边 BC、CA、AB 的中点分别为

D、E、F,三角形的内切圆为 Γ. 设 $\triangle ABC$ 三边的长分别为 a、b、c,半周长为 s. 现在我们考虑由四个圆组成的组合 (D, E, F, Γ). 我们发现:

$$t_{DE} = \frac{c}{2}, \quad t_{DF} = \frac{b}{2}, \quad t_{EF} = \frac{a}{2},$$

$$t_{D\Gamma} = \left|\frac{a}{2} - (s-b)\right| = \left|\frac{b-c}{2}\right|,$$

$$t_{E\Gamma} = \left|\frac{b}{2} - (s-c)\right| = \left|\frac{a-c}{2}\right|,$$

$$t_{F\Gamma} = \left|\frac{c}{2} - (s-a)\right| = \left|\frac{b-a}{2}\right|.$$

我们需要确认是否存在 $+$, $-$ 的组合,满足

$$\pm c(b-a) \pm a(b-c) \pm b(a-c) = 0.$$

但这是直接可以得到的. 由 Casey 定理可得,存在一个圆与 D、E、F、Γ 都相切. 由于经过点 D、E、F 的圆是三角形的九点圆,我们得到 Γ 与九点圆相切.

类似地,我们可以使用 Casey 定理证明内切圆 Γ 与 $\triangle ABC$ 的每个旁切圆都相切. $\square$

点评 九点圆与内切圆的切点被称为 $\triangle ABC$ 的 Feuerbach 点.

题目 21. 在锐角 $\triangle ABC$ 中,$\angle A < \angle B$、$\angle A < \angle C$. P 是边 BC 上的一个动点. 点 D、E 分别在边 AB、AC 上,并满足 $BP = PD$,$CP = PE$. 求证:随着点 P 沿边 BC 运动,$\triangle ADE$ 的外接圆经过除点 A 外的另一个定点.

冯祖鸣 – 美国 IMO TST 2012

证法一 我们将证明这个定点就是 $\triangle ABC$ 的垂心 H. 设顶点 C 到 AB 的垂足为 X,顶点 B 到 AC 的垂足为 Y. 注意到:如果 M 是 BC 的中点,那么 $MB = MX = MY = MC$. 不失一般性,假设点 P 在 B 与 M 之间,则点 D 在 B 与 X 之间、点 E 在 A 与 Y 之间. 因为 $\angle AXH = \angle AYH = 90°$,所以四边形 $AXHY$ 为圆内接四边形. 为了证明 $ADHE$ 也是圆内接四边形,只需证明 $\triangle DHX$ 与 $\triangle EHY$ 相似,或者

$$\frac{DX}{EY} = \frac{XH}{YH}.$$

在圆内接四边形 $AXHY$ 中应用正弦定理,我们得到 $\frac{XH}{YH} = \frac{\cos B}{\cos C}$. 我们注意到 $DX = BX - BD = BC\cos B - 2BP\cos B$. 类似地,$EY = EC - CY = 2PC\cos C - BC\cos C$. 因此我们得到

$$\frac{DX}{EY} = \frac{BC - 2BP}{2PC - BC} \cdot \frac{\cos B}{\cos C} = \frac{\cos B}{\cos C}.$$

将这两个表达式与前面的计算结合在一起，即可推导得到期望的 $\frac{DX}{EY} = \frac{XH}{YH}$. □

证法二 我们采用证法一中的符号并进行相同的假设，而这次给出另外一个方法证明 $\frac{DX}{EY} = \frac{XH}{YH}$. 设点 M 到 AB、AC 的垂足分别为 U_B、U_C，点 P 到 AB、AC 的垂足分别为 V_B、V_C. 注意到

$$\frac{DX}{EY} = \frac{2U_B V_B}{2U_C V_C} = \frac{U_B V_B}{U_C V_C}.$$

设点 P 到 $U_B M$ 的垂足为 S，点 M 到 PV_C 的垂足为 T，PS 与 MT 相交于点 R. 注意到 $\triangle RPM$ 与 $\triangle ABC$ 相似. $\triangle RPM$ 中的点 S、T 分别对应 $\triangle ABC$ 中的点 X、Y. 因此，我们得到

$$\frac{U_B V_B}{U_C V_C} = \frac{PS}{TM} = \frac{BX}{CY} = \frac{HX}{HY}.$$

□

点评 如果在选取动点 D 和 E 的时候存在常数 α、β 和 c 使得 $\alpha \cdot AD + \beta \cdot AE = c$ 成立，那么本题的结论仍旧成立. 这种情况的证明留给读者作为练习来完成. 在实际的竞赛中，一些学生将点 D 和 E 的定义误读为 $BD = BP$、$CE = CP$，而另一些学生将其误读为 $BD = DP$、$CE = EP$. 上面提到的的这个基于原题的推广包含了这三种场景.

题目 22. 设 $\triangle ABC$ 的外心是 O，X、Y、Z 分别是 $\triangle BOC$、$\triangle COA$、$\triangle AOB$ 的外心. 求证：直线 AX、BY、CZ 相交于一点.

Cezar Cosnita – 《数学公报》

证法一 我们可以取个巧，使用强大的 Sondat 定理（见题目 100）来破解这个问题. 事实上，由于从点 X 到 BC 的垂线、从点 Y 到 CA 的垂线、从点 Z 到 AB 的垂线分别是各边的中垂线，所以这三条直线相交于点 O. 另外，由于从点 A 到 YZ 的垂线、从点 B 到 ZX 的垂线、从点 C 到 XY 的垂线分别是 AO、BO、CO，所以这三条直线也相交于点 O. 由此可知 $\triangle ABC$ 与 $\triangle XYZ$ 正交，并且两个正交中心重合，因此这两个三角形是透视关系.

下面我们还是要定性地证明一下本题没有触及的更深的部分，准确地说，我们将证明直线 AX、BY、CZ 经过 $\triangle ABC$ 的九点圆的圆心的等角共轭点.

于是我们想要证明 AX 关于 $\triangle ABC$ 中 $\angle A$ 的内角平分线的对称直线经过 $\triangle ABC$ 的九点圆的圆心 N. 进一步地，因为在 $\triangle ABC$ 中外心 O 与垂心 H 互为等角共轭点，并且 N 是 OH 的中点，所以这等价于证明 AX 是 $\triangle AHO$ 中的

A-类似中线. 为了实现这点,我们将进行以下操作. 我们所做的工作都是在假设 $\triangle ABC$ 为一个锐角三角形的条件下进行的.($\triangle ABC$ 为钝角三角形的情况与此类似,但需要对一些角度等式模 $180°$ 理解.)

如图 18,设点 X 到 OC 的垂足为 P. 因为点 X 是 $\triangle BOC$ 的外心,点 P 是 OC 的中点,所以 $OP = \frac{R}{2}$,其中 R 是 $\triangle ABC$ 的外径. 因为 $\angle COX = \angle A$,于是我们得到

$$OX = \frac{R}{2} \cdot \frac{1}{\cos A}.$$

设 AX 与 OH 相交于点 S. 因为 $AH /\!/ OX$,由此可得

$$\frac{SH}{SO} = \frac{AH}{OX} = \frac{2R\cos A}{\frac{R}{2\cos A}} = 4\cos^2 A.$$

然而

$$4\cos^2 A = \left(\frac{2R\cos A}{R}\right)^2 = \left(\frac{AH}{AO}\right)^2.$$

由此得出结论 $\frac{SH}{SO} = \left(\frac{AH}{AO}\right)^2$,于是 AS 是 $\triangle AHO$ 的 A-类似中线. □

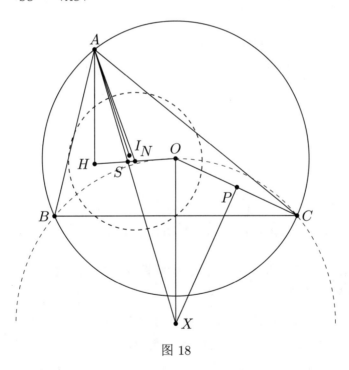

图 18

证法二 这个证法看起来也有点作弊的嫌疑,我们将用另一个结论在一定程度上简化这个问题. 然而,应用这个结论解题是个非常令人惊艳的想法,所以我们必须要把它介绍给大家. 它的关键思路是应用美丽的 Jacobi 定理.

Jacobi 定理 已知 $\triangle ABC$ 以及与其共面的三个点 X、Y、Z，满足 $\angle YAC = \angle BAZ, \angle ZBA = \angle CBX$ 以及 $\angle XCB = \angle ACY$. 那么直线 AX、BY、CZ 相交于一点.

Jacobi 定理的证明 我们将用到模 $180°$ 的有向角. 分别用 A、B、C、x、y、z 表示 $\angle CAB$、$\angle ABC$、$\angle BCA$、$\angle YAC$、$\angle ZBA$、$\angle XCB$ 的大小. 很明显直线 AX、BX、CX 相交于一点 (点 X), 所以由 Ceva 定理的三角形式可得

$$\frac{\sin \angle CAX}{\sin \angle XAB} \cdot \frac{\sin \angle ABX}{\sin \angle XBC} \cdot \frac{\sin \angle BCX}{\sin \angle XCA} = 1.$$

现在我们注意到 $\angle ABX = \angle ABC + \angle CBX = B + y, \angle XBC = -\angle CBX = -y,$ $\angle BCX = -\angle XCB = -z, \angle XCA = \angle XCB + \angle BCA = z + C.$ 由此可得

$$\frac{\sin \angle CAX}{\sin \angle XAB} \cdot \frac{\sin (B+y)}{\sin (-y)} \cdot \frac{\sin (-z)}{\sin (C+z)} = 1. \tag{1}$$

类似地，我们可以得到

$$\frac{\sin \angle ABY}{\sin \angle YBC} \cdot \frac{\sin (C+z)}{\sin (-z)} \cdot \frac{\sin (-x)}{\sin (A+x)} = 1, \tag{2}$$

$$\frac{\sin \angle BCZ}{\sin \angle ZCA} \cdot \frac{\sin (A+x)}{\sin (-x)} \cdot \frac{\sin (-y)}{\sin (B+y)} = 1. \tag{3}$$

将式 (1) ~ (3) 相乘并消去相同部分后, 得到

$$\frac{\sin \angle CAX}{\sin \angle XAB} \cdot \frac{\sin \angle ABY}{\sin \angle YBC} \cdot \frac{\sin \angle BCZ}{\sin \angle ZCA} = 1.$$

所以, 由 Ceva 定理的三角函数表达式可得, 直线 AX、BY、CZ 交于一点, 由此完成了 Jacobi 定理的证明.

回到原题的证明. 现在我们的计划是对 $\triangle XYZ$ 以及共面的三个点 A、B、C 应用 Jacobi 定理. 如图 19, 因为 $ZBOA$ 为等形, 所以我们有 $\angle BZO = \angle AZO$. 而 $ZBXO$ 和 $ZOYA$ 也是等形, 因此 $\angle BZX = \frac{1}{2}\angle BZO, \angle AZY = \frac{1}{2}\angle AZO$, 由此可得 $\angle BZX = \angle AZY$. 用类似的方法也可证明 $\angle BXZ = \angle CXY$ 和 $\angle CYX = \angle AYZ$. 因此应用 Jacobi 定理可得直线 XA、YB、ZC 交于一点. 由此完成了证法二. □

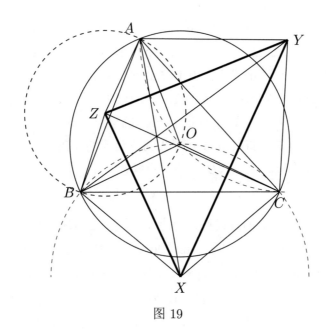

图 19

题目 23. (Brocard 定理) 已知 $\triangle ABC$ 与其内部一点 P. 设一条直线经过点 P 且垂直于 PA, 并与 BC 相交于点 A_1, 类似地定义点 B_1 和 C_1. 求证: 点 A_1、B_1、C_1 三点共线.

证明 如图 20 所示, 考虑以 P 为圆心、任意半径的圆 Γ, 分别用 a、b、c、a_1、b_1、c_1 表示点 A、B、C、A_1、B_1、C_1 相对于圆 Γ 的极线.

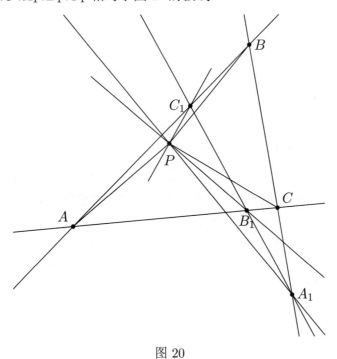

图 20

由定义可知，$a \perp PA$、$b \perp PB$、$c \perp PC$、$a_1 \perp PA_1$、$b_1 \perp PB_1$、$c_1 \perp PC_1$. 进一步，因为点 A_1 在 BC 上，所以极线 a_1 经过 b 与 c 的交点 $b \cap c$. 由 $a_1 \perp PA_1$ 和 $PA_1 \perp PA$，我们得到 $a_1 \parallel PA$；由于 $a \perp PA$，我们得到 $a_1 \perp a$. 因此，直线 a_1 经过 b 与 c 的交点 $b \cap c$，并且垂直于直线 a. 类似地，直线 b_1 经过 c 与 a 的交点 $c \cap a$，并且垂直于直线 b；直线 c_1 经过 a 与 b 的交点 $a \cap b$，并且垂直于直线 c. 由此，直线 a_1、b_1、c_1 便是由直线 a、b、c 围成的三角形的三条高. 于是直线 a_1、b_1、c_1 相交于一点. 由此推导出点 A_1、B_1、C_1 三点共线. □

点评 经过点 A_1、B_1、C_1 的直线被称为点 P 关于 $\triangle ABC$ 的正交极线，它有大量有用的性质. 我们证明下面归功于 Lius Gonzalez 的迷人的定理.

正交极线-极线定理 延用上面证明中的记号，并设直线 AP 与 BC、BP 与 CA、CP 与 AB 的交点分别为 A'、B'、C'. 设点 P 在 $B'C'$、$C'A'$、$A'B'$ 上的投影分别为 X、Y、Z. 如果用 τ 表示点 P 关于 $\triangle ABC$ 的正交极线，那么 τ 是点 P 关于 $\triangle XYZ$ 的外接圆的极线.

正交极线-极线定理的证明 设经过点 P 并与 PA 垂直的直线分别与 $A'B'$、$A'C'$ 相交于点 N、M，MN 与 YZ 相交于点 U，A_2 为点 P 关于 U 的对称点. 我们注意到

$$\angle MNZ = \angle ZPA' = \angle ZYA',$$

因此 $MNZY$ 是圆内接四边形. 很明显，UP 与 $PYA'Z$ 的外接圆相切，由此可得

$$UA_2^2 = UP^2 = UY \cdot UZ = UM \cdot UN.$$

于是，以 PA_2 为直径的圆 U 与 $\triangle XYZ$、四边形 $MNZY$ 的外接圆都正交. 这意味着点 P 与 A_2 关于圆 (XYZ) 共轭，同时还可得到 (P, A_2, M, N) 为调和点列，于是 $(A'P, A'A_2, A'C', A'B')$ 是一个调和线束. 然而在完全四边形中，$(A'P, A'A_1, A'C', A'B')$ 是一个调和线束，因此 $A'A_1 \equiv A'A_2 \equiv BC$，进而有 $A_1 \equiv A_2$. 这意味着点 A_1 在 P 关于 $\triangle XYZ$ 的外接圆的极线上.

类似地，点 B_1、C_1 也都在 P 关于圆 (XYZ) 的极线上，因此 τ 就是点 P 关于 $\triangle XYZ$ 的外接圆的极线. 定理得证. □

题目 24. 已知在四边形 $ABCD$ 中，$\angle B = \angle D = 90°$. 在线段 AB 上取点 M，满足 $AD = AM$. 射线 DM、CB 相交于点 N. H、K 分别为点 D、C 在直线 AC、AN 上的垂足. 求证：$\angle MHN = \angle MCK$.

Zhautykov 数学奥林匹克 2009

证明 首先,注意到

$$\angle NDC = 90° - \angle ADM = 90° - \left(90° - \frac{1}{2}\angle BAD\right) = \frac{1}{2}\angle BAD.$$

并且

$$\begin{aligned}\angle DNC &= 180° - \angle BCD - \angle NDC \\ &= 180° - (180° - \angle BAD) - \frac{1}{2}\angle BAD = \frac{1}{2}\angle BAD.\end{aligned}$$

于是可得 $\angle NDC = \angle DNC$,因此 $CD = CN$.

其次,注意到 $AM^2 = AD^2 = AH \cdot AC$,也就是说 AB 与 $\triangle HMC$ 的外接圆相切. 特别地,可以推导出 $\angle BMC = \angle MHC$. 类似地,有 $CN^2 = CD^2 = CH \cdot CA$, 所以 CN 与 $\triangle AHN$ 的外接圆相切,由此推出 $\angle CHN = \angle CNA$. 将得到的两个等式结合起来,我们有

$$\begin{aligned}\angle MHN &= \angle CHN - \angle MHC \\ &= \angle CNA - \angle BMC \\ &= 90° - \angle KCN - \angle BMC = \angle MCK.\end{aligned}$$

于是命题得证. □

题目 25. 设点 P 与 $\triangle ABC$ 在同一平面上,点 Q 是它关于 $\triangle ABC$ 的等角共轭点. 求证:

$$\frac{AP \cdot AQ}{AB \cdot AC} + \frac{BP \cdot BQ}{BA \cdot BC} + \frac{CP \cdot CQ}{CA \cdot CB} = 1.$$

IMO 预选题 1998

证明 设 P 到边 BC、CA、AB 的投影分别为 X、Y、Z. 观察可得

$$\frac{[AZQY]}{[ABC]} + \frac{[BZQX]}{[ABC]} + \frac{[CXQY]}{[ABC]} = 1.$$

由于 $AZPY$ 为圆内接四边形,以及 P、Q 为等角共轭点,因此

$$90° = \angle PAZ + \angle APZ = \angle PAZ + \angle AYZ = \angle YAQ + \angle AYZ,$$

因此 $AQ \perp YZ$. 于是有

$$[AZQY] = \frac{1}{2}AQ \cdot YZ = \frac{1}{2}AQ \cdot AP \cdot \sin A = \frac{AP \cdot AQ}{AB \cdot AC} \cdot [ABC],$$

其中用到 $YZ = AP\sin A$, 因此有

$$\frac{[AZQY]}{[ABC]} = \frac{AP \cdot AQ}{AB \cdot AC}, \tag{1}$$

同理得到

$$\frac{[BZQX]}{[ABC]} = \frac{BP \cdot BQ}{BA \cdot BC}, \tag{2}$$

$$\frac{[CXQY]}{[ABC]} = \frac{CP \cdot CQ}{CB \cdot CA}. \tag{3}$$

将式 (1) ~ (3) 相加即得到要证的不等式. □

题目 26. 在 $\triangle ABC$ 中, 设各旁切圆在边 BC、CA、AB 上的切点分别为 A_1、B_1、C_1. 求证: AA_1、BB_1、CC_1 的长度可以组成一个三角形.

Lev Emelyanov – Tuymaada 数学奥林匹克 2005

证明 最直接的证法自然是计算法. 你可以非常自信地通过重心坐标或者 Stewart 定理, 用 $\triangle ABC$ 的边长计算出 AA_1、BB_1、CC_1 的精确长度, 这样这个题目就变成了代数题.

然而, 我们将介绍一种"数学天书"*中的方法. 考虑经过点 A 平行于 BC 的直线、经过点 B 平行于 CA 的直线和经过点 C 平行于 AB 的直线. 设由此得到的三角形为 $\triangle A'B'C'$, 于是 $\triangle ABC$ 是 $\triangle A'B'C'$ 的中点三角形.

进一步, 设 $\triangle ABC$ 的内切圆与边 BC、CA、AB 的切点分别为 D、E、F. 因为旁切圆与各边的切点是点 D、E、F 分别关于边 BC、CA、AB 的中点的对称点, 所以我们得到 $A'D = AA_1$、$B'E = BB_1$、$C'F = CC_1$.

$\triangle A'BC$、$\triangle B'CA$、$\triangle C'AB$ 都与 $\triangle ABC$ 全等, 现在将他们折叠起来形成一个以 $\triangle ABC$ 为底的四面体, 使得点 A'、B'、C' 成为一个点, 记为 P. 于是前面得到的等式便成为 $PD = AA_1$、$PE = BB_1$、$PF = CC_1$. 由三角形不等式可得 $EF + PE > PF$; 然而, 因为 EF 是内切圆的弦, 而 PD 不短于 $\triangle ABC$ 的一条高, 所以 $PD > EF$, 于是

$$PD + PE > EF + PE > PF.$$

类似地, 我们有 $PE + PF > PD$ 以及 $PF + PD > PE$. 这就证明了 $PD = AA_1$、$PE = BB_1$、$PF = CC_1$ 是可以构成一个三角形的三个边长. □

---

*著名的数学家埃尔德什 (Paul Erdös) 常常将特别高雅的数学证明称为来自于天书 (The BOOK) 的证明. Martin Aigner 和 Günter M. Ziegler 的著作 "Proofs from THE BOOK" (中译本《数学天书中的证明》, 高等教育出版社) 致敬了埃尔德什, 书中记录一些定理的漂亮的证明. —— 译者注

题目 27. (Morley 定理) 将三角形的三个内角分别三等分, 靠近某边的两条角三分线相交得到一个交点, 则这样的三个交点可以构成一个正三角形.

有很多方法能解决这个问题, 这些方法从概念上就非常不同, 我们将介绍其中三种.

证法一 第一个证法相对来说不太复杂, 直接尝试用 $\triangle ABC$ 的三个边长表示所谓的 Morley 三角形的各条边长, 希望最终得到关于 a、b、c 对称的表达式. 虽然这个方法既复杂又沉闷, 但它确实行之有效, 并且非常具有启发性, 因此下面我们将把这个解法的细节全部展示出来.

我们想证明 $\triangle E_1E_2E_3$ 是等边三角形. 用 R 表示 $\triangle A_1A_2A_3$ 的外接圆的半径. 对于 $i = 1, 2, 3$, 设 $\angle A_i = 3\theta_i$, 于是我们有 $\theta_1 + \theta_2 + \theta_3 = 60°$. 接下来我们应用两次正弦定理推导出

$$\begin{aligned} A_1E_3 &= \frac{\sin\theta_2}{\sin(180° - \theta_1 - \theta_2)} A_1A_2 \\ &= \frac{\sin\theta_2}{\sin(120° + \theta_3)} \cdot 2R\sin(3\theta_3) \\ &= 8R\sin\theta_2\sin\theta_3\sin(60° + \theta_3), \end{aligned}$$

其中, 后一个等式是由著名的公式

$$\sin(3\theta) = 4\sin\theta\sin(60° + \theta)\sin(120° + \theta)$$

得到的. 对称地, 我们也可得到

$$A_1E_2 = 8R\sin\theta_3\sin\theta_2\sin(60° + \theta_2).$$

现在我们将用两种不同的方法完成接下来的证明, 第一种方法更加直接, 而第二种方法提供了更多的信息, 都是很棒的思路.

(i) 我们应用余弦定理得到

$$\begin{aligned} E_1E_2{}^2 &= AE_3{}^2 + AE_2{}^2 - 2\cos(\angle E_3A_1E_2) \cdot AE_3 \cdot AE_1 \\ &= 64R^2\sin^2\theta_2\sin^2\theta_3\bigl(\sin^2(60° + \theta_3) + \sin^2(60° + \theta_2) - \\ &\quad 2\cos\theta_1\sin(60° + \theta_3)\sin(60° + \theta_2)\bigr), \end{aligned}$$

为了避免冗长的计算, 我们利用下面的事实: 若 $\angle A + \angle B + \angle C = 180°$, 则

$$\cos^2 A + \cos^2 B + \cos^2 C + 2\cos A\cos B\cos C = 1.$$

由于
$$(180° − θ_1) + (30° − θ_2) + (30° − θ_3) = 180°,$$

利用 $\sin(90° − x) = \cos x$, 我们得到

$$\cos^2 θ_1 + \sin^2(60° + θ_2) + \sin^2(60° + θ_3) − 2\cos θ_1 \sin(60° + θ_2) \sin(60° + θ_3) = 1.$$

由此我们得到
$$E_1E_2{}^2 = 64R^2 \sin^2 θ_1 \sin^2 θ_2 \sin^2 θ_3,$$

即
$$E_1E_2 = 8R \sin θ_1 \sin θ_2 \sin θ_3.$$

显然, E_1E_2 的长度关于三个角 $θ_1$、$θ_2$、$θ_3$ 是对称的. 于是由对称性可得 $△E_1E_2E_3$ 是等边三角形, 边长为 $8R \sin θ_1 \sin θ_2 \sin θ_3$.

(ii) 我们可以很直观地找到所有的角. 观察 $△E_3A_1E_2$. 由等式

$$θ_1 + (60° + θ_2) + (60° + θ_3) = 180°,$$

我们可以引入一个幻影三角形 $△ABC$, 其各个角为

$$\angle A = θ_1, \angle B = 60° + θ_2, \angle C = 60° + θ_3.$$

观察可得 $△BAC$ 与 $△E_3A_1E_2$ 相似. 事实上我们有 $\angle BAC = \angle E_3A_1E_2$, 并且

$$\frac{A_1E_3}{A_1E_2} = \frac{8R \sin θ_2 \sin θ_3 \sin(60° + θ_3)}{8R \sin θ_3 \sin θ_2 \sin(60° + θ_2)} = \frac{\sin(60° + θ_3)}{\sin(60° + θ_2)} = \frac{\sin C}{\sin B} = \frac{AB}{AC}.$$

于是得到
$$(\angle A_1E_3E_2, \angle A_1E_2E_3) = (60° + θ_2, 60° + θ_3).$$

类似地, 我们还有
$$(\angle A_2E_1E_3, \angle A_2E_3E_1) = (60° + θ_3, 60° + θ_1),$$
$$(\angle A_3E_2E_1, \angle A_3E_1E_2) = (60° + θ_1, 60° + θ_2).$$

通过角度计算得到

$$\begin{aligned}\angle E_1E_2E_3 &= 360° − (\angle A_1E_2E_3 + \angle E_1E_2A_3 + \angle A_3E_2A_1) \\ &= 360° − [(60° + θ_3) + (60° + θ_1) + (180° − θ_3 − θ_1)] \\ &= 60°.\end{aligned}$$

类似地,我们也有 $\angle E_2E_3E_1 = 60° = \angle E_3E_1E_2$. 因此, $\triangle E_1E_2E_3$ 为等边三角形. 进一步, 我们应用正弦定理得到

$$\begin{aligned} E_2E_3 &= \frac{\sin\theta_1}{\sin(60°+\theta_3)} A_1E_3 \\ &= \frac{\sin\theta_1}{\sin(60°+\theta_3)} \cdot 8R\sin\theta_2\sin\theta_3\sin(60°+\theta_3) \\ &= 8R\sin\theta_1\sin\theta_2\sin\theta_3. \end{aligned}$$

由此我们得到 $\triangle E_1E_2E_3$ 的边长为 $8R\sin\theta_1\sin\theta_2\sin\theta_3$. □

证法二 第二个证法无疑是已知的最简单的证明. 设三角形的三个角分别为 $3a$、$3b$、$3c$,用 x^* 表示角度 $x+60°$. 于是有 $a+b+c = 0^*$. 角度值 $(0^*,0^*,0^*)$, (a,b^*,c^*), (a^*,b,c^*), (a^*,b^*,c), (a^{**},b,c), (a,b^{**},c), (a,b,c^{**}) 都满足求和为 $180°$,于是具有这些角度的三角形抽象存在. 按如下方式定义它们的尺度:

(i) $(0^*,0^*,0^*)$ ——这是等边三角形,取其边长为 1.

(ii) (a,b^*,c^*) ——使邻角为 b^* 和 c^* 的边长为 1,类似地,对 (a^*,b,c^*), (a^*,b^*,c) 定义相应的边长.

(iii) (a^{**},b,c) ——设顶点 B,P,C 处的角度分别为 b,a^{**},c. 过 P 作两条直线与 BC 的夹角为 a^*,于是得到一个等腰 $\triangle PYZ$. 取边 PY 和 PZ 的长度为 1. 类似地,对 (a,b^{**},c), (a,b,c^{**}) 定义相应的边长.

现在将所有的 7 个三角形拼到一起,形成图 21.

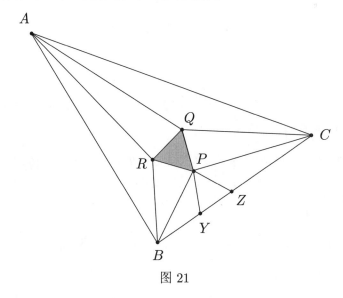

图 21

(这里的点 Y、Z 作为辅助用,不实际出现). 为了说的更清楚一些,我们设 $\triangle BPR$ 的三个角为 b(点 B 处)、c^*(点 P 处)、a^*(点 R 处). 为什么这些三角

形能拼到一起？首先，每个内部顶点处的角度之和需要为 $360°$，这很容易验证. 然后需要验证拼合的边有相同的长度. 其中一些是规定了长度为 1；还有一些像 BP 的边，属于 $\triangle BPR$ 和 $\triangle BPC$. 但是 $\triangle BPR$ 和 $\triangle BPC$ 中的小三角形 $\triangle BPZ$ 全等，这是由于 $PR = PZ = 1, \angle PBR = \angle PBZ = b, \angle BRP = \angle BZP = a^*$. 因此在 $\triangle BPR$ 和 $\triangle BPC$ 中，两条边 BP 的长度相同.

现在，7 个三角形形成的图形与由所给三角形的角的三等分线形成的图形一样，于是中间的小三角形必然是等边三角形. 这样就完成了 Morley 定理的第二个证明. □

证法三 第三个证法属于 Alain Connes, 是一个漂亮的概念化的证明方法. 这个证法利用了直线上的仿射变换的群论性质. 这个性质对任何的（交换）域 k 成立（域特征可以是任何数，尽管在特征为 3 的情况下定理中的假设不成立）. 于是，设 k 是一个域，G 为 k 上的仿射变换群. 也就是说，G 是由 2×2 阶矩阵 $\boldsymbol{g} = \begin{pmatrix} a & b \\ 0 & 1 \end{pmatrix}$ 构成的群，其中 $a \in k, a \neq 0, b \in k$. 对于 $\boldsymbol{g} \in G$，记

$$\delta(\boldsymbol{g}) = a \in k$$

为 $\boldsymbol{g}$ 所代表的 2×2 阶矩阵的行列式. 于是 δ 是从 G 到 k 中非零元素构成的乘法群 k^* 的群同态. 设子群 $T = \mathrm{Ker}\,\delta$ 为平移构成的群，且 T 同构于 k 的加法群. 任何 $\boldsymbol{g} \in G$ 定义了 k 上的一个变换，即

$$\boldsymbol{g}(x) = ax + b, \quad x \in k,$$

若 $a \neq 1$，则 $\boldsymbol{g}$ 有唯一的一个不动点，即

$$\mathrm{fix}(\boldsymbol{g}) = \frac{b}{1-a}.$$

接下来我们证明如下的简单事实：

定理 设 $\boldsymbol{g}_1$、$\boldsymbol{g}_2$、$\boldsymbol{g}_3$ 为 G 中的元素，满足 $\boldsymbol{g}_1\boldsymbol{g}_2$、$\boldsymbol{g}_2\boldsymbol{g}_3$、$\boldsymbol{g}_3\boldsymbol{g}_1$ 和 $\boldsymbol{g}_1\boldsymbol{g}_2\boldsymbol{g}_3$ 都不是平移，$j = \delta(\boldsymbol{g}_1\boldsymbol{g}_2\boldsymbol{g}_3)$. 那么下面的条件等价：

(a) $\boldsymbol{g}_1^3\boldsymbol{g}_2^3\boldsymbol{g}_3^3 = \boldsymbol{1}$.

(b) $j^3 = 1$ 并且 $\alpha + j\beta + j^2\gamma = 0$，其中 $\alpha = \mathrm{fix}(\boldsymbol{g}_1\boldsymbol{g}_2)$、$\beta = \mathrm{fix}(\boldsymbol{g}_2\boldsymbol{g}_3)$、$\gamma = \mathrm{fix}(\boldsymbol{g}_3\boldsymbol{g}_1)$.

定理的证明 设 $\boldsymbol{g}_i = \begin{pmatrix} a_i & b_i \\ 0 & 1 \end{pmatrix}$. 等式 $\boldsymbol{g}_1^3\boldsymbol{g}_2^3\boldsymbol{g}_3^3 = \boldsymbol{1}$ 等价于 $\delta(\boldsymbol{g}_1^3\boldsymbol{g}_2^3\boldsymbol{g}_3^3) = 1$，并且 $b = 0$，其中 b 为 $\boldsymbol{g}_1^3\boldsymbol{g}_2^3\boldsymbol{g}_3^3$ 的平移部分. 第一个条件根据行列式性质等价于 $j^3 = 1$.

注意到根据定理条件,有 $j \neq 1$. 接下来我们通过直接计算得到

$$b = (a_1^2 + a_1 + 1)b_1 + a_1^3(a_2^2 + a_2 + 1)b_2 + (a_1 a_2)^3(a_3^2 + a_3 + 1)b_3.$$

利用 $a_1 a_2 a_3 = j$,得到

$$b = -j a_1^2 a_2 (a_1 - j)(a_2 - j)(a_3 - j)(\alpha + j\beta + j^2 \gamma),$$

其中 α、β、γ 是定理中的不动点,即

$$\alpha = \frac{a_1 b_2 + b_1}{1 - a_1 a_2}, \quad \beta = \frac{a_2 b_3 + b_2}{1 - a_2 a_3}, \quad \gamma = \frac{a_3 b_1 + b_3}{1 - a_3 a_1}.$$

现在根据假设,$\boldsymbol{g}_i$ 的两两乘积不是平移,于是有 $a_k - j \neq 0$. 于是无论 k 的特征是多少,总有 (a) 等价于 (b). 这样就证明了定理.

现在回到 Morley 定理的证明. 取 $k = \mathbb{C}$,设 g_1 为以 A 为中心,角度为 $2a$ 的逆时针旋转,其中 a 为 $\frac{1}{3} \angle BAC$. 类似地定义 g_2、g_3,还需假设 $\triangle ABC$ 上三个顶点 A、B、C 是逆时针顺序. 现在,利用三角形内角和为 $180°$,可知 $\delta(g_1^3 g_2^3 g_3^3) = 1$. 考虑点 C 在 $g_1^3 g_2^3 g_3^3$ 下的像, $g_3(C) = C$; C 绕 B 旋转 $6b = 2\angle ABC$ 得到 C 关于 AB 的对称点 C'; C' 绕 A 旋转 $6a = 2\angle BAC$ 得到 C' 关于 AC 的对称点 C. 因此 $g_1^3 g_2^3 g_3^3 = 1$. 进一步,同理可以发现不动点 $\alpha = \text{fix}(g_1 g_2)$、$\beta = \text{fix}(g_2 g_3)$、$\gamma = \text{fix}(g_3 g_1)$ 为三等分线的交点. 因此应用定理,得到 $\alpha + j\beta + j^2 \gamma = 0$,说明这三个不动点构成等边三角形. 这样就完成了证法三. □

点评 注意到可以将 g_i 乘以三次单位根,不改变 g_1^3、g_2^3、g_3^3. 于是应用 Morley 定理的变种,实际上可以得到 18 个非退化的等边三角形!

题目 28. 设 Ω 为 $\triangle ABC$ 的外接圆,D 是内切圆 $\rho(I)$ 与边 BC 的切点. 设圆 ω 与 Ω 内切于 T,与 BC 相切于 D. 证明:$\angle ATI = 90°$.

Nguyen Minh Ha –《数学与青年杂志》

证明 我们先给出一个简单的引理.

引理 设圆 γ 上有两点 A、B,圆 ρ 与 γ 内切于 T,直线 AE 和 BF 分别与 ρ 相切于 E、F. 那么有

$$\frac{TA}{TB} = \frac{AE}{BF}.$$

引理的证明 设 A_1、B_1 分别为 TA、TB 与 ρ 的第二个交点. 由于 AE 是切线,因此 $AE^2 = AA_1 \cdot AT$,于是

$$\left(\frac{AT}{AE}\right)^2 = \frac{AT}{AA_1},$$

但是两个圆 $\rho、\gamma$ 关于点 T 位似,因此 $\frac{AT}{AA_1}$ 与 $A\in\gamma$ 无关,为固定值. 于是

$$\frac{AT}{AE} = \sqrt{\frac{AT}{AA_1}} = \sqrt{\frac{BT}{BB_1}} = \frac{BT}{BF}.$$

引理的证明完成.

回到原题. 设 $E、F$ 分别为 $\rho(I)$ 与边 $CA、AB$ 的切点. 根据引理,有

$$\frac{TB}{TC} = \frac{BD}{CD} = \frac{BF}{CE}.$$

因此 $\triangle TBF$ 与 $\triangle TCE$ 相似. 于是 $\angle TFA = \angle TEA$,得到 $A、I、E、F、T$ 共圆. 最终得到 $\angle ATI = \angle AFI = 90°$,证明完成. $\square$

题目 29. (Hartcourt 定理) 设在 $\triangle ABC$ 中,直线 ℓ 与内切圆相切. 设 $x、y、z$ 分别为点 $A、B、C$ 到 ℓ 的有向距离. 证明:

$$ax + by + cz = 2[ABC],$$

其中 $[ABC]$ 为 $\triangle ABC$ 的面积.

证明 我们首先回忆两个在证明中需要使用的漂亮结果.

Salmon 定理 设圆 Γ 的圆心为 O,且 $P、Q$ 是它所在平面上的两点,$p、q$ 分别为 $P、Q$ 关于 Γ 的极线. 那么有

$$\frac{OP}{OQ} = \frac{\delta(P,q)}{\delta(Q,p)},$$

其中 $\delta(X,\ell)$ 表示点 X 到直线 ℓ 的距离.

Euler 垂足三角定理 设 P 为 $\triangle ABC$ 所在平面内一点. 如果 $A_1、B_1、C_1$ 分别为 P 到 $BC、CA、AB$ 上的投影,O 是 $\triangle ABC$ 的外心,那么有

$$\frac{[A_1B_1C_1]}{[ABC]} = \frac{|R^2 - OP^2|}{4R^2},$$

其中 $[XYZ]$ 表示 $\triangle XYZ$ 的面积.

为了完整起见,下面我们给出这两个熟知的定理的证明.

Salmon 定理的证明 我们这里只考虑 $P、Q$ 在 Γ 外的情况(其他情况可以类似修改证明). 此时,极线 $p、q$ 分别为 $P、Q$ 到 Γ 的切线的切点的连线. 设 $P'、Q'$ 分别为 $OP、OQ$ 和 $p、q$ 的交点. 我们有

$$OP \cdot OP' = OQ \cdot OQ' = r^2,$$

因此 $\frac{OP}{OQ} = \frac{OQ'}{OP'}$. 我们只需证明 $\frac{OQ'}{OP'} = \frac{\delta(P,q)}{\delta(Q,p)}$.

设 P、Q 到 q、p 的投影分别为 X、Y,$q \cap OP = D$,$p \cap OQ = E$,$\alpha = \angle POQ$. 注意到 $\triangle ODQ'$ 相似于 $\triangle PDX$,因此有

$$\frac{OQ'}{OQ' + \delta(P,q)} = \frac{OQ'}{OQ' + PX} = \frac{OD}{OP} = \frac{OQ' \cdot \frac{1}{\cos\alpha}}{\frac{r^2}{OP'}} = \frac{OQ' \cdot OP'}{r^2 \cos\alpha}. \tag{1}$$

由于式 (1) 最终关于 P、Q 对称,因此有

$$\frac{OQ'}{OQ' + \delta(P,q)} = \frac{OP'}{OP' + \delta(Q,p)} \Rightarrow \frac{OQ'}{\delta(P,q)} = \frac{OP'}{\delta(Q,p)}.$$

Salmon 定理的证明完成.

Euler 垂足三角形定理的证明   这个证明更烦琐一点. 我们先证明一个初步的结果,这个结果可以帮助理解所发生的事情.

断言   如图 22 所示,设 X、Y、Z 分别为直线 AP、BP、CP 与 $\triangle ABC$ 的外接圆的另一个交点. 那么,$\triangle A_1 B_1 C_1$ 和 $\triangle XYZ$ 相似.

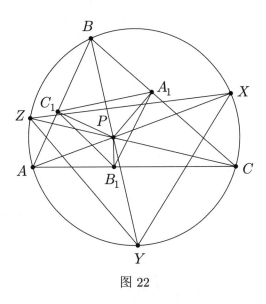

图 22

事实上,通过计算角度发现

$$\begin{aligned}\angle B_1 A_1 C_1 &= \angle PA_1 B_1 + \angle PA_1 C_1 = \angle PCB_1 + \angle PBC_1 \\ &= \angle ZCA + \angle YBA = \angle ZXA + \angle YXA = \angle YXZ.\end{aligned}$$

类似地,发现 $\angle B_1 C_1 A_1 = \angle YZX$ 以及 $\angle A_1 B_1 C_1 = \angle XYZ$,因此证明了断言.

回到定理的证明. 我们先计算比例 $\frac{[A_1B_1C_1]}{[ABC]}$, 利用公式 $YZ \cdot ZX \cdot XY = 4R_{XYZ} \cdot [XYZ]$, 其中 R_{XYZ} 表示 $\triangle XYZ$ 的外接圆的半径. 因此, 我们得到

$$\frac{[A_1B_1C_1]}{[ABC]} = \frac{B_1C_1}{BC} \cdot \frac{C_1A_1}{CA} \cdot \frac{A_1B_1}{AB} \cdot \frac{R}{R_{A_1B_1C_1}}.$$

由于 $\triangle A_1B_1C_1$ 和 $\triangle XYZ$ 相似, 并且 $R_{XYZ} = R$, 因此

$$\frac{R}{R_{A_1B_1C_1}} = \frac{R_{XYZ}}{R_{A_1B_1C_1}} = \frac{YZ}{B_1C_1}.$$

因此我们得到

$$\frac{[A_1B_1C_1]}{[ABC]} = \frac{YZ}{BC} \cdot \frac{C_1A_1}{CA} \cdot \frac{A_1B_1}{AB}.$$

另外, 四边形 $BCYZ$ 内接于圆, 因此 $\triangle PBC$ 和 $\triangle PZY$ 相似, 于是 $\frac{PB}{PZ} = \frac{PC}{PY} = \frac{BC}{YZ}$. 还注意到 $C_1A_1 = PB \sin B$, $A_1B_1 = PC \sin C$ (在 $\triangle BA_1C_1$ 和 $\triangle CA_1B_1$ 中应用正弦定理), 我们可以得到

$$\begin{aligned}
\frac{[A_1B_1C_1]}{[ABC]} &= \frac{YZ}{BC} \cdot \frac{C_1A_1}{CA} \cdot \frac{A_1B_1}{AB} \\
&= \frac{PZ}{PB} \cdot \frac{PB \sin B}{CA} \cdot \frac{PC \sin C}{AB} \\
&= \frac{PZ}{PB} \cdot \frac{PB}{2R} \cdot \frac{PC}{2R} \\
&= \frac{PC \cdot PZ}{4R^2} = \frac{|R^2 - OP^2|}{4R^2},
\end{aligned}$$

其中最后一步我们用到了 $PC \cdot PZ$ 是点 P 关于 $\triangle ABC$ 的幂. 这样就完成了 Euler 垂足三角形定理的证明.

现在回到原题的证明. 如图 23 所示, 设 D、E、F 分别为 $\triangle ABC$ 的内切圆在边 BC、CA、AB 上的切点.

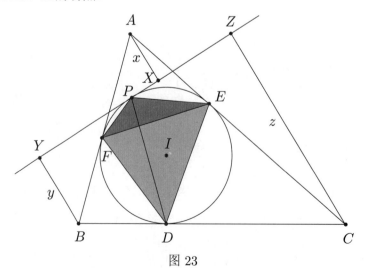

图 23

根据 Euler 垂足三角形定理,我们有
$$\frac{[DEF]}{[ABC]} = \frac{R^2 - OI^2}{4R^2} = \frac{r}{2R},$$
其中最后一个等式我们应用了 Euler 恒等式 $OI^2 = R^2 - 2Rr$.

对直线 ℓ 和内切圆的切点 P 以及顶点 A 使用 Salmon 定理,我们得到
$$\frac{IP}{IA} = \frac{\delta(P, EF)}{\delta(A, \ell)}, \quad \Rightarrow \quad ax = \frac{a \cdot IA \cdot \delta(P, EF)}{r}.$$

类似地,可以得到
$$by = \frac{b \cdot IB \cdot \delta(P, FD)}{r}, \quad cz = \frac{c \cdot IC \cdot \delta(P, DE)}{r}.$$

现在,不妨设 B、C 在直线 ℓ 同侧. 于是我们需要证明
$$by + cz - ax = 2[ABC].$$

利用上面的公式,我们得到

$$\begin{aligned}
& by + cz - ax \\
=& \frac{b \cdot IB \cdot \delta(P, FD)}{r} + \frac{c \cdot IC \cdot \delta(P, DE)}{r} - \frac{a \cdot IA \cdot \delta(P, EF)}{r} \\
=& \frac{1}{r}(2R \cdot IB \sin B \cdot \delta(P, FD) + 2R \cdot IC \sin C \cdot \delta(P, DE) - \\
& 2R \cdot IA \sin A \cdot \delta(P, EF)) \\
=& \frac{1}{r}(2R \cdot FD \cdot \delta(P, FD) + 2R \cdot DE \cdot \delta(P, DE) - 2R \cdot EF \cdot \delta(P, EF)) \\
=& \frac{4R}{r}([PFD] + [PDE] - [PEF]) \\
=& \frac{4R}{r}[DEF] = \frac{4R}{r} \cdot \frac{r}{2R} \cdot [ABC] = 2[ABC],
\end{aligned}$$

证明完成. □

点评 我们刚刚证明的是 Hartcourt 定理. 还可以利用齐次坐标或者重心坐标给出另一个证明. 在这里指出,这个定理可以推广到旁切圆(我们欢迎读者自行证明下面的结论).

定理 如图 24 所示,若将顶点 A、B、C 到 $\triangle ABC$ 的 A-旁切圆的一条切线的距离分别记为 x、y、z,则有

$$-ax + by + cz = 2[ABC].$$

类似结论对于 B-旁切圆或者 C-旁切圆也成立.

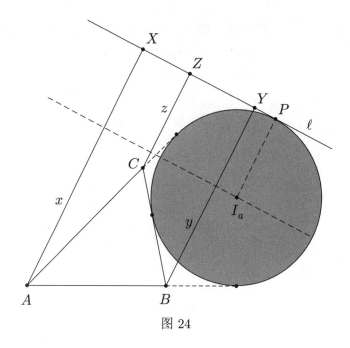

图 24

题目 30. (Neuberg-Pedoe 不等式) 设 a、b、c 和 x、y、z 分别为 $\triangle ABC$、$\triangle XYZ$ 的边长,而 $[ABC]$ 和 $[XYZ]$ 分别表示它们的面积. 那么,不等式

$$a^2\left(y^2+z^2-x^2\right)+b^2\left(z^2+x^2-y^2\right)+c^2\left(x^2+y^2-z^2\right) \geqslant 16[ABC][XYZ]$$

成立,当且仅当两个三角形相似时等号成立.

证明 首先注意到,不等式关于 $\triangle XYZ$ 的边长 x、y、z 是齐次的(事实上,在不等式两侧边长的次数都是 2,三角形的面积是边长的二次函数). 因此这个不等式对 $\triangle XYZ$ 的相似变换保持不变. 也就是说,我们可以平移、旋转、反射、放缩 $\triangle XYZ$, 得到的不等式都是等价的.

显然,我们可以对 $\triangle XYZ$ 进行适当的上述变换,使得 $Y=B$、$Z=C$,并且点 X 和 A 在直线 BC 的同一侧. 因此,我们只需对满足这个特殊要求的 $\triangle ABC$ 和 $\triangle XYZ$ 证明这个不等式.

在 $\triangle ABX$ 中应用余弦定理,得到

$$AX^2 = AB^2 + XB^2 - 2 \cdot AB \cdot XB \cdot \cos \angle ABX. \tag{1}$$

现在看看这个方程中的量可以如何通过三角形的边长或面积来计算. 首先有 $AB=c$,并且由于 $B=Y$,有 $XB=XY=z$. 由于 $\angle ABX = \angle ABC - \angle XBC = \angle ABC - \angle XYZ$,因此可以通过差角的余弦公式计算 $\cos \angle ABX$. 注意到,对于余

弦的计算，$\angle ABY$ 和 $\angle XBY$ 哪个更大不会影响结果. 于是有

$$\begin{aligned}\cos\angle ABX &= \cos(\angle ABC - \angle XYZ)\\ &= \cos\angle ABC\cos\angle XYZ + \sin\angle ABC\sin\angle XYZ.\end{aligned}$$

在 $\triangle ABC$ 和 $\triangle XYZ$ 中应用余弦定理，得到

$$\cos\angle ABC = \frac{c^2+a^2-b^2}{2ca}, \quad \cos\angle XYZ = \frac{z^2+x^2-y^2}{2zx}.$$

又根据三角形面积公式，有

$$\sin\angle ABC = \frac{2[ABC]}{ca}, \quad \sin\angle XYZ = \frac{2[XYZ]}{zx},$$

因此得到

$$\begin{aligned}\cos\angle ABX &= \cos\angle ABC\cos\angle XYZ + \sin\angle ABC\sin\angle XYZ\\ &= \frac{c^2+a^2-b^2}{2ca}\cdot\frac{z^2+x^2-y^2}{2zx} + \frac{2[ABC]}{ca}\cdot\frac{2[XYZ]}{zx}.\end{aligned} \quad (2)$$

将式 (2) 代入到式 (1)，得到

$$AX^2 = c^2 + z^2 - 2cz\left(\frac{c^2+a^2-b^2}{2ca}\cdot\frac{z^2+x^2-y^2}{2zx} + \frac{2[ABC]}{ca}\cdot\frac{2[XYZ]}{zx}\right),$$

分子分母相同的 cz 因子抵消，利用 $a = x$，将上式两边乘以 $2a^2$，得到

$$2a^2 AX^2 = 2a^2(c^2+z^2) - (a^2+c^2-b^2)(a^2+z^2-y^2) - 16[ABC][XYZ].$$

显然有 $AX^2 \geqslant 0$，而整理上式右端后得到

$$-a^4 + a^2(b^2+c^2+y^2+z^2) - (b^2-c^2)(y^2-z^2) - 16[ABC][XYZ] \geqslant 0.$$

这和用题目中不等式的左端减去右端，并代入 $x^2 = a^2$，得到的不等式一致，因此证明完成.

等号成立，当且仅当 A 和 X 相同，也就是说 $\triangle XYZ$ 经过变换后与 $\triangle ABC$ 全等，于是变换之前两个三角形相似. □

点评 结论为熟知的 Neuberg-Pedoe 不等式，可以看成是 Weitzenbock 不等式（见题目 73）的推广.

题目 31. 一个圆内接四边形 $ABCD$ 的对角线相交于 K. 线段 AC、BD 的中点分别为 M、N. $\triangle ADM$ 的外接圆和 $\triangle BCM$ 的外接圆相交于点 M 和 L. 证明：K、L、M、N 四点共圆.

Zhautykov 数学奥林匹克 2011

证明 设 DA 和 CB 的交点为 E,$\triangle ADK$ 的外接圆和 $\triangle BCK$ 的外接圆相交于另一点 F. 点 E、M、L 共线于圆 (ADM) 和 (BCM) 的根轴. 类似地,点 E、K、F 共线于圆 (ADK) 和 (BCK) 的根轴.

由于 $EM \cdot EL = EB \cdot EC = EK \cdot EF$,因此四边形 $MLFK$ 内接于圆. 又因为 $\triangle FBC$ 和 $\triangle FDA$ 旋转相似,所以 $\triangle FBD$ 和 $\triangle FCA$ 也旋转相似. 由于 M 和 N 分别是 CA 和 BD 的中点,因此在相似下对应,我们有

$$\angle NFM = \angle DFA = \angle DKA,$$

于是 $NFKM$ 内接于圆,于是 $KLNM$ 也内接于圆,这正是我们要证明的. □

题目 32. 设 $\triangle ABC$ 的内心为 I,内切圆为 γ,外接圆为 Γ. 设 M、N、P 分别为边 BC、CA、AB 的中点,E、F 分别为 CA、AB 与圆 γ 的切点. 设 U、V 分别为 MN、MP 与 EF 的交点. 设 X 为圆 Γ 上 $\overarc{BAC}$ 的中点. 证明:XI 平分 UV.

Titu Andreescu, Cosmin Pohoata – USAJMO 2014

证明 我们先观察如下的事实.

断言 点 U、V 分别在角平分线 BI、CI 上.

这是一个非常常用的结论,经常以引理的形式出现在数学竞赛题目的解答中(本书中也不止出现一次). 我们查询到这个结论最早出现在 Horsberger 的著作 "*Episodes in Nineteeth and Twentieth Century Euclidean Geometry*" 中;然而,很有可能当时这个结论已经被人们知道几百年了. 我们这里给出一个现代的证明.

断言的证明 设 D 为圆 γ 与边 BC 的切点,U' 为 BI 与 EF 的交点. 根据 SAS,可知 $\triangle BFU'$ 与 $\triangle BDU'$ 全等,因此 $\angle BU'F = \angle BU'D$. 另外,$(U'F, U'D, U'B, U'C)$ 是调和线束,因此线束与直线 DF 相交得到调和点列. 注意到 $U'B \perp DF$,$U'D$ 与 $U'F$ 关于 $U'B$ 对称,因此相交得到的调和点列中,$U'C$ 相交得到无穷远点,于是 $U'B \perp U'C$. 特别地,有 $U'M = MB$,于是得到

$$\angle MU'B = \angle MBU' = \frac{1}{2}\angle B = \angle ABU'.$$

因此 $MU' \parallel AB$,于是 $U' = U$,U 是 FE、BI、MN 的交点,即 U 位于 BI 上. 同理,我们能得到 V 位于 CI 上,因此完成了断言的证明.

回到原题的证明. 如图 25 所示,我们现在知道了 $IB \perp CU$、$IC \perp VB$. 接下来我们证明直线 XB、XC 与 $\triangle IBC$ 的外接圆相切. 事实上,导角可得

$$\begin{aligned}\angle XBI &= \angle ABI - \angle ABX = \frac{1}{2}\angle B - (\angle BCX - \angle C)\\ &= \frac{1}{2}\angle B - \frac{1}{2}(180° - \angle A) + \angle C = \frac{1}{2}\angle C = \angle BCI.\end{aligned}$$

类似地,得到 $\angle XCI = \angle IBC$. 因此 X 是 $\triangle IBC$ 在 B、C 处切线的交点. 根据熟知的性质,IX 为从 $\triangle IBC$ 中点 I 出发的类似中线.

但是我们已经证明了 U、V 分别在 IB、IC 上,并且 $IB \perp CU$、$IC \perp VB$. 因此 $BCUV$ 是圆内接四边形,于是在 $\triangle IBC$ 中,UV 和 BC 反平行. 由于 IX 是 $\triangle IBC$ 的类似中线,因此 IX 是 $\triangle IUV$ 的中线,这就证明了 IX 平分 UV. □

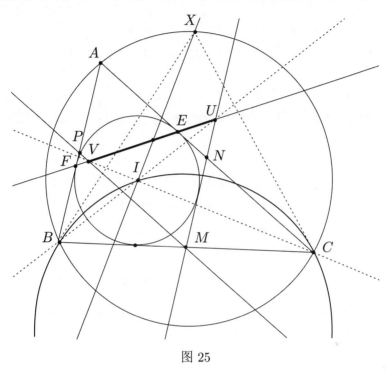

图 25

题目 33. 在 $\triangle ABC$ 中,M、N、P 分别为边 BC、CA、AB 的中点. 设 X、Y、Z 分别为从 A、B、C 出发的高的中点. 证明:圆 (AMX)、(BNY)、(CPZ) 的根心是 $\triangle ABC$ 的九点圆的圆心.

Cosmin Pohoata –《数学反思》

证明 设 ω_1、ω_2 和 ω_3 分别为 $\triangle AMX$、$\triangle BNY$ 和 $\triangle CPZ$ 的外接圆. 设 H 是 $\triangle ABC$ 的垂心,R 为九点圆 ω 的圆心. 设 RM 与 ω_1 相交于点 E,RN 与 ω_2 相交于点 F. 记 H_1、H_2 分别为线段 AH、BH 的中点.

由于 EM 经过 R,并且众所周知 H_1 在 ω 上且 H_1M 为 ω 的直径,于是 E、H_1、R、M 共线. 同样可以证明,F、H_2、R、N 共线. 分别用 U、V 表示在 $\triangle ABC$ 中从 A、B 出发的高的垂足. 四边形 $ABUV$ 为圆内接四边形,根据圆幂定理,得到

$$HA \cdot HU = HB \cdot HV,$$

$$\left(\frac{HA}{2}\right)\left(\frac{AU}{2} - \frac{HA}{2}\right) = \left(\frac{HB}{2}\right)\left(\frac{BV}{2} - \frac{HB}{2}\right),$$

$$AH_1(AX - AH_1) = BH_2(BY - BH_2),$$
$$AH_1 \cdot H_1X = BH_2 \cdot H_2Y,$$
$$EH_1 \cdot H_1M = FH_2 \cdot H_2N.$$

由于 $H_1M = H_2N$ 为 ω 的直径,因此得到 $EH_1 = FH_2$,于是有

$$\begin{aligned} RM \cdot RE &= RM(RH_1 + EH_1) \\ &= RN(RH_2 + FH_2) = RN \cdot RF, \end{aligned}$$

其中用到了 $RM = RN = RH_1 = RH_2$ 为 ω 的半径. 因此, R 关于 ω_1、ω_2 的幂相同. 对另外的两个圆重复上述过程,我们得到 R 是 ω_1、ω_2、ω_3 的根心. 证明完成. □

题目 34. 设四边形 $A_1A_2A_3A_4$ 的对边均不平行. 对 $i = 1, 2, 3, 4$,定义 ω_i 为四边形外与三条直线 $A_{i-1}A_i$、A_iA_{i+1}、$A_{i+1}A_{i+2}$ 均相切的圆(指标模 4 理解,于是 $A_{i+4} = A_i$). 设 T_i 为圆 ω_i 与 A_iA_{i+1} 的切点. 证明:直线 A_1A_2、A_3A_4、T_2T_4 共点,当且仅当直线 A_2A_3、A_4A_1、T_1T_3 共点.

Pavel Kozhevnikov – RMM 2010

证法一 设 A_1A_4 和 A_2A_3 相交于 P,A_1A_2 和 A_3A_4 相交于 Q. 显然只需证明:若 P、T_1、T_3 共线,则 Q、T_4、T_2 共线.

设 PT_1 与 ω_1 相交于另一点 U,ω_1 与 PA_2、PA_1 分别相切于点 W、X. 设 ω_4 与 QA_1、QA_4 分别相切于点 Y、Z. 由于 P、T_1、T_3 共线,因此以 P 为中心,将 ω_3 映射到 ω_1 的位似变换也将 T_3 映射到 U,于是 ω_1 在 U 处的切线平行于 A_4A_3. 因此,将 ω_1 映射到 ω_4 的位似变换将 U 映射到 Z. 进一步,这个位似变换还将 T_1 映射到 Y,将 X 映射到 T_4.

假设这个位似变换将 W 映射到 ω_4 上的点 W'. 那么 ω_4 在 W' 处的切线平行于 A_2A_3. 进一步,由于 X、U、W、T_1 是调和点列,因此 T_4、Z、W'、Y 是调和点列,得到 Q、W'、T_4 共线. 于是以 Q 为中心,将 ω_4 映射到 ω_2 的位似变换将 W' 映射到 T_2(因为 ω_4 在 W' 处的切线平行于 A_2A_3),于是 Q、W'、T_2 共线. 因此 Q、T_4、T_2 共线. 这正是我们需要的结果. □

我们还可以应用题目 80 中的 Monge-d'Alembert 定理给出一个解答.

证法二 设 A_1A_2 和 A_3A_4 相交于 Q,A_1A_4 和 A_2A_3 相交于 P. 我们假设 P、T_1、T_3 共线,然后证明 Q、T_2、T_4 共线.

考虑与 QT_1 相切于 T_1,并且和 QT_3 相切的圆 ω. 于是 T_1 是 ω_1 和 ω 的内位似点*,P 是 ω_1 和 ω_3 的外位似点. 于是根据 Monge-d'Alembert 定理,ω 和 ω_3 的内位似点在直线 PT_1 上. 进一步,它在公切线 A_3A_4 上. 但是根据我们的假设,这两条直线的交点就是 T_3. 因此 T_3 是 ω 和 ω_3 的内位似点,得出 ω 与 A_3A_4 相切于 T_3. 特别地,有 $QT_1 = QT_3$.

QT_1 等于 ω_1 与 ω_4 的内公切线长加上 Q 到 ω_4 的切线长,QT_3 等于 ω_3、ω_4 的内公切线长加上 Q 到 ω_4 的切线长,因此由 $QT_1 = QT_3$ 推出 ω_1、ω_4 的内公切线长等于 ω_3、ω_4 的内公切线长,于是得到 T_4 为 ω_1、ω_3 的外公切线的中点. 同理得到 T_2 为 ω_1、ω_3 的另一条外公切线的中点,因此 $PT_2 = PT_4$.

于是,存在圆 ω',与 PT_2、PT_4 分别相切于 T_2、T_4. 再次应用 Monge-d'Alembert 定理,我们得到 Q、T_2、T_4 共线. $\square$

题目 35. 设 P 为 $\triangle ABC$ 内一点. 证明:

$$\frac{1}{PA} + \frac{1}{PB} + \frac{1}{PC} \geqslant \frac{1}{R_a} + \frac{1}{R_b} + \frac{1}{R_c},$$

其中 R_a、R_b、R_c 分别为 $\triangle PBC$、$\triangle PCA$、$\triangle PAB$ 的外接圆的半径.

Cosmin Pohoata –《美国数学月刊》

证明 我们首先回忆下面的著名定理.

Erdös-Mordell 不等式 设 P 为 $\triangle ABC$ 内一点,H_1、H_2、H_3 分别为 P 到边 BC、CA、AB 的垂足,则有下面的不等式成立

$$PA + PB + PC \geqslant 2(PH_1 + PH_2 + PH_3).$$

这个定理由 Paul Erdös 于 1935 年提出,同年由 Mordell 证明. 这个不等式已有多个证明方法,有 André Avez 给出的利用 Ptolemy 定理的证法,Leon Bankoff 给出的利用相似三角形和角度计算的证法,V. Komornik 给出的利用面积的证法,以及 Mordell 和 Barrow 给出的利用三角计算的证法. 这些证法都很漂亮,我们这里给出两个我们最喜欢的证法.

Erdös-Mordell 不等式的证法一 根据不等式的严格取等条件猜测,证明分成两个步骤,分别有不同的取等条件. 这正是实际的情况.

我们首先证明

$$PA \geqslant \frac{AB}{BC} \cdot PH_2 + \frac{AC}{BC} \cdot PH_3.$$

---

*指的是内公切线的交点. ——译者注

实际上，这一步非常重要，Erdös-Mordell 不等式的几乎所有的证明方法都是在用不同方法证明这个关键步骤. 我们现在证明它. 将其改写为

$$PA\sin A \geqslant PH_2 \sin C + PH_3 \sin B, \tag{1}$$

注意到 $PA\sin A = H_2H_3$（在 $\triangle AH_2H_3$ 中应用正弦定理）. 另外, 式 (1) 的右端是 H_2H_3 在 BC 上的投影的长度. 因此上式成立, 当且仅当 H_2H_3 平行于 BC 时, 式 (1) 取到等号.

现在将

$$PA \geqslant \frac{AB}{BC}\cdot PH_2 + \frac{AC}{BC}\cdot PH_3$$

和另外两个类似的不等式相加, 得到

$$PA+PB+PC \geqslant PH_1\left(\frac{CA}{AB}+\frac{AB}{CA}\right) + PH_2\left(\frac{AB}{BC}+\frac{BC}{AB}\right) + PH_3\left(\frac{BC}{CA}+\frac{CA}{AB}\right), \tag{2}$$

等号成立, 当且仅当 $\triangle H_1H_2H_3$ 和 $\triangle ABC$ 位似, 这等价于 P 是 $\triangle ABC$ 的外心.

其次, 根据均值不等式, 式 (2) 中每个括号部分都至少为 2, 因此得到

$$PA+PB+PC \geqslant 2(PX+PY+PZ),$$

等号成立, 当且仅当 $AB=BC=CA$. 这就完成了不等式的第一个证明.

现在我们给出一个不需要使用下面式子的证明.

$$PA\sin A \geqslant PH_2\sin C + PH_3\sin B.$$

Erdös-Mordell 不等式的证法二 我们先将不等式变成一个三角不等式. 设 $h_1 = PH_1$、$h_2 = PH_2$、$h_3 = PH_3$.

应用正弦定理和余弦定理, 得到

$$PA\sin A = H_2H_3 = \sqrt{h_2{}^2 + h_3{}^2 - 2h_2h_3\cos(180°-A)},$$
$$PB\sin B = H_3H_1 = \sqrt{h_3{}^2 + h_1{}^2 - 2h_3h_1\cos(180°-B)},$$
$$PC\sin C = H_1H_2 = \sqrt{h_1{}^2 + h_2{}^2 - 2h_1h_2\cos(180°-C)}.$$

因此我们要证明

$$\sum_{\text{cyc}} \frac{1}{\sin A}\sqrt{h_2{}^2 + h_3{}^2 - 2h_2h_3\cos(180°-A)} \geqslant 2(h_1+h_2+h_3). \tag{3}$$

现在主要的困难是式 (3) 左边有多个根式不好处理. 我们的策略是将其放缩为没有根号的式子. 我们将根号里面的式子写成平方和的形式

$$\begin{aligned} H_2H_3{}^2 &= h_2{}^2 + h_3{}^2 - 2h_2h_3\cos(180° - A) \\ &= h_2{}^2 + h_3{}^2 - 2h_2h_3\cos(B + C) \\ &= h_2{}^2 + h_3{}^2 - 2h_2h_3(\cos B \cos C - \sin B \sin C). \end{aligned}$$

利用 $\cos^2 B + \sin^2 B = 1$, 以及 $\cos^2 C + \sin^2 C = 1$, 得到

$$H_2H_3{}^2 = (h_2 \sin C + h_3 \sin B)^2 + (h_2 \cos C - h_3 \cos B)^2.$$

由于 $(h_2 \cos C - h_3 \cos B)^2$ 显然非负, 因此有

$$H_2H_3 \geqslant h_2 \sin C + h_3 \sin B.$$

于是

$$\begin{aligned} & \sum_{\text{cyc}} \frac{\sqrt{h_2{}^2 + h_3{}^2 - 2h_2h_3\cos(180° - A)}}{\sin A} \\ \geqslant\ & \sum_{\text{cyc}} \frac{h_2 \sin C + h_3 \sin B}{\sin A} = \sum_{\text{cyc}} \left(\frac{\sin B}{\sin C} + \frac{\sin C}{\sin B}\right) h_1 \\ \geqslant\ & \sum_{\text{cyc}} 2\sqrt{\frac{\sin B}{\sin C} \cdot \frac{\sin C}{\sin B}} h_1 = 2h_1 + 2h_2 + 2h_3. \end{aligned}$$

这就完成了不等式的第二个证明.

回到原题. 设 R 为一个正数, 以 P 为圆心, R 为半径作反演, 设 A'、B'、C' 分别为点 A、B、C 在反演变换下的像. 于是 A'、B'、C' 分别在直线 PA、PB、PC 上, 并且满足 $PA' = \frac{R^2}{PA}$、$PB' = \frac{R^2}{PB}$、$PC' = \frac{R^2}{PC}$.

现在根据正弦定理, 我们可以将要证的不等式改写为

$$\frac{1}{PA} + \frac{1}{PB} + \frac{1}{PC} \geqslant 2\left(\frac{\sin \angle BPC}{BC} + \frac{\sin \angle CPA}{CA} + \frac{\sin \angle APB}{AB}\right).$$

由于点 P 在 $\triangle A'B'C'$ 内部, 因此应用 Erdös-Mordell 不等式, 得到

$$PA' + PB' + PC' \geqslant 2(PX + PY + PZ),$$

其中 X、Y、Z 分别为 P 到边 $B'C'$、$C'A'$、$A'B'$ 的投影. 在 Rt$\triangle PXB'$ 中, 有

$$PX = PB' \cdot \sin \angle PB'X = PB' \cdot \sin \angle PB'C'.$$

由于 $PB' = \frac{R^2}{PB}$ 并且 $PC' = \frac{R^2}{PC}$,因此有 $\frac{PB'}{PC'} = \frac{PC}{PB}$.结合 $\angle B'PC' = \angle CPB$,得到 $\triangle B'PC'$ 和 $\triangle CPB$ 相似,于是 $\angle PB'C' = \angle PCB$. 因此 $PX = PB' \cdot \sin \angle PB'C'$ 变为

$$PX = PB' \cdot \sin \angle PCB = \frac{R^2}{PB} \cdot \sin \angle PCB = R^2 \cdot \frac{\sin \angle PCB}{PB}.$$

在 $\triangle BPC$ 中应用正弦定理,我们得到 $\frac{\sin \angle PCB}{PB} = \frac{\sin \angle BPC}{BC}$,因此得到 $MX = R^2 \cdot \frac{\sin \angle BPC}{BC}$. 类似地,可以得到 $PY = R^2 \cdot \frac{\sin \angle CPA}{CA}$ 和 $PZ = R^2 \cdot \frac{\sin \angle APB}{AB}$. 综上所述,不等式

$$PA' + PB' + PC' \geqslant 2(PX + PY + PZ)$$

变成

$$\frac{R^2}{PA} + \frac{R^2}{PB} + \frac{R^2}{PC} \geqslant 2\left(R^2 \cdot \frac{\sin \angle BPC}{BC} + R^2 \cdot \frac{\sin \angle CPA}{CA} + R^2 \cdot \frac{\sin \angle APB}{AB}\right),$$

消去 R^2,就是我们要证的结果,证明完成. □

点评 这个不等式和下面的一道以前的美国国家队选拔考试试题有关.

习题 沿用同样的记号,证明:

$$R_a + R_b + R_c \geqslant PA + PB + PC.$$

这个题目的证法更简单. 考虑 $\triangle PBC$、$\triangle PCA$、$\triangle PAB$ 的外心构成的三角形,应用 Erdös-Mordell 不等式,就能得到要证的结果.

题目 36. (Thebault 定理) 过 $\triangle ABC$ 的顶点 A 作直线 AD 与边 BC 相交于 D. 设 I 为 $\triangle ABC$ 的内心,圆心为 P 的圆与 DC、DA 相切,并且与 $\triangle ABC$ 的外接圆内切. 圆心为 Q 的圆与 DB、DA 相切,并且与 $\triangle ABC$ 的外接圆内切. 证明: P、I、Q 三点共线.

证明 Thebault 定理的关键是下面的 Sawayama 引理.

Sawayama 引理 设 $\triangle ABC$ 的内心为 I,D 是 BC 上一点. 圆 Γ 与 $\triangle ABC$ 的外接圆 Ω 内切,与线段 DC、DA 分别相切于 E、F. 那么点 E、I、F 共线.

证明的思想来自于 Jean-Louis Ayme 的论文 "Sawayama and Thebault's theorem",其中作者利用这个引理给出了 Thebault 定理的第一个综合证明. 我们这里对这个漂亮结果给出两个完全不同的证明.

Sawayama 引理的证法一 记 Ω 为 $\triangle ABC$ 的外接圆,圆 Γ 与 Ω 以及 DC、DA 相切. 设 Ω 和 Γ 的切点为 K. 设 M 为 Ω 上不含点 K 的 $\widehat{BC}$ 的中点. 于是 K、

E、M 共线(在点 K 处作位似,将 Γ 变成 Ω,于是 BC 变成和自己平行的 Ω 的切线,切点必然为 $\wideparen{BC}$ 的中点). 因为 I 是内心,所以 A、I、M 共线,并且 $MI = MC$.

设直线 EI 和 Γ 相交于点 F'. 只需证明 AF' 和 Γ 相切. 注意到在 Γ 中 $\angle KF'E$ 等于弦切角 $\angle KEC$. 在 Ω 中,M 为 $\wideparen{BC}$ 的中点,因此 $\angle KEC = \angle KAM$. 于是 $\angle KF'E = \angle KAM$,这说明 A、K、I'、F' 四点共圆.

现在有 $\angle BCM = \angle CBM = \angle CKM$,因此 $\triangle MCE$ 和 $\triangle MKC$ 相似,于是 $MC^2 = ME \cdot MK$. 由于 $MC = MI$,因此 $MI^2 = ME \cdot MK$,这说明 $\triangle MIE$ 和 $\triangle MKI$ 相似. 于是 $\angle KEI = \angle AIK = \angle AF'K$(利用 A、K、I、F' 四点共圆). 因此 AF' 与 Ω 相切,完成了 Sawayama 引理的第一个证明.

Sawayama 引理的证法二 将 Casey 定理应用到点 A、B、C 和圆 Γ,我们得到

$$AF \cdot BC + AB \cdot CE = AC \cdot BE, \tag{1}$$

或者等价地,有 $a \cdot AF + ac = (b+c) \cdot BE$,其中 a、b、c 表示 $\triangle ABC$ 的三边长.

设 L 为 BC 与 $\angle BAC$ 的平分线的交点. 我们要在 $\triangle ALD$ 中对点 E、F、I 应用 Menelaus 定理,从而证明三点共线. 于是我们要证

$$\frac{LE}{ED} \cdot \frac{DF}{FA} \cdot \frac{AI}{IL} = 1,$$

根据 $DE = DF$,这化简为要证

$$\frac{EL}{FA} \cdot \frac{IA}{IL} = 1. \tag{2}$$

根据角平分线定理,我们知道 $\frac{IA}{IL} = \frac{b+c}{a}$. 还可以算出 $BL = \frac{ac}{b+c}$,于是

$$LE = BE - BL = BE - \frac{ac}{b+c} = \frac{a \cdot AF}{b+c},$$

其中最后一个等号我们利用了 Casey 定理的结果 (1). 代入后,我们证明了式 (2),完成了 Sawayama 引理的第二个证明.

现在回到 Thebault 定理的证明. 我们发现 Sawayama 引理给出了可以应用 Pappus 定理的完美结果(见题目 14 的证法八).

设 (P)、(Q) 为题目中两个与 (ABC) 内切的圆. 设 (P) 与 DC 相切于 E,与 DA 相切于 H;(Q) 与 DB 相切于 G,与 DA 相切于 F. 根据 Sawayama 引理,有 E、I、H 共线以及 G、F、I 共线. 进一步,注意到 $DP \perp EH$、$DQ \perp GF$ 以及 $DP \perp DQ$. 于是得到 $DP /\!/ GF$、$DQ /\!/ EH$. 现在在射影平面上考虑平行线相交于无穷远点. 设 I_0、I_1、I_2 分别为无穷远点,且 $I_0 = GQ \cap EP$、$I_1 = DP \cap GF$、

$I_2 = DQ \cap EH$. 将 Pappus 定理应用到三点组 G、E、D 和 I_2、I_1、I_0, 得到三个交点

$$GI_1 \cap EI_2 = GF \cap EH = I,$$

$$EI_0 \cap DI_1 = EP \cap DP = P,$$

$$GI_0 \cap DI_2 = GQ \cap DQ = Q$$

共线. 这样就证明了 Thebault 定理. □

点评 1 注意到 Sawayama 引理和 Thebault 定理都可以推广到外切的情形, 我们在下面叙述这些推广, 仅为了引用方便.

外 Sawayama 引理 设 $\triangle ABC$ 的 A-旁切圆心为 I_a, D 在边 BC 上. 考虑圆 Γ, 与 $\triangle ABC$ 的外接圆 Ω 外切, 与直线 DC、DA 分别相切于 E、F. 那么, 点 E、I_a、F 共线.

外 Thebault 定理 过 $\triangle ABC$ 的顶点 A 作直线 AD 与边 BC 相交于 D. 设 I_a 为 $\triangle ABC$ 的 A-旁心. 圆心为 P 的圆与 DC、DA 相切, 与 (ABC) 外切; 圆心为 Q 的圆与 DB、DA 相切, 与 (ABC) 外切. 证明: P、I_a、Q 三点共线.

点评 2 我们后面会用到的一个有趣的结果是下面的漂亮恒等式.

定理 使用与题目中相同的记号, 进一步记 $\angle ADB$ 为 ϕ, $\triangle ABC$ 的内径为 r, 圆 (P) 的半径为 r_1, 圆 (Q) 的半径为 r_2, 则有

$$r = r_1 \sin^2 \frac{\phi}{2} + r_2 \cos^2 \frac{\phi}{2}.$$

这个恒等式可以从定理的第二个证明中计算得到. 注意到 $\triangle EIG$ 为直角三角形, 斜边上的高为 r, 而 $\angle GEI = \angle GDQ = \frac{1}{2}\phi$, 因此 $r = EG \cdot \sin \frac{\phi}{2} \cos \frac{\phi}{2}$. 斜边 EG 等于两个圆 (P)、(Q) 的公切线长, 于是可以得到 $EG = r_1 \tan \frac{\phi}{2} + r_2 \cot \frac{\phi}{2}$. 代入即可得到上面的恒等式.

题目 37. 设 $\triangle ABC$ 的外接圆为 Γ, A' 在边 BC 上. 设 $\mathcal{T}_1$、$\mathcal{T}_2$ 分别为同时与 AA'、BA'、圆 Γ 相切以及同时与 AA'、CA'、圆 Γ 相切的圆. 证明:

(a) 若 A' 是点 A 处的内角平分线与对边的交点, 则圆 $\mathcal{T}_1$ 和 $\mathcal{T}_2$ 在 $\triangle ABC$ 的内心处相切.

(b) 若 A' 是 A-旁切圆与 BC 的切点, 则圆 $\mathcal{T}_1$ 和 $\mathcal{T}_2$ 大小相同.

Jean-Pierre Ehrmann, Cosmin Pohoata – 数学链接竞赛 2007

证明 (a) 利用题目 36 中的 Sawayama 引理,这个问题变得很简单. 事实上,如图 26 所示,设 $\mathcal{T}_1$、$\mathcal{T}_2$ 的圆心分别为 I_1、I_2,与边 BC 分别相切于 D、E,与线段 AA' 分别相切于 R、S. 根据 Sawayama 引理,$\triangle ABC$ 的内心 I 在直线 RD 和 SE 上. 然而,I 还在 Ceva 线 AA' 上. 因此 $R \equiv S \equiv I$,于是 $\mathcal{T}_1$ 和 $\mathcal{T}_2$ 都与 AA' 相切于 I. 这就证明了 (a).

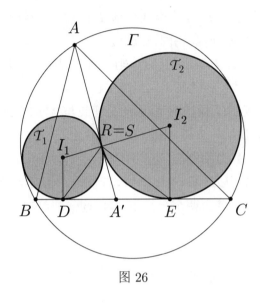

图 26

我们现在应用下述引理给出一个更有趣的证明.

引理 设 $\triangle ABC$ 满足 $AB = AC$. 设 Γ 是其外接圆,ω 为任意一个圆,与边 BC 以及不含点 A 的 $\widehat{BC}$ 相切. 那么,点 A 关于 ω 的幂是常数,与 ω 无关.

引理的证明 点 A 关于 ω 的幂为 A 到 ω 的切线长 t 的平方. 因此只需计算出 t,然后证明它是常数. 设 X 为 ω 在 BC 上的切点. 将 Casey 定理应用于 A、B、C、ω,我们得到

$$\begin{aligned} t \cdot BC &= AB \cdot CX + AC \cdot BX \\ &= AB \cdot (CX + BX) = AB \cdot BC. \end{aligned}$$

因此 $t = AB$,与 ω 的选择无关. 这就证明了引理.

回到原题的证明. 设 M 为角平分线 AA' 与外接圆 Γ 的第二个交点. 此点为 $\widehat{BC}$ 的中点,因此 $MB = MC$. 特别地,$\triangle MBC$ 是等腰三角形. 圆 $\mathcal{T}_1$ 和 $\mathcal{T}_2$ 与 BC、$\triangle MBC$ 的外接圆 Γ 相切. 因此根据上面的引理,得切线 MR 和 MS 满足 $MR = MS = MB = MC$. 然而,熟知 $MB = MC = MI$,因此 $MR = MS = MI$,这说明三个点重合,证明完成.

(b) 和前面一样，设 $\mathcal{T}_1(I_1)$、$\mathcal{T}_2(I_2)$ 与边 BC 分别相切于 D、E，与线段 AA' 分别相切于 R、S. 根据 Sawayama 引理，内心 I 在直线 RD 和 SE 上. 于是直线 ID 和 IE 分别垂直于 I_1A' 和 I_2A'. 进一步，$\angle AA'B$ 的内角和外角平分线相互垂直，因此也有 $I_1A' \perp I_2A'$.

根据 Thebault 定理，I_1I_2 经过点 I. 因此，若圆 $\mathcal{T}_1$ 和 $\mathcal{T}_2$ 大小相同，则经过 I_1、I_2、I 的直线平行于 BC，于是四边形 I_1DEI_2 为矩形. 此时 Rt$\triangle DIE$ 和 Rt$\triangle I_2A'I_1$ 的斜边长度相同、高相同、对应边平行，因此 $\triangle DIE \cong \triangle I_2A'I_1$. 若 X 是 $\triangle ABC$ 的内切圆在边 BC 上的切点，则 $DX = I_1I = EA'$. 当 $\mathcal{T}_1$ 与 $\mathcal{T}_2$ 相同时，由于二者均与 Γ 相切，因此三个圆组成的图形关于 I_1I_2 的垂直平分线反射对称. 在此对称下公切线 BC 保持不变，因此公切线与 Γ 的交点 B、C 互换，于是得到 $BD = CE$. 结合 $DX = EA'$，得到 $BX = CA'$，于是 X、A' 关于 BC 的中点对称，熟知此时 A' 为 A-旁切圆与 BC 的切点.

反之，注意到当 A' 从 B 移动到 C 时，$\mathcal{T}_1$ 的半径从零起递增，$\mathcal{T}_2$ 的半径递减到零. 因此有唯一的时刻使得两个半径相同，由同一法可知，此时 A' 为 A-旁切圆的切点，证明完成. □

点评 题目的第一部分在过去的某次罗马尼亚 IMO TST 中出现过.

题目 38. 设 M、N 为 $\triangle ABC$ 所在平面上的两个不同点，满足 $AM:BM:CM = AN:BN:CN$. 证明：直线 MN 经过 $\triangle ABC$ 的外心.

Cosmin Pohoata, Josef Tkadlec –《数学反思》

证法一 设 $\triangle ABC$ 的外心为 O，外径为 R. 考虑以 O 为中心，R^2 为幂的反演 Ψ. 设这个反演将 M 映射到 M'，将 N 映射到 N'. 我们先证明 N' 等于 M 符合题目条件. 注意到 $\Psi(B) = B$，因此 $\triangle ONB$ 和 $\triangle OBN'$ 相似，于是得到 $\frac{BN}{BN'} = \frac{ON}{R}$. 类似地，可得

$$\frac{AN}{AN'} = \frac{ON}{R} = \frac{CN}{CN'} = \frac{BN}{BN'}.$$

这意味着 M 满足和 N' 相同的条件，因此 N' 可以等于 M.

现在我们证明对任意的 N，恰有一个不等于 N 的点 M 满足题目条件，于是必有 $M = N'$. 以 N 为中心和任意幂作反演. 设这个反演将 A、B、C、M 分别映射到 A'、B'、C'、M_1. 于是 $\triangle NB'M_1$ 和 $\triangle NMB$ 相似，于是 $\frac{NB}{MB} = \frac{M_1N}{M_1B'}$. 类似地，有 $\frac{NC}{MC} = \frac{M_1N}{M_1C'}$. 于是有

$$\frac{M_1N}{M_1C'} = \frac{NC}{MC} = \frac{NB}{MB} = \frac{M_1N}{M_1B'},$$

于是 $M_1B' = M_1C'$. 类似地,得到 $M_1B' = M_1A'$,因此 M_1 是 $\triangle ABC$ 的外心. 于是得到 M_1 唯一,进而 M 也唯一. 由于以 O 为中心,OB^2 为幂的反演将 N 映射到 M,因此 O、M、N 三点共线,证明完成. □

证法一展示了这个结果被发现的过程,而证法二是一个令人难忘的"数学天书"中的证明.

证法二 回想一下,任给正实数 r,线段 XY 的 Apollonius 圆 (XY, r) 的圆心在 XY 上,该圆是平面上满足 $\frac{PX}{PY} = r$ 的点 P 的轨迹. 因此,如果我们将题目中的假设记为

$$\frac{AM}{AN} = \frac{BM}{BN} = \frac{CM}{CN} := r > 0,$$

那么我们发现点 A、B、C 都在 Apollonius 圆 (MN, r) 上. 因此 $\triangle ABC$ 的外接圆的圆心 O 就是这个 Apollonius 圆的圆心,即其在直线 MN 上. □

题目 39. 设点 M、N、P 分别在 $\triangle ABC$ 的边 BC、CA、AB 上,满足 $\triangle MNP$ 是锐角三角形. 记 x 为 $\triangle ABC$ 的最短的高,y 是 $\triangle MNP$ 的最长的高. 证明: $x \leqslant 2y$.

罗马尼亚 IMO TST 2007

证明 设 H 为 $\triangle MNP$ 的垂心,A'、B'、C' 分别为 H 到边 BC、CA、AB 的垂线的垂足. 我们有

$$\frac{1}{x} \cdot \sum_{\text{cyc}} HA' \geqslant \sum_{\text{cyc}} \frac{HA'}{h_a} = \sum_{\text{cyc}} \frac{[HBC]}{[ABC]} = 1.$$

因此得到

$$x \leqslant HA' + HB' + HC'.$$

进一步,注意到 $\sum_{\text{cyc}} HA' \leqslant \sum_{\text{cyc}} HM$,因此只需证明 $\sum_{\text{cyc}} HM \leqslant 2y$.

设 MM_1 是 $\triangle MNP$ 的最长的高,于是 NP 是最短的边. 注意到 $HM \perp NP$,因此有

$$[NHPM] = \frac{1}{2} HM \cdot NP, \tag{1}$$

同理有

$$[MHNP] = \frac{1}{2} MN \cdot HP, \tag{2}$$

$$[PHMN] = \frac{1}{2} PM \cdot HN. \tag{3}$$

将式 (1) ∼ (3) 相加，并利用 NP 是最短边，得到

$$2[MNP] = [NHPM] + [MHNP] + [PHMN]$$
$$\geqslant \frac{1}{2}(HM + HP + HN) \cdot NP.$$

两边同时除以 NP，得到 $HM + HP + HN \leqslant 2y$，证明完成. □

题目 40. 设 $\triangle ABC$ 为非等腰三角形，设 X、Y、Z 分别为内切圆在边 BC、CA、AB 上的切点. 设 D 是 OI 与 BC 的交点，其中 O、I 分别为外心和内心. 经过 X 垂直于 YZ 的直线与 AD 相交于 E. 证明：直线 YZ 是线段 EX 的垂直平分线.

Lev Emelyanov – 几何论坛，罗马尼亚 IMO TST 2009

证明 我们首先回忆下面关于 $\triangle XYZ$ 的垂心的引理，这在很多竞赛中出现过.

引理 $\triangle XYZ$ 的垂心在直线 OI 上.

读者试几分钟可能会发现，这个结果不太容易得到. 我们这里给出两个完全不同的证明.

引理的证法一 设 A'、B'、C' 分别为 YZ、ZX、XY 的中点. 注意到

$$IA \cdot IA' = \left(\frac{r}{\sin\frac{A}{2}}\right) \cdot \left(r\sin\frac{A}{2}\right) = r^2.$$

类似地，得到 $IB \cdot IB' = IC \cdot IC' = r^2$. 因此，关于 $\triangle ABC$ 内切圆的反演 $\Psi(I, r^2)$ 将顶点 A、B、C 分别映射到 A'、B'、C'，并且将 $\triangle ABC$ 的外接圆映射到 $\triangle A'B'C'$ 的外接圆. 但是，若以 P 为圆心的圆通过以 Q 为圆心的圆作反演，则像是一个圆，其圆心在直线 PQ 上. 因此，$\triangle A'B'C'$ 的外心 O' 在直线 OI 上. 由于 $\triangle A'B'C'$ 为 $\triangle XYZ$ 的中点三角形，其外心 O' 为 $\triangle XYZ$ 的九点圆的圆心，而 I 是 $\triangle XYZ$ 的外心，因此，OI 是 $\triangle XYZ$ 的 Euler 线. 显然，$\triangle XYZ$ 的垂心 H' 在这条线上. 这样就完成了引理的第一个证明.

引理的第二个证明利用了简单一些的位似的说法.

引理的证法二 如图 27 所示，设 $I_1I_2I_3$ 为由 $\triangle ABC$ 的旁切圆的圆心构成的三角形. 直线 YZ 和 I_2I_3 因为都与 AI 垂直，因此二者平行. 类似地，有 $ZX \parallel I_3I_1$ 和 $XY \parallel I_1I_2$. 因此，旁心三角形和切触三角形位似，它们的 Euler 线互相平行. 然而，I 和 O 分别为旁心三角形的垂心和九点圆的圆心，而 I 也是切触三角形的外心. 因此，直线 OI 是二者的公共 Euler 线，于是包含 $\triangle XYZ$ 的垂心 H'. 这样就完成了引理的第二个证明.

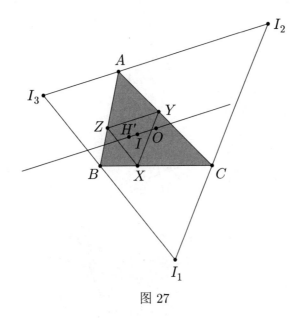

图 27

回到问题的证明. 我们将其改写成如下的等价形式.

断言 设 E 为点 X 关于直线 YZ 的反射, D 为 AE 与 BC 的交点. 证明: D 在直线 OI 上.

断言的证明 如图 28 所示, 设 T 为 AI 和 BC 的交点. 由于 XE 和 AT 都垂直于 YZ, 因此二者平行, 于是三点共线的条件等价于 $\frac{EH'}{H'X} = \frac{AI}{IT}$.

熟知

$$\frac{AI}{IT} = \frac{CA + AB}{BC} = \frac{\sin B + \sin C}{\sin A}.$$

例如, 这可以由角平分线定理得到.

对任意锐角三角形有 $AH = 2R\cos A$. 切触三角形的各个角分别为

$$X = \frac{\angle B + \angle C}{2}, \quad Y = \frac{\angle C + \angle A}{2}, \quad Z = \frac{\angle A + \angle B}{2}.$$

显然 $\triangle XYZ$ 总是锐角三角形, 于是

$$XH' = 2r\cos X = 2r\cos\frac{B+C}{2} = 2r\sin\frac{A}{2}.$$

因此有

$$\begin{aligned}
\frac{EH'}{H'X} &= \frac{EX - H'X}{H'X} = \frac{EX \cdot YZ}{H'X \cdot YZ} - 1 \\
&= \frac{4[XYZ]}{H'X \cdot YZ} - 1 \\
&= \frac{2r^2(\sin 2X + \sin 2Y + \sin 2Z)}{2r\sin X \cdot 2r\cos X} - 1
\end{aligned}$$

$$= \frac{\sin 2Y + \sin 2Z}{\sin 2Y}$$
$$= \frac{\sin B + \sin C}{\sin A}.$$

这样就证明了题目.

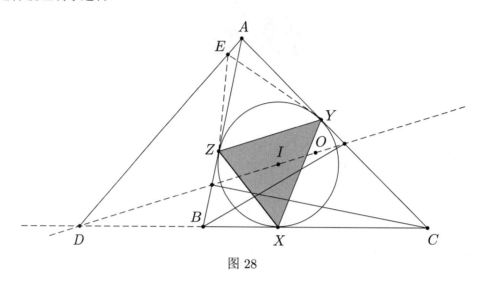

图 28

注意到上面的工作证明了:通过 X 在 YZ 上的投影和点 D 的直线也经过从点 A 出发的角平分线的中点. 进一步,直线 OI 平行于 BC,当且仅当 X 在 YZ 上的投影位于经过 AB 和 AC 的中点的直线上. □

题目 41. 在正 $\triangle ABC$ 的三边上取 6 个点:A_1、A_2 在 BC 上,B_1、B_2 在 CA 上,C_1、C_2 在 AB 上,这些点构成一个所有边长都相等的凸六边形 $A_1A_2B_1B_2C_1C_2$. 证明:直线 A_1B_2、B_1C_2、C_1A_2 共点.

Bogdan Enescu – IMO 2005

证明 本题的思路是应用下面关于相似三角形和向量的简单结果.

断言 已知 $\triangle ABC$,向量 u、v、w 之和为 0(因此构成一个三角形). 那么由下面两个条件中的任何一个都可以得出,由 u、v、w 构成的三角形与 $\triangle ABC$ 相似:

(i) $\frac{|u|}{AB} = \frac{|v|}{BC} = \frac{|w|}{CA}$;

(ii) $u /\!/ \overrightarrow{AB}$、$v /\!/ \overrightarrow{BC}$、$w /\!/ \overrightarrow{CA}$.

反之,由 (i) 和 (ii) 一起也可以推出向量 u、v、w 构成一个三角形.

断言的证明 事实上,两个结论都可以从三角形相似的判断准则中得出. 其中 (i) 来自线段长成比例的条件,(ii) 来自角度相等条件. 结论的逆可以从构造三角形 T 开始,其中 T 的边为向量 u、v、$w' = -u - v$. 我们有 $\frac{|u|}{AB} = \frac{|v|}{BC}$. 而 u 和 v 之间

的夹角等于 $\overrightarrow{AB}$ 和 $\overrightarrow{AC}$ 之间的夹角. 因此 T 和 $\triangle ABC$ 相似, 于是得到

$$\frac{|\boldsymbol{w}'|}{CA} = \frac{|\boldsymbol{u}|}{AB} = \frac{|\boldsymbol{w}|}{CA}, \quad \boldsymbol{w} /\!/ \overrightarrow{CA} /\!/ \boldsymbol{w}',$$

因此 $\boldsymbol{w}$ 和 $\boldsymbol{w}'$ 的长度及方向均相同, 于是 $\boldsymbol{w} = \boldsymbol{w}' = -\boldsymbol{u} - \boldsymbol{v}$, 说明 $\boldsymbol{u} + \boldsymbol{v} + \boldsymbol{w} = \boldsymbol{0}$. 也就是说, $\boldsymbol{u}$、$\boldsymbol{v}$、$\boldsymbol{w}$ 构成一个三角形, 这就证明了断言.

回到原题的证明. 如图 29 所示, 我们注意到, 向量 $\overrightarrow{A_1A_2}$、$\overrightarrow{B_1B_2}$、$\overrightarrow{C_1C_2}$ 的长度相同, 并且平行于 $\triangle ABC$ 的边 (其边长也都相同), 因此根据断言的逆, 这三个向量的和为 $\boldsymbol{0}$. 还注意到

$$\begin{aligned} \boldsymbol{0} &= \overrightarrow{A_1A_2} + \overrightarrow{A_2B_1} + \overrightarrow{B_1B_2} + \overrightarrow{B_2C_1} + \overrightarrow{C_1C_2} + \overrightarrow{C_2A_1} \\ &= \overrightarrow{A_2B_1} + \overrightarrow{B_2C_1} + \overrightarrow{C_2A_1}. \end{aligned}$$

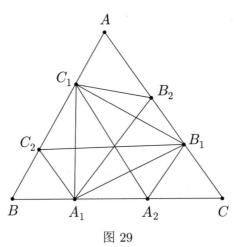

图 29

因为向量 $\overrightarrow{A_2B_1}$、$\overrightarrow{B_2C_1}$、$\overrightarrow{C_2A_1}$ 的长度相同, 所以可以应用断言, 因此这三个向量构成正三角形. 于是它们的方向彼此相差 $120°$ 的旋转角, 就像向量 $\overrightarrow{A_1A_2}$、$\overrightarrow{B_1B_2}$、$\overrightarrow{C_1C_2}$ 一样. 因此 $\triangle A_1A_2B_1$、$\triangle B_1B_2C_1$、$\triangle C_1C_2A_1$ 相互之间相差一个旋转, 于是彼此全等. 得到 $A_1B_1 = B_1C_1 = C_1A_1$, 即 $\triangle A_1B_1C_1$ 是正三角形. 由于 $C_1B_2 = B_2B_1$, 我们知道 A_1、A_2 都在 B_1C_1 的垂直平分线上, 因此 A_1B_2 为 B_1C_1 的垂直平分线. 类似地, B_1C_2、C_1B_2 也都是 $\triangle A_1B_1C_1$ 的边的垂直平分线. 因此 A_1B_2、B_1C_2、C_1A_2 交于 $\triangle A_1B_1C_1$ 的中心. 证明完成. □

题目 42. 给定 $\triangle ABC$ 以及它的重心 G、内心 I, 使用无标记的直尺, 作出它的垂心 H.

Victor Oxman – 《数学难题》

解 我们先给出一个引理.

引理 给定一条线段及其中点,以及平面上的任何其他点 O,可以使用无标记的直尺作出过 O 且平行于所给线段的直线.

引理的证明 设 AD 为所给线段,K 是其中点. 如图 30 所示,取 P 为 AO 延长线上任意一点. 联结 PD 和 PK. OD 与 PK 相交于 M. 设直线 AM 与 PD 相交于 N. 我们将证明,ON 平行于 AD.

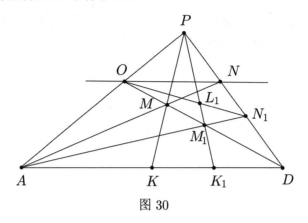

图 30

作 ON_1 平行于 AD,N_1 在 PD 上. 设 M_1 为 AN_1 与 OD 的交点,K_1 为 PM_1 和 AD 的交点,L_1 为 ON_1 和 PK_1 的交点. 则 $\triangle AM_1K_1 \backsim \triangle N_1M_1L_1$,$\triangle OM_1L_1 \backsim \triangle DM_1K_1$. 于是有

$$\frac{AK_1}{L_1N_1} = \frac{K_1M_1}{M_1L_1} = \frac{K_1D}{OL_1}. \tag{1}$$

还有 $\triangle APK_1 \backsim \triangle OPL_1$,$\triangle DK_1P \backsim \triangle N_1L_1P$,因此得出

$$\frac{AK_1}{OL_1} = \frac{K_1P}{L_1P} = \frac{K_1D}{L_1N_1}. \tag{2}$$

结合式 (1)(2),我们得到

$$AK_1 \cdot OL_1 = L_1N_1 \cdot K_1D, \quad AK_1 \cdot L_1N_1 = OL_1 \cdot K_1D.$$

于是有

$$(AK_1)^2 \cdot OL_1 \cdot L_1N_1 = (K_1D)^2 \cdot OL_1 \cdot L_1N_1,$$

然后有 $(AK_1)^2 = (K_1D)^2$,即 $AK_1 = K_1D$. 因此 K_1 和 K 重合,进而 PK_1 和 PK 重合,M_1 和 M 重合,N_1 和 N 重合. 于是 ON 平行于 AD. 这就证明了引理.

现在回到原题. 如图 31 所示,利用重心 G,作出中线 AA_1、BB_1、CC_1,其中 A_1、B_1、C_1 分别为边 BC、CA、AB 的中点. 类似地,利用内心 I,作出角平分线

AA_2、BB_2、CC_2,其中 A_2、B_2、C_2 分别在边 BC、CA、AB 上. 作出 $\triangle A_1B_1C_1$,分别记交点 $C_1A_1 \cap BB_2$ 为 B_3、$A_1B_1 \cap CC_2$ 为 C_3、$B_1C_1 \cap AA_2$ 为 A_3. 于是 A_3、B_3、C_3 分别为 AA_2、BB_2、CC_2 的中点.

两次应用引理,我们可以作出直线 BE 经过 B 并且平行于角平分线 CC_2,直线 BF 平行于 AA_2(设点 E、F 在直线 CA 上). 我们发现,$\triangle FAB$ 和 $\triangle BCE$ 都是等腰三角形 ($\angle FBA = \angle BFA$、$\angle EBC = \angle BEC$). 作直线 A_1K 平行于 CA,K 在 BE 上. 于是 K 是 BE 的中点. 类似地,作 FB 的中点 N,于是有 $AN \perp FB$、$CK \perp BE$.

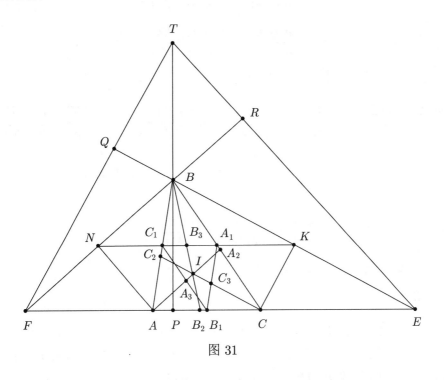

图 31

现在,我们分别过 C_1、A_1 作直线平行于 FB、BE,相交得到 AN 和 CK 的中点. 应用引理,作 FT 平行于 CK,ET 平行于 AN. 设 $ET \cap FB$ 为 R,$BE \cap FT$ 为 Q. 于是有 $FR \perp ET$、$EQ \perp FT$,然后点 B 为 $\triangle FTE$ 的垂心. 联结直线 TB 并延长交 CA 于 P,则 BP 是 $\triangle ABC$ 的一个高. 我们可以类似地作第二个高,它们的交点就是垂心 H. 这样就完成了作图. □

题目 43. 设在不等边 $\triangle ABC$ 中,圆 Ω 与边 BC 相交于 A_1、A_2,与边 CA 相交于 B_1、B_2,与边 AB 相交于 C_1、C_2. 设圆 Ω 在 A_1、A_2 处的切线相交于 P,类似地定义 Q 和 R. 证明:直线 AP、BQ、CR 共点.

罗马尼亚 IMO TST 2009

证法一 根据 Salmon 定理,我们有

$$\frac{RO}{PO} = \frac{\delta(R,a)}{\delta(P,c)}, \quad \frac{QO}{PO} = \frac{\delta(Q,a)}{\delta(P,b)}.$$

因此得到

$$\frac{\delta(P,c)}{\delta(P,b)} = \frac{\delta(R,a)}{\delta(Q,a)} \cdot \frac{QO}{RO}. \tag{1}$$

类似地,还可得到

$$\frac{\delta(Q,a)}{\delta(Q,c)} = \frac{\delta(P,b)}{\delta(R,b)} \cdot \frac{RO}{PO}, \tag{2}$$

$$\frac{\delta(R,b)}{\delta(R,a)} = \frac{\delta(Q,c)}{\delta(P,c)} \cdot \frac{PO}{QO}. \tag{3}$$

将式 (1) ∼ (3) 相乘得到

$$\begin{aligned}
\frac{\delta(P,c)}{\delta(P,b)} \cdot \frac{\delta(Q,a)}{\delta(Q,c)} \cdot \frac{\delta(R,b)}{\delta(R,a)} &= \frac{\delta(R,a)}{\delta(Q,a)} \cdot \frac{\delta(P,b)}{\delta(R,b)} \cdot \frac{\delta(Q,c)}{\delta(P,c)} \cdot \frac{QO}{RO} \cdot \frac{RO}{PO} \cdot \frac{PO}{QO} \\
&= \left(\frac{\delta(P,c)}{\delta(P,b)} \cdot \frac{\delta(Q,a)}{\delta(Q,c)} \cdot \frac{\delta(R,b)}{\delta(R,a)} \right)^{-1}.
\end{aligned}$$

因此

$$\frac{\delta(P,c)}{\delta(P,b)} \cdot \frac{\delta(Q,a)}{\delta(Q,c)} \cdot \frac{\delta(R,b)}{\delta(R,a)} = 1,$$

由角元 Ceva 定理,得到 AP、BQ、CR 三线共点. □

证法二 第二个证明使用了题目 100 中的 Sondat 定理,我们目前还没有解决,这是一个比本题更困难的结果. 尽管这样,我们看看如何应用这个定理. 我们考虑关于圆 $\Omega(O)$ 的极点和极线. 注意到 BC 是 P 的极线,CA 是 Q 的极线,AB 是 R 的极线. 特别地,这说明 $OP \perp BC$、$OQ \perp CA$、$OR \perp AB$.

另外,$A = CA \cap AB$ 是 QR 的极点,$B = AB \cap BC$ 是 RP 的极点,$C = BC \cap CA$ 是 PQ 的极点. 因此,有 $OA \perp QR$、$OB \perp RP$、$OC \perp PQ$. 也就是说,△ABC 和 △PQR 符合 Sondat 定理的条件,根据题目 100 的 (b),得到 AP、BQ、CR 三线共点. □

题目 44. 设四边形 $ABCD$(AB 与 CD 不平行)的边 AD 和 BC 相交于 P. 点 O_1、O_2 分别为 △ABP、△CDP 的外心,H_1、H_2 分别为它们的垂心. 设线段 O_1H_1、O_2H_2 的中点分别为 E_1、E_2. 证明:E_1 到 CD 的垂线、E_2 到 AB 的垂线、直线 H_1H_2 三线共点.

IMO 预选题 2009

证法一 如图 32，我们固定 $\triangle ABP$，匀速平行移动直线 CD. 于是，点 C、D 的位置线性依赖一个参数. 于是点 O_2、H_2、E_2 也线性依赖同一个参数. 因此 E_2 到 AB 的垂线也这样移动. 显然，点 O_1、H_1、E_1 以及 E_1 到 CD 的垂线并不移动. 因此，两个垂线的交点 S 线性移动. 由于 H_1 不动，H_2 和 S 在平行直线上线性移动（这两个直线都垂直于 CD），因此只需对 CD 的两个特殊位置证明共线性.

取 CD 经过 A 或者 B，根据题目的假设可知这是两个不同的位置. 由对称性，我们只需考虑 $A \in CD$ 的情况，即 $A = D$. 所以我们需要证明：E_1 到 AC 的垂线、E_2 到 AB 的垂线、$\triangle ABC$ 的高 AH 三线共点.

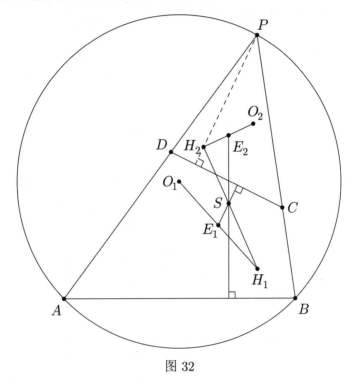

图 32

如图 33 所示，我们考虑 A_1、B_1、C_1，分别为 BC、CA、AB 的中点. 由于 E_1 是 $\triangle ABP$ 的九点圆的圆心，于是有 $E_1C_1 = E_1H$. 类似地，有 $E_2B_1 = E_2H$.

注意到，点 X 在 E_1 到 A_1C_1 的垂线上，当且仅当

$$XC_1^2 - XA_1^2 = E_1C_1^2 - E_1A_1^2.$$

类似地，E_2 到 A_1B_1 的垂线上的点 X 满足

$$XA_1^2 - XB_1^2 = E_2A_1^2 - E_2B_1^2.$$

直线 H_1H_2 垂直于 B_1C_1，并且包含 A，因此上面的点 X 满足

$$XB_1^2 - XC_1^2 = AB_1^2 - AC_1^2.$$

现在，三条线交于一点，当且仅当

$$\begin{aligned}0 &= XC_1^2 - XA_1^2 + XA_1^2 - XB_1^2 + XB_1^2 - XC_1^2 \\ &= E_1C_1^2 - E_1A_1^2 + E_2A_1^2 - E_2B_1^2 + AB_1^2 - AC_1^2 \\ &= -E_1A_1^2 + E_2A_1^2 + E_1H^2 - E_2H^2 + AB_1^2 - AC_1^2,\end{aligned}$$

因此，只需证明

$$E_1A_1^2 - E_2A_1^2 - E_1H^2 + E_2H^2 = \frac{AC^2 - AB^2}{4}.$$

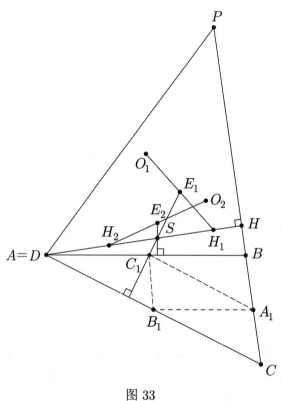

图 33

我们有

$$\frac{AC^2 - AB^2}{4} = \frac{HC^2 - HB^2}{4} = \frac{(HC + HB)(HC - HB)}{4} = \frac{HA_1 \cdot BC}{2},$$

其中第一个等式成立是因为 $AH \perp BC$.

设 F_1、F_2 分别为 E_1、E_2 到 BC 的投影. 显然，它们分别是 HP_1、HP_2 的中

点，其中 P_1、P_2 分别为 PB、PC 的中点. 于是有

$$\begin{aligned}
& E_1A_1^2 - E_2A_1^2 - E_1H^2 + E_2H^2 \\
=& F_1A_1^2 - F_1H^2 - F_2A_1^2 + F_2H^2 \\
=& (F_1A_1 - F_1H)(F_1A_1 + F_1H) - (F_2A_1 - F_2H)(F_2A_1 + F_2H) \\
=& A_1H \cdot (A_1P_1 - A_1P_2) \\
=& \frac{A_1H \cdot BC}{2} = \frac{AC^2 - AB^2}{4},
\end{aligned}$$

证明完成. □

证法二 设 E_1 到 CD 的垂线交 PH_1 于 X，E_2 到 AB 的垂线交 PH_2 于 Y，如图 34 所示. 设 φ 为 AB 和 CD 相交所成的角度，M、N 分别为 PH_1、PH_2 的中点.

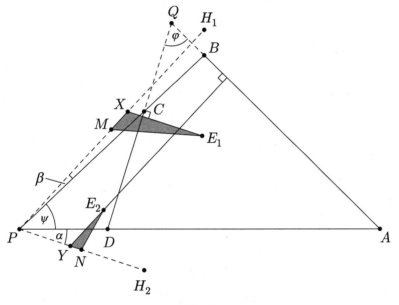

图 34

我们将证明 $\triangle E_1XM$ 和 $\triangle E_2YN$ 分别在 E_1、E_2 处有相同的角，在 X、Y 处的角互补. 下面内容中的角度都理解为有向角，角度的等式都是模 $180°$ 成立的. 设 $\alpha = \angle H_2PD$、$\psi = \angle DPC$、$\beta = \angle CPH_1$，则有 $\alpha + \psi + \beta = \varphi$、$\angle E_1XH_1 = \angle H_2YE_2 = \varphi$，于是 $\angle MXE_1 + \angle NYE_2 = 180°$.

考虑 $\triangle ABP$ 的 Feuerbach 圆，圆心为 E_1，经过点 M，得到 $\angle E_1MH_1 = \psi + 2\beta$. 类似地，考虑 $\triangle DCP$ 的 Feuerbach 圆，得到 $\angle H_2NE_2 = \psi + 2\alpha$. 于是有

$$\angle XE_1M = \varphi - (\psi + 2\beta) = (\psi + 2\alpha) - \varphi = \angle YE_2N.$$

然后得到
$$\frac{XM}{ME_1} = \frac{YN}{NE_2}. \tag{1}$$

进一步,ME_1 是 $\triangle ABP$ 的外径的一半,PH_1 是 P 到该三角形的垂心的距离,等于外径的两倍乘以 ψ 的余弦. 对 $\triangle DCP$ 也进行同样的考虑,得到
$$\frac{ME_1}{PH_1} = \frac{1}{4\cos\psi} = \frac{NE_2}{PH_2}. \tag{2}$$

将式 (1) $\sim$ (2) 相乘得到
$$\frac{XM}{PH_1} = \frac{YN}{PH_2} \quad \Rightarrow \quad \frac{PX}{XH_1} = \frac{H_2Y}{YP}.$$

设 E_1X、E_2Y 分别和 H_1H_2 交于 R、S. 由于
$$\frac{H_2R}{RH_1} = \frac{PX}{XH_1}, \quad \frac{H_2S}{SH_1} = \frac{H_2Y}{YP},$$

因此 R 和 S 重合,证明完成. □

题目 45. 设 $\triangle ABC$ 是锐角三角形,外接圆为 $\Gamma(O)$. 直线 ℓ 和 BC、CA、AB 分别交于 X、Y、Z. 设 ℓ_A、ℓ_B、ℓ_C 分别为 ℓ 关于 BC、CA、AB 的反射. 进一步,设 M 为 $\triangle ABC$ 关于直线 ℓ 的 Miquel 点.

(a) 证明:由直线 ℓ_A、ℓ_B、ℓ_C 决定的三角形的内心在 $\triangle ABC$ 的外接圆上.

(b) 若 S 是 (a) 中的内心,O_a、O_b、O_c 分别为 $\triangle AYZ$、$\triangle BZX$、$\triangle CXY$ 的外心. 证明:S、O、M、O_a、O_b、O_c 共圆. *

Cosmin Pohoata –《数学反思》

证明 (a) 设 $A' = \ell_B \cap \ell_C$、$B' = \ell_C \cap \ell_A$、$C' = \ell_A \cap \ell_B$. 由于 ℓ_C 和 ℓ 相交于 AB 上点 Z,并且互为反射,因此 ZA 是这两条线的角平分线,即 $\angle A'ZY$ 的平分线. 同理,YA 是 $\angle A'YZ$ 的平分线,因此 A 是 $\angle A'YZ$ 的内心. 于是 $A'A$ 是 $\angle ZA'Y$,也是 $\angle C'A'B'$ 的平分线. $\angle A'AZ = 90° + \angle AYZ$,而 $\angle O_aAZ = 90° - \frac{1}{2}\angle AO_aZ = 90° - \angle AYZ$,因此 $\angle A'AZ$ 与 $\angle O_aAZ$ 互补,得到 A'、A、O_a 共线. 因此 $A'O_a$ 是 $\triangle A'B'C'$ 的内角平分线,同理,$B'O_b$、$C'O_c$ 也是这个三角形的内角平分线,因此三者交于 $\triangle A'B'C'$ 的内心.

设 S_a、S_b 分别为 AO_a、BO_b 与 $\triangle ABC$ 的外接圆的另一个交点. 显然有
$$\angle CAS_a = \angle YAO_a = 90° - \angle AZY,$$

---

*此处修改为与原题等价的容易描述的结论,证明过程也有很多简化. ——译者注

类似地,有 $\angle CBS_b = 90° - \angle BZX$. 但是 $\angle AZY = \angle BZX$ 为 ℓ 和 AB 的夹角,因此得到 $S_a = S_b$. 类似地,有 $S_b = S_c$,于是 AO_a、BO_b、CO_c 交于点 $S = S_a = S_b = S_c$,并且此点位于 $\triangle ABC$ 的外接圆上,还是 $\triangle A'B'C'$ 的内心. 这就证明了 (a).

点评 当 $\triangle ABC$ 为钝角三角形时,前面的推导不成立. 此时,AO_a、BO_b、CO_c 交于 $\triangle A'B'C'$ 的某个旁心(若 $\angle A > 90°$,则为 A'-旁心). 在上面的推导中,没有明确指出锐角三角形的条件应用在哪一处,请读者自行检查这一点.

(b) 熟知当 $X \in BC$、$Y \in CA$、$Z \in AB$ 共线时,得到的 Miquel 点在 $\triangle ABC$ 的外接圆上,因此 M 在 $\triangle ABC$ 的外接圆上. 由于 A、M 同时在 $\triangle AYZ$ 和 $\triangle ABC$ 的外接圆上,因此 AM 的垂直平分线经过 O、O_a,A 和 M 关于 OO_a 对称. 由于 A、O_a、S 共线,S 在圆 O 上,因此 $\angle O_aSO + \angle O_aAO = 180°$. 又因为 $\angle O_aAO = \angle O_aMO$,所以 $\angle O_aSO + \angle O_aMO = 180°$,因此 O_a、S、O、M 四点共圆. 类似地,可以得到 O_b、O_c 也在这个圆上,因此证明了 (b). □

题目 46. 设凸六边形 $ABCDEF$ 的所有边都与圆 ω 相切,O 为圆心. 假设 $\triangle ACE$ 的外接圆与 ω 同心. J 是 B 到 CD 的投影. B 到 DF 的垂线与 EO 相交于 K. L 为 K 到 DE 的投影. 证明:$DJ = DL$.

IMO 预选题 2011

证法一 如图 35 所示,设 AB、BC、CD、DE、EF、FA 与 ω 的切点分别为 R、S、T、U、V、W. 由于 $\triangle ACE$ 与 ω 同心,因此 A、C、E 到 O 的距离相同,于是切线长相等,即

$$AR = AW = CS = CT = EU = EV.$$

关于直线 BO 的反射将 R 映射到 S,于是将 A 映射到 C,然后将 W 映射到 T. 因此 RS、WT 都垂直于 OB,因此它们平行. 另外,UV 和 WT 不平行,否则 $ABCDEF$ 关于直线 BO 对称,定义点 K 的两条直线重合,与题设矛盾. 因此我们可以考虑 UV 和 WT 的交点 Z.

其次,回忆事实 D、F、Z 共线. 实际上,D 是直线 UT 的极点、F 是 VW 的极点,而 $Z = TW \cap UV$,因此三个点都在 $TU \cap VW$ 的极线上.

现在,设 O 为原点,每个点 X 都等同于向量 $\overrightarrow{OX}$. 于是,接下来所有点的乘积实际上指的都是对应向量的数量积.

由于 $OK \perp UZ$、$OB \perp TZ$,因此有 $K \cdot (Z - U) = 0 = B \cdot (Z - T)$. 接下来,条件 $BK \perp DZ$ 可以写成 $K \cdot (D - Z) = B \cdot (D - Z)$. 二者相加得到

$$K \cdot (D - U) = B \cdot (D - T). \tag{1}$$

根据对称性,我们有 $D \cdot (D-U) = D \cdot (D-T)$,与式 (1) 相减得到 $(K-D) \cdot (D-U) = (B-D) \cdot (D-T)$,向量形式为

$$\overrightarrow{DK} \cdot \overrightarrow{UD} = \overrightarrow{DB} \cdot \overrightarrow{TD}.$$

最后,将向量 $\overrightarrow{DK}$、$\overrightarrow{DB}$ 分别投影到 UD、TD,我们可以将这个等式写成线段长度的关系 $DL \cdot UD = DJ \cdot TD$,因此 $DL = DJ$. 证明完成. □

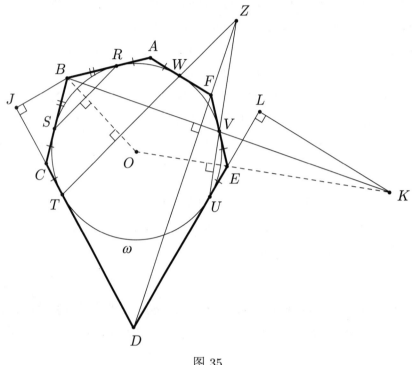

图 35

证法二 由于 ω 和 $\triangle ACE$ 的外接圆同心,从 A、C、E 到 ω 的切线长度相等,因此可以得到 $AB = BC$、$CD = DE$、$EF = FA$. 同时还有 $\angle BCD = \angle DEF = \angle FAB$.

考虑绕 D 将 C 映射到 E 的旋转:设 B'、L' 分别为 B、J 的像. 在这个旋转下,有 $DJ = DL'$、$B'L' \perp DE$. 进一步,$\triangle B'ED$ 和 $\triangle BCD$ 全等. 由于 $\angle DEO < 90°$,直线 EO 和 $B'L'$ 相交于某点 K'. 我们将证明 $K'B \perp DF$,于是会得到 $K = K'$,进而 $L = L'$,这就证明了题目的结论.

类似地,考虑绕 F 将 A 映射到 E 的旋转:设 B'' 为 B 在这个旋转下的像. 于是,$\triangle FAB$ 和 $\triangle FEB''$ 全等. 有 $EB'' = AB = BC = EB'$ 以及 $\angle FEB'' = \angle FAB = \angle BCD = \angle DEB'$. 因此点 B' 和 B'' 关于 $\angle DEF$ 的平分线 EO 对称. 于是根据 $K'B' \perp DE, K' \in EO$ 可得 $K'B'' \perp EF$. 利用勾股定理,可得

$$K'D^2 - K'E^2 = B'D^2 - B'E^2, \quad K'E^2 - K'F^2 = B''E^2 - B''F^2.$$

相加并利用 $B'E = B''E$, 得到
$$K'D^2 - K'F^2 = B'D^2 - B''F^2 = BD^2 - BF^2,$$
这等价于 $K'B \perp DF$. 证明完成. □

点评 第二个证明可以有几个变种. 例如, 考虑 BJ 和 OC 的交点 M. 定义点 K' 为 M 关于直线 DO 的反射. 于是有
$$DK'^2 - DB^2 = DM^2 - DB^2 = CM^2 - CB^2.$$
接下来, 考虑关于 O 的旋转, 将 CM 映射到 EK'. 设 P 为 B 在这个旋转下的像, 于是 P 在 ED 上. 然后得到 $EF \perp K'P$, 因此
$$CM^2 - CB^2 = EK'^2 - EP^2 = FK'^2 - FP^2 = FK'^2 - FB^2,$$
其中利用了 $\triangle FEP$ 和 $\triangle FAB$ 全等.

题目 47. 给定非等腰锐角 $\triangle ABC$. 设 O、I、H 分别为其外心、内心、垂心. 证明: $\angle OIH > 135°$.

Nairi Sedrakyan – Zhautykov 数学奥林匹克 2010

证明 首先有下面相对熟知的恒等式
$$OI^2 = R(R - 2r), \tag{1}$$
$$OH^2 = 9R^2 - (a^2 + b^2 + c^2), \tag{2}$$
$$IH^2 = 4R^2 + 2r^2 - \frac{a^2 + b^2 + c^2}{2}, \tag{3}$$

其中, R、r 分别表示 $\triangle ABC$ 的外径和内径, a、b、c 分别为边长. 请读者参考文献 [51] 来了解关于三角形内重要点之间的距离公式. 我们指出, 式 (1) (2) 可以通过计算 I、H 关于外接圆的幂得到. 式 (2) 需要利用余弦定理和面积公式进行一点代数计算. 式 (3) 可以由式 (1) (2) 得到, 在 $\triangle OIH$ 中使用中线长公式, 利用九点圆的圆心 N 为 OH 中点. 再利用内切圆和九点圆相切于 Feuerbach 点, 于是 $IN = R - \frac{r}{2}$ (见题目 20). 注意到,
$$OH^2 - IH^2 - OI^2 = IH^2 + 2r(R - 2r) > 0,$$

最后一步是因为 $R > 2r$, $IH^2 > 0$. 当 $\triangle ABC$ 接近正三角形时, 不等式趋向于等式. 因此 $\triangle OIH$ 中 $\angle I$ 为钝角.

我们经过一些代数计算还可以得到

$$a^2 + b^2 + c^2 = 8R^2 + 8R^2 \cos A \cos B \cos C,$$

由于 $\triangle ABC$ 是锐角三角形，因此 $a^2+b^2+c^2 = 8R^2 + 4\delta$，其中 $\delta > 0$。因此 $OH^2 = R^2 - 4\delta, IH^2 = 2r^2 - 2\delta$，得到

$$\frac{OH^2 - IH^2 - OI^2}{2OI \cdot IH} = \frac{Rr - r^2 - \delta}{\sqrt{2}\sqrt{r^2-\delta}\sqrt{R(R-2r)}}.$$

假设这个量不超过 $\frac{1}{\sqrt{2}}$，则有

$$(Rr - r^2 - \delta)^2 \leqslant (r^2 - \delta)(R(R - 2r)).$$

展开化简，得到

$$(r^2 - \delta)^2 + (R - 2r)^2 \delta \leqslant 0.$$

于是 $R = 2r$，和 $\triangle ABC$ 不是等腰三角形矛盾。因此 $\cos \angle OIH < -\frac{1}{\sqrt{2}} = \cos 135°$，得到 $\angle OIH > 135°$。 □

题目 48. 如图 36 所示，设 $\triangle ABC$ 的外心为 O、垂心为 H。平行直线 α、β、γ 分别经过点 A、B、C。设 α'、β'、γ' 分别为 α、β、γ 关于边 BC、CA、AB 的反射。证明：这些反射直线共点，当且仅当 α、β、γ 平行于 $\triangle ABC$ 的 Euler 线 OH。

Cyril Parry –《美国数学月刊》

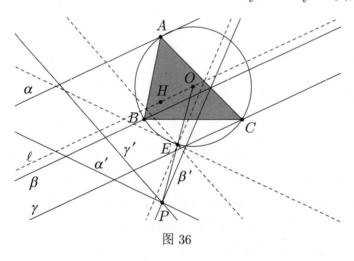

图 36

证明 我们先给出一个定理，这个定理对于处理直线关于三角形边的反射非常有用。

Collings 定理 设 $\triangle ABC$ 的垂心为 H，直线 ℓ 经过 H。证明：ℓ 关于 $\triangle ABC$ 边的反射相交于三角形外接圆上的一点。

Collings 定理的证明　不妨设 $\angle A < 90°$. 设直线 ℓ 分别与 BC、CA、AB 相交于 X、Y、Z，并且 Y、Z 在相应边的内部，X 在边的延长线上. 设 ℓ_A、ℓ_B、ℓ_C 分别为 ℓ 关于 BC、CA、AB 的反射. 注意到，只需证明 ℓ_B 和 ℓ_C 与 $\triangle ABC$ 的外接圆相交于同一点（其他的同理可证）.

设 P 为 ℓ_B 和 ℓ_C 的交点. 设 H_b、H_c 分别为 H 关于 CA、AB 的反射. 于是 H_b、H_c 都在 $\triangle ABC$ 的外接圆上. 进一步，它们分别在直线 ℓ 的反射 ℓ_B、ℓ_C 上（由于 H 在 ℓ 上）. 现在，我们要证明 BXH_bH_c 是圆内接四边形. 在我们关于 X、Y、Z 位置的假设下，注意到 AY、AZ 分别为 $\triangle PYZ$ 的外角平分线，因此 A 为 $\triangle PYZ$ 的 P-旁心，于是

$$\angle H_b P H_c = \angle YPZ = 180° - 2\angle A.$$

另外，有

$$\angle H_c B H_b = \angle H_c BA + \angle ABH_b = 2\angle ABH = 180° - 2\angle A,$$

因此 $\angle H_b P H_c = \angle H_c B H_b$，于是 BPH_bH_c 是圆内接四边形，即 P 在 $\triangle ABC$ 的外接圆上. 这样就完成了定理的证明. *

回到原题. 如图 37 所示，设 $\triangle A_1B_1C_1$ 为 $\triangle ABC$ 在以 O 为中心，2 为比例的位似变换 $\mathcal{H}(O,2)$ 下的像. 则 $\triangle A_1B_1C_1$ 的垂心 H_1 为 O 关于 H 的反射，于是在 $\triangle ABC$ 的 Euler 线上.

考虑直线 ℓ，经过 H 并且平行于所给直线 α、β、γ. 设 M 为 BC 的中点，$M_1 = \mathcal{H}(O,2)(M)$ 在直线 B_1C_1 上. 直线 AH 和 BC、B_1C_1 分别相交于 X、X_1. 设 H 关于 B_1C_1 的反射是 A'. 由于 $AH = 2 \cdot OM$，并且

$$\begin{aligned} HA' &= AA' - AH = 2(AX - OM) = 2(AH + HX - OM) \\ &= 2(HX + OM) = 2(HX + XX_1) = 2HX_1, \end{aligned}$$

于是，α' 为 ℓ 关于边 B_1C_1 的反射. 类似地，β'、γ' 分别为 ℓ 关于边 C_1A_1、A_1B_1 的反射. 根据 Collings 定理，直线 α'、β'、γ' 共点，当且仅当 ℓ 经过垂心 H_1. 由于 H 也在 ℓ 上，因此这相当于 ℓ 是 $\triangle ABC$ 的 Euler 线，也是 $\triangle A_1B_1C_1$ 的 Euler 线，证明完成. □

---

*此题还需要用到 Collings 定理的逆定理，说明如下：当 ℓ 平行移动，线性依赖一个参数时，反射直线也线性依赖这个参数. 于是，反射直线共点是关于这个参数的线性方程. 定理给出 ℓ 经过 H 时反射直线共点. 若 ℓ 在另一个平行位置使得反射直线共点，则 ℓ 在所有平行位置均满足反射直线共点. 但是，当取 ℓ 经过点 A 时，$\ell_b \cap \ell_c = A \notin \ell_a$，矛盾，于是逆定理成立. ——译者注

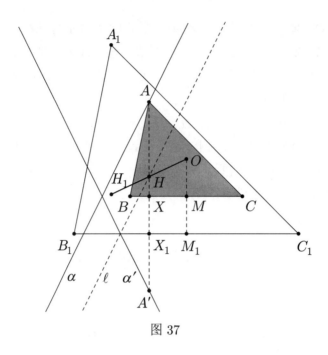

图 37

题目 49. 设 $\triangle ABC$ 的外接圆为 Γ,九点圆为 γ,点 X 在 γ 上,点 Y、Z 在 Γ 上,使得线段 XY 和 XZ 的中点都在 γ 上.

(a) 证明:YZ 的中点在 γ 上.

(b) 当点 X 在 Γ 上移动时,求 $\triangle XYZ$ 的陪位重心 K 的轨迹.

Luis Gonzalez, Cosmin Pohoata – 《数学反思》

证明 (a) 我们先给出三角形的九点圆圆心的一个重要性质.

引理 如图 38 所示,设 $\triangle ABC$ 的外心为 O,九点圆圆心为 N. 若 O_A 是 O 关于 BC 的反射,则点 A、N、O_A 共线. 进一步,有 $NA = NO_A$.

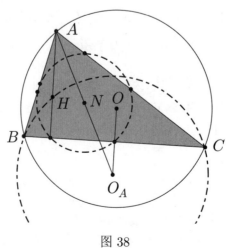

图 38

引理的证明 本证明的主要思路是注意到 O 关于 BC 的反射 O_A 是 $\triangle BHC$ 的外心,其中 H 是 $\triangle ABC$ 的垂心. 事实上,$\triangle BHC$ 和 $\triangle ABC$ 的外接圆大小一样(因为在两个圆中 BC 所对的角 $\angle BHC$ 与 $\angle BAC$ 互补). 由于 $O_AB = O_AC = OB = OC = R$,其中 R 是 $\triangle ABC$ 的外径(也是 $\triangle BHC$ 的外径),因此 O_A 是 $\triangle BHC$ 的外心. 现在,由于九点圆圆心 N 为 OH 中点,$OO_A = AH$,$OO_A /\!/ AH$,因此 N 为 AO_A 中点. $\triangle ABC$ 的九点圆是 $\triangle BHC$ 的外接圆在位似 $\mathcal{H}(A, \frac{1}{2})$ 下的像. 这样就证明了引理.

现在回到原题. 注意到,要保证在 Γ 上存在 Y、Z,使得 XY 和 XZ 的中点在 γ 上,可以进行如下操作:构造 γ 在位似 $\mathcal{H}(X, 2)$ 下的像,称为 γ',则 Y、Z 为 γ' 和 Γ 的交点. 根据构造,γ' 的圆心 O' 和 $\triangle ABC$ 的外心 O(也是 $\triangle XYZ$ 的外心)关于 YZ 对称. 因此,根据引理,得 $\triangle XYZ$ 的九点圆圆心 N' 为 XO' 的中点. 但是 N 也是 XO' 的中点,因此 $N = N'$. 现在 $\triangle ABC$ 和 $\triangle XYZ$ 的九点圆圆心一样,外接圆一样,因此它们的九点圆重合,于是 YZ 的中点在 γ 上. 这一部分的证明完成.

(b) 根据 (a) 的结论,所有这样的 $\triangle XYZ$ 的外接圆的圆心 O 和九点圆圆心 N 都一样. 由于 N 为 OH 的中点,其中 H 为垂心,因此所有的 $\triangle XYZ$ 都有同样的垂心 H. 设 x、y、z 分别为 YZ、ZX、XY 的长度. 通过计算垂心到外接圆的幂可以得到

$$OH = \sqrt{9R^2 - (x^2 + y^2 + z^2)}$$

$$= \frac{\sqrt{\sum_{\text{cyc}} x^6 - \sum_{\text{cyc}} x^4 y^2 - \sum_{\text{cyc}} x^2 y^4 + 3x^2 y^2 z^2}}{4S},$$

其中 S 为 $\triangle XYZ$ 的面积. 将 KO、KH 写成 $\triangle XYZ$ 的边长和面积的公式可以从网站 http://mathworld.wolfram.com 中的陪位重心 (symmedian point) 条目下查到. 通过一些代数变形,我们可以得到

$$KO^2 = R^2 - \frac{48R^2 [ABC]^2}{(x^2 + y^2 + z^2)^2},$$

$$KH^2 = \frac{8(3R^2 - OH^2)S^2}{(x^2 + y^2 + z^2)^2} - \frac{R^2 - OH^2}{2}.$$

现在考虑一个平面直角坐标系 (α, β),使得 $O \equiv (0, 0)$、$H \equiv (OH, 0)$. 于是 K 满足

$$\alpha^2 + \beta^2 = KO^2, \quad (\alpha - OH)^2 + \beta^2 = KH^2,$$

因此

$$\alpha = \frac{OH^2 + KO^2 - KH^2}{2OH}, \quad \beta^2 = KH^2 - (\alpha - OH)^2.$$

代入前面关于 KO、KH 的公式得到

$$\alpha = \frac{3R^2 + OH^2}{4OH} - \frac{4S^2}{(9R^2 - OH^2)OH}.$$

因此

$$\left(\alpha - \frac{6R^2 \cdot OH}{9R^2 - OH^2}\right)^2 + \beta^2$$

$$= \frac{(27R^4 - 18R^2 OH^2 - OH^4 - 16S^2)^2}{16(9R^2 - OH^2)^2 OH^2} +$$

$$KH^2 - \frac{(27R^4 - 30R^2 OH^2 + 3OH^4 - 16S^2)^2}{16(9R^2 - OH^2)^2 OH^2}$$

$$= \frac{(27R^4 - 24R^2 OH^2 + OH^4)(3R^2 - OH^2)}{2(9R^2 - OH^2)^2} - \frac{R^2 - OH^2}{2}$$

$$= \left(\frac{2R \cdot OH^2}{9R^2 - OH^2}\right)^2,$$

得出陪位重心的轨迹为一个圆,圆心在射线 OH 上,到 O 的距离为 $\frac{6R^2 \cdot OH}{9R^2 - OH^2}$,半径为 $\frac{2R \cdot OH^2}{9R^2 - OH^2}$,证明完成. □

点评 部分 (a) 还出现在 2013 年罗马尼亚 IMO TST 中. 此题还会让人想起如下的著名定理.

Poncelet 封闭定理 假设圆 $\omega(I, r)$ 在圆 $\Gamma(O, R)$ 的内部,满足 $R^2 - OI^2 = 2Rr$. 进一步,设 A 为 Γ 上一点,B、C 在 Γ 上,满足 AB、AC 均与 ω 相切. 那么,BC 也与 ω 相切.

这个定理有一个非常简单的证明,但是在很多教科书中都被忽略了. 为了方便读者,我们在此给出这个证明.

Poncelet 封闭定理的证明 如图 39 所示,设 K 为劣弧 $\overset{\frown}{BC}$ 的中点,K' 为 K 在 Γ 上的对径点,Z 为 AB 与 ω 的切点,U、V 为 OI 与 Γ 的交点. 如图 39 所示,$\triangle AIZ$ 和 $\triangle K'KC$ 相似,于是有

$$\frac{IZ}{KC} = \frac{AI}{K'K} \Rightarrow AI \cdot CK = 2Rr.$$

但是 $R^2 - OI^2$ 为 I 关于 Γ 的幂,因此

$$AI \cdot CK = 2Rr = R^2 - OI^2 = AI \cdot IK.$$

于是 $CK = IK$,I 是 $\triangle ABC$ 的内心. 根据熟知的结论得,不含 A 的 $\overset{\frown}{BC}$ 的中点 K 为 $\triangle BIC$ 的外心. 这样就证明了 Poncelet 定理. □

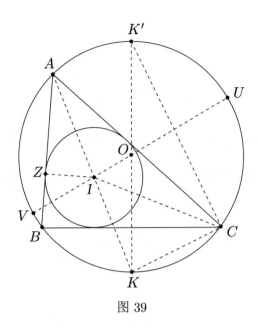

图 39

作为一个练习,读者可以试试看,将本题的 (a) 转化成 Poncelet 定理来证明.

题目 50. 设 $\triangle ABC$ 的外接圆为 ω,直线 ℓ 与 ω 不相交,P 为 ω 的圆心到 ℓ 的投影. 边 BC、CA、AB 所在直线分别与 ℓ 相交于 X、Y、Z,均与点 P 不同. 证明:$\triangle AXP$、$\triangle BYP$、$\triangle CZP$ 的外接圆有一个不同于 P 的公共点,或者它们两两相切于 P.

Cosmin Pohoata – IMO 预选题 2012

证法一 设 ω_A、ω_B、ω_C、ω 分别为 $\triangle AXP$、$\triangle BYP$、$\triangle CZP$、$\triangle ABC$ 的外接圆. 证明思路是:构造点 Q 到四个圆有同样的幂,于是 P 和 Q 到三个圆 ω_A、ω_B、ω_C 的幂均相同,因此三个圆共轴. 于是,它们有另一个公共点 P' 或者在 P 处相切.

我们先给出 Q 的一个描述. 如图 40 所示,设 $A' \neq A$ 为 ω 和 ω_A 的另一个交点,类似地定义 B'、C'. 我们断言:AA'、BB'、CC' 三线共点. 证明了断言之后,此点为三对圆 $\{\omega, \omega_A\}$、$\{\omega, \omega_B\}$、$\{\omega, \omega_C\}$ 的根轴的交点,于是它关于 $\omega, \omega_A, \omega_B, \omega_C$ 有相同的幂.

我们现在证明 AA'、BB'、CC' 共点. 设 R 为 $\triangle ABC$ 的外径. 定义点 X'、Y'、Z' 分别为 AA'、BB'、CC' 与 ℓ 的交点. 首先可以看出 X'、Y'、Z' 确实存在. 否则,若 AA' 平行于 ℓ,设 ω、ω_A 的圆心分别为 O、O_A,则 $OO_A \perp AA'$,于是 OO_A 垂直于 ℓ,又因为 $OP \perp \ell$,所以 $O_A P \perp \ell$,得到 ω_A 与 ℓ 相切,于是 $X = P$,矛盾. 类似地,BB'、CC' 均不平行于 ℓ.

利用点 X' 关于 ω_A、ω 的幂,我们有

$$X'P \cdot (X'P + PX) = X'P \cdot X'X = X'A' \cdot X'A = X'O^2 - R^2,$$

于是
$$X'P \cdot PX = X'O^2 - R^2 - X'P^2 = OP^2 - R^2.$$

对于点 Y'、Z' 也有类似的等式成立,因此得到

$$X'P \cdot PX = Y'P \cdot PY = Z'P \cdot PZ = OP^2 - R^2 = k^2. \tag{1}$$

在这个计算中,所有的线段都可理解为有向线段,后续也采用这样的约定.

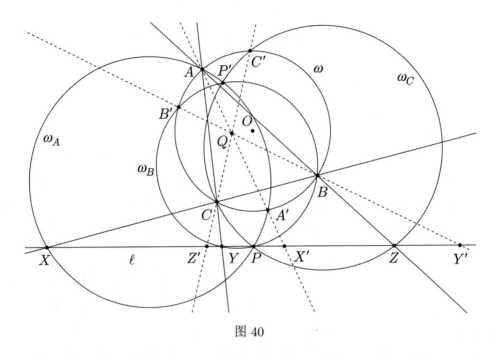

图 40

我们将用 Ceva 定理证明 AA'、BB'、CC' 交于一点. 为了减少对例外情况的说明,我们将用射影几何的方式理解:若两条直线平行,则认为它们相交于无穷远点.

如图 41 所示,设 U、V、W 分别为 AA'、BB'、CC' 分别与 BC、CA、AB 的交点. 计算比例 $\frac{BU}{CU}$ 有点困难,而交比 $\frac{BU}{CU}/\frac{BX}{CX}$ 更容易处理,因为后者可以放到直线 ℓ 上计算. 我们先将 Menelaus 定理应用到 $\triangle ABC$,得到

$$\frac{BX}{CX} \cdot \frac{CY}{AY} \cdot \frac{AZ}{BZ} = 1.$$

于是 Ceva 定理中用到的表达式可以变为

$$\frac{BU}{CU} \cdot \frac{CV}{AV} \cdot \frac{AW}{BW} = \frac{BU}{CU} : \frac{BX}{CX} \cdot \frac{CV}{AV} : \frac{CY}{AY} \cdot \frac{AW}{BW} : \frac{AZ}{BZ}.$$

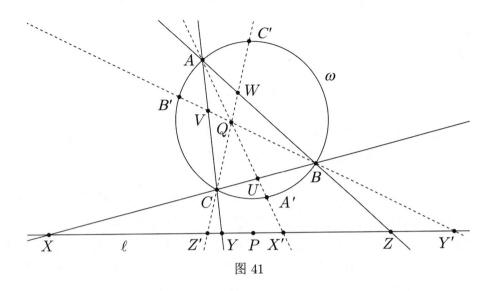

图 41

将直线 BC 从 A 投射到 ℓ,则 BC 和 UX 的交比等于 ZY 和 $X'X$ 的交比. 对直线 CA、AB 做同样的处理得到

$$\frac{BU}{CU} \cdot \frac{CV}{AV} \cdot \frac{AW}{BW} = \frac{ZX'}{YX'} : \frac{ZX}{YX} \cdot \frac{XY'}{ZY'} : \frac{XY}{ZY} \cdot \frac{YZ'}{XZ'} : \frac{YZ}{XZ}.$$

于是得到

$$\frac{BU}{CU} \cdot \frac{CV}{AV} \cdot \frac{AW}{BW} = (-1) \cdot \frac{ZX'}{YX'} \cdot \frac{XY'}{ZY'} \cdot \frac{YZ'}{XZ'}.$$

方程 (1) 现在变为直线 ℓ 上的直接计算. 变换 $t \to \frac{-k^2}{t}$ 保持交比,并且将点 X、Y、Z 分别变为 X'、Y'、Z'. 于是有

$$\frac{BU}{CU} \cdot \frac{CV}{AV} \cdot \frac{AW}{BW} = (-1) \cdot \frac{ZX'}{YX'} : \frac{ZZ'}{YZ'} \cdot \frac{XY'}{ZY'} : \frac{ZX'}{ZZ'} = -1.$$

这样我们证明了 Ceva 定理左边的表达式为 -1,因此 AA'、BB'、CC' 相交于同一点,证明完成. □

点评 1 还有一个漂亮的射影几何证明,给出 AX'、BY'、CZ' 三线共点. 假设 ℓ 和 ω 相交于具有复共轭坐标的两个点 D、E. 可以用射影变换将 D、E 分别变为 $(i,1,0)$、$(-i,1,0)$. 于是 ℓ 为无穷远直线. 此时,ω 是一个经过特殊点 $(i,1,0)$ 和 $(-i,1,0)$ 的圆锥曲线. 设 ω 的方程的 x、y 部分为 $Ax^2 + Bxy + Cy^2$,代入得到 $-A \pm Bi + C = 0$,因此 $A = C, B = 0$,ω 在射影变换后还是一个圆. 因此问题等价于圆 ω 固定,ℓ 为无穷远直线的问题. 我们用平行移动 ℓ 到无穷远并取极限的方法来看后面这种情况. 注意到 $X'P \cdot PX = OP^2 - R^2$,因此在极限情况下,$AX$ 和 AX' 垂直. 而极限情况还有 $AX \| BC$,因此在无穷远直线的情况下有 $AX' \perp BC$. 类似地,还有 $BY' \perp AC, CZ' \perp AB$. 因此 AX'、BY'、CZ' 相交于 $\triangle ABC$ 的垂心.

点评 2 直线 ℓ 和 ω 不相交是不必要的条件. 上面的证明对于一般情况也成立. 若 ℓ 和 ω 相交于 D、E, 则 P 为 DE 中点. 有些方程可以换种方式理解, 例如根据

$$X'P \cdot XP = PD^2 = PE^2,$$

以及 X、X' 在 P 的同侧, 可以得到 X'、X 和 D、E 构成调和点列. 于是 X'、Y'、Z' 分别为 X、Y、Z 关于线段 DE 的调和共轭点.

证法二 我们首先证明, 存在一个空间中的反演, 将 ℓ 和 ω 变成球面上平行的圆. 如图 42 所示, 设 QR 为 ω 的直径, 使得 Q 在 R 和 P 之间. 取平面 Π 包含这些圆和直线. 在空间中, 取点 O, 使得直线 QO 垂直于 Π, 并且 $\angle POR = 90°$. 现在以 O 为中心, 任意半径作反演, 对任何对象 $\mathcal{T}$, 用 $\mathcal{T}'$ 表示 $\mathcal{T}$ 在这个反演下的像.

反演将平面 Π 变为某个球面 Π', Π 中的直线变为经过点 O 的圆, Π 中的圆变为 Π' 中的圆.

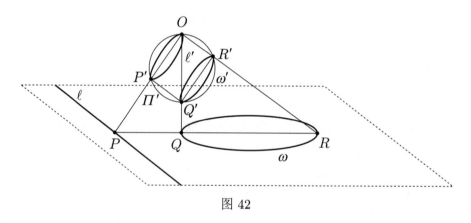

图 42

由于直线 ℓ 和圆 ω 垂直于平面 OPQ, 圆 ℓ' 和 ω' 也垂直于这个平面, 因此, ℓ' 和 ω' 所在的平面平行.

如图 43 所示, 现在考虑圆 $A'X'P'$、$B'Y'P'$、$C'Z'P'$. 我们要证: 它们或者有另一个公共点(在 Π' 上), 或者两两相切. 点 X' 为圆 $B'C'O$ 和 ℓ' 不同于 O 的交点. 因此, 直线 OX' 和 $B'C'$ 共面, 由于它们还在分别包含 ℓ'、ω' 的平行平面中, 因此 OX' 和 $B'C'$ 平行. 类似地, OY'、OZ' 分别与 $A'C'$、$A'B'$ 平行.

设 A_1 为圆 $A'X'P'$ 与 ω' 不同于 A' 的交点. 由于线段 $A'A_1$ 和 $P'X'$ 共面, 又属于 ℓ'、ω' 所在的平行平面, 因此 $A'A_1 /\!/ P'X'$. 现在, 我们知道 $B'C'$、$A'A_1$ 分别与 OX'、$X'P'$ 平行. 由于 OP' 是 ℓ' 的直径, 因此 $OX' \perp P'X'$. 于是得到 $A'A_1$ 与 $B'C'$ 垂直. $A'A_1$ 为 $\triangle A'B'C'$ 的高. 类似地, 若 B_1、C_1 分别为 ω' 与圆 $B'P'Y'$、$C'P'Z'$ 的另一个交点, 则 $B'B_1$、$C'C_1$ 为 $\triangle A'B'C'$ 的另外两条高.

设 H 为 $\triangle A'B'C'$ 的垂心,W 为直线 $P'H$ 与 Π' 的另一个交点. 点 W 在球面 Π' 上,还在圆 $A'P'X'$ 所在的平面上,因此 W 在圆 $A'P'X'$ 上. 类似地,W 也在圆 $B'P'Y'$、$C'P'Z'$ 上. 所以 W 是这三个圆的第二个交点. 若 $P'H$ 和球面相切,则 W 和 P' 重合,于是 $P'H$ 和三个圆均相切. $\square$

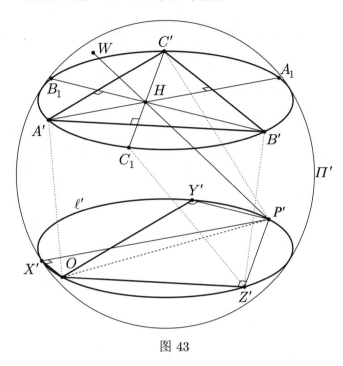

图 43

题目 51. 设锐角 $\triangle ABC$ 的垂心为 H. t_a、t_b、t_c 分别为 $\triangle HBC$、$\triangle HCA$、$\triangle HAB$ 的内径. 证明:
$$t_a + t_b + t_c \leqslant (6\sqrt{3} - 9)r,$$
其中 r 为 $\triangle ABC$ 的内径.

Cosmin Pohoata –《大学数学杂志》

证明 这个证明的核心是两个完全不同的结果的神奇结合. 第一个是熟知的下述定理.

日本定理 设 $ABCD$ 为圆内接四边形,r_a、r_b、r_c、r_d 分别为 $\triangle BCD$、$\triangle CDA$、$\triangle DAB$、$\triangle ABC$ 的内径,则有
$$r_a + r_c = r_b + r_d.$$

定理的叙述中通常还给出,$\triangle BCD$、$\triangle CDA$、$\triangle DAB$、$\triangle ABC$ 的内心构成一个矩形. 这个性质在文献 [26] 中用导角法给出了简短证明,我们在此略过. 定理中

的恒等式可以有一个非常整洁的三角函数证明,看起来参加数学奥林匹克竞赛的学生并不熟知这个证明,所以我们在此展示它.

日本定理的证明　如图 44 所示,设 $2x$、$2y$、$2z$、$2u$ 分别为 $\overset{\frown}{AB}$、$\overset{\frown}{BD}$、$\overset{\frown}{CD}$、$\overset{\frown}{DA}$ 所对的圆心角. 于是有 $x+y+z+u=180°$. 进一步,设 R 为四边形的外接圆的半径.

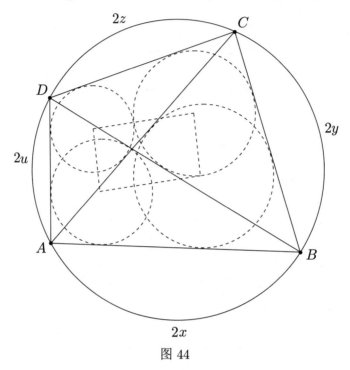

图 44

由于

$$r_a = 4R\sin\frac{x}{2}\sin\frac{u}{2}\sin\frac{y+z}{2}, \quad r_c = 4R\sin\frac{y}{2}\sin\frac{z}{2}\sin\frac{x+u}{2},$$

因此有

$$\begin{aligned} r_a + r_c &= 2R\left(\cos\frac{x-u}{2} - \cos\frac{x+u}{2}\right)\sin\frac{y+z}{2} + \\ &\quad 2R\left(\cos\frac{y-z}{2} - \cos\frac{y+z}{2}\right)\sin\frac{x+u}{2}. \end{aligned}$$

现在,由于 $\frac{y+z}{2} = 90° - \frac{x+u}{2}$,因此

$$\sin\frac{y+z}{2} = \cos\frac{x+u}{2}, \quad \sin\frac{x+u}{2} = \cos\frac{y+z}{2},$$

于是可以得到

$$\begin{aligned} r_a + r_c &= 2R\left(\cos\frac{x-u}{2}\cos\frac{x+u}{2} - \cos^2\frac{x+u}{2} + \cos\frac{y-z}{2}\cos\frac{y+z}{2} - \cos^2\frac{y+z}{2}\right) \\ &= R(\cos x + \cos y + \cos z + \cos u - 2). \end{aligned}$$

注意到最后的式子关于 x、y、z、u 对称,因此得到
$$r_a + r_c = r_b + r_d = R(\cos x + \cos y + \cos z + \cos u - 2).$$
这就证明了定理.

第二个要用的结果是:

Blundon 不等式 设 $\triangle ABC$ 为非等边三角形,s、r、R 分别为它的半周长、内径、外径,则有
$$s \leqslant 2R + (3\sqrt{3} - 4)r.$$

Blundon 不等式的证明 首先,对任何满足 $x + y + z = xyz$ 的正实数 x、y、z,有不等式
$$(x-1)(y-1)(z-1) \leqslant 6\sqrt{3} - 10. \tag{1}$$

事实上,由于这些数都是正的,因此题目条件给出 $x < xyz$,于是有 $yz > 1$. 类似地,有 $xy > 1$ 和 $xz > 1$,因此这些数中至多有一个不超过 1. 若这些数中有一个不超过 1,两个大于 1,则不等式 (1) 左边为非正,显然不等式成立. 若 x、y、z 均大于 1,则考虑 $u = x - 1$、$v = y - 1$、$w = z - 1$. 它们都是正数,变量替换 $x = u + 1$、$y = v + 1$、$z = w + 1$,则条件变为
$$uvw + uv + uw + vw = 2.$$
根据均值不等式,有
$$uvw + 3\sqrt[3]{u^2v^2w^2} \leqslant uvw + uv + uw + vw = 2,$$
因此对于 $t = \sqrt[3]{uvw}$,我们有 $t^3 + 3t^2 - 2 \leqslant 0$,因式分解得到
$$(t+1)(t+1+\sqrt{3})(t+1-\sqrt{3}) \leqslant 0.$$
因此 $t \leqslant \sqrt{3} - 1$,得出
$$(x-1)(y-1)(z-1) \leqslant 6\sqrt{3} - 10,$$
等号成立,当且仅当 $x = y = z = \sqrt{3}$.

现在,证明 Blundon 不等式. 我们首先使用熟知的公式
$$\cot \frac{A}{2} = \sqrt{\frac{s(s-a)}{(s-b)(s-c)}},$$
$$\cot \frac{B}{2} = \sqrt{\frac{s(s-b)}{(s-c)(s-a)}},$$
$$\cot \frac{C}{2} = \sqrt{\frac{s(s-c)}{(s-a)(s-b)}},$$

得到
$$\sum_{\text{cyc}} \cot \frac{A}{2} = \prod_{\text{cyc}} \cot \frac{A}{2} = \frac{s}{r}, \tag{2}$$

以及
$$\sum_{\text{cyc}} \cot \frac{A}{2} \cot \frac{B}{2} = \sum_{\text{cyc}} \frac{s}{s-a} = \frac{4R+r}{r}. \tag{3}$$

现在应用上一段的不等式,取 $x = \cot \frac{A}{2}$、$y = \cot \frac{B}{2}$、$z = \cot \frac{C}{2}$,则得到
$$\left(\cot \frac{A}{2} - 1\right)\left(\cot \frac{B}{2} - 1\right)\left(\cot \frac{C}{2} - 1\right) \leqslant 6\sqrt{3} - 10,$$

于是
$$2\prod_{\text{cyc}} \cot \frac{A}{2} - \left(\sum_{\text{cyc}} \cot \frac{A}{2} \cot \frac{B}{2}\right) \leqslant 6\sqrt{3} - 9. \tag{4}$$

将式 (2) (3) 代入式 (4),得到
$$\frac{2s}{r} - \frac{4R+r}{r} \leqslant 6\sqrt{3} - 9,$$

整理得到
$$s \leqslant 2R + (3\sqrt{3} - 4)r,$$

等号成立,当且仅当 $\cot \frac{A}{2} = \cot \frac{B}{2} = \cot \frac{C}{2}$,即 $\triangle ABC$ 为等边三角形. 这样就完成了 Blundon 不等式的证明.

现在回到原题. 设 A' 为 A 在 $\triangle ABC$ 的外接圆上的对径点. 熟知,A' 是垂心 H 关于边 BC 中点的对称点. 此时,$\triangle HBC$ 和 $\triangle A'CB$ 全等,于是它们的内径相同.

接下来,我们分别用 r_{XYZ}、s_{XYZ} 表示 $\triangle XYZ$ 的内径和半周长. 因此,我们刚刚证明的是 $t_a = r_{A'BC}$. 将日本定理应用到圆内接四边形 $ABA'C$,我们得到
$$r_{ABC} + r_{A'BC} = r_{ABA'} + r_{ACA'},$$

即
$$r + t_a = r_{ABA'} + r_{ACA'}.$$

现在,注意到 $\triangle ABA'$ 和 $\triangle ACA'$ 都是直角三角形(直角顶点分别为 B 和 C). 因此有
$$r_{ABA'} = s_{ABA'} - AA' = \frac{AB + A'B - AA'}{2} = \frac{AB + HC - AA'}{2}.$$

类似地,有

$$r_{ACA'} = s_{ACA'} - AA' = \frac{AC + A'C - AA'}{2} = \frac{AC + HB - AA'}{2}.$$

于是有

$$\begin{aligned} r_{ABA'} + r_{ACA'} &= \frac{AB + HC - AA'}{2} + \frac{AC + HB - AA'}{2} \\ &= \frac{AB + AC + HB + HC}{2} - 2R, \end{aligned}$$

其中 R 是 $\triangle ABC$ 的外径.

因此得到

$$r + t_a = r_{ABA'} + r_{ACA'} = \frac{AB + AC + HB + HC}{2} - 2R. \tag{5}$$

类似地,得到

$$r + t_b = \frac{BC + BA + HC + HA}{2} - 2R, \tag{6}$$

$$r + t_c = \frac{CA + CB + HA + HB}{2} - 2R. \tag{7}$$

将式 (5)(6)(7) 相加,得到

$$3r + t_a + t_b + t_c = 2s + HA + HB + HC - 6R.$$

由于 $\triangle ABC$ 为锐角三角形,因此

$$HA = 2R\cos A, \quad HB = 2R\cos B, \quad HC = 2R\cos C.$$

于是

$$\begin{aligned} t_a + t_b + t_c &= 2s + 2R(\cos A + \cos B + \cos C) - 6R - 3r \\ &= 2s + 2(R + r) - 6R - 3r \\ &= 2s - 4R - r \\ &\leqslant \left(6\sqrt{3} - 9\right)r, \end{aligned}$$

其中第二个等式成立是因为 $\cos A + \cos B + \cos C = 1 + \frac{r}{R}$,最后一个不等式利用了 Blundon 不等式,证明完成. □

题目 52. 设在锐角 $\triangle ABC$ 中,$AB > BC, AC > BC$. 设 O、H 分别为 $\triangle ABC$ 的外心和垂心. 设 $\triangle AHC$ 的外接圆与 AB 相交于不同于 A 的一点 M,$\triangle AHB$ 的外接圆与 AC 相交于不同于 A 的一点 N. 证明:$\triangle MNH$ 的外心在直线 OH 上.

亚太数学奥林匹克 2010

证明 考虑中心在 H 的反演 Ψ,将 A 映射到从 A 引出的 $\triangle ABC$ 的高的垂足 D (此反演实际上最后复合了一个 $180°$ 旋转). 根据点的幂的性质,点 B、C 分别映射到 $\triangle ABC$ 的对应的高的垂足 E、F. 边 BC、CA、AB 分别映射到四边形 $HEAF$、$HDFB$、$HDEC$ 的外接圆. 圆 (HAB)、(HAC) 分别映射到直线 DE、DF. 记 X' 为点 X 在 Ψ 下的像. 我们有 M'、N' 分别为 $(HDEC)$、$(HDFB)$ 与 DF、DE 的另一个交点. 于是要证明的结论等价于 TH 垂直于 $M'N'$,其中 T 为 $\triangle ABC$ 的九点圆圆心.

回忆 H 为垂足 $\triangle DEF$ 的内心,T 为它的外心. 容易看到,点 M'、N' 满足 E 不在线段 $M'D$ 上,F 不在线段 $N'D$ 上,并且有 $FM' = EN' = EF$. 要证明 HT 垂直于 $M'N'$,我们计划验证 $HM'^2 - HN'^2 = TM'^2 - TN'^2$. 事实上,有

$$\begin{aligned} TM'^2 &= M'D \cdot M'F + TD^2 = (M'F - DF)M'F + TD^2 \\ &= EF^2 - DF \cdot EF + TD^2. \end{aligned}$$

类似地,有 $TN'^2 = EF^2 - DE \cdot EF + TD^2$. 所以,若 H'、H''、H''' 分别为 H 在 DF、DE、EF 上的投影,则有 $HH' = HH'' = HH'''$,以及

$$H'M' = FM' - FH' = EF - FH''' = EH''' = EH''.$$

同理,有 $H''N' = FH'$,因此有

$$HM'^2 = HH'^2 + H'M'^2 = HH'^2 + EH''^2,$$

类似地,我们还得到

$$HN'^2 = HH''^2 + FH'^2.$$

于是,通过简单地运算可以得到

$$\begin{aligned} HM'^2 - HN'^2 &= EH''^2 - FH'^2 = (EH'' + FH')(EH'' - FH') \\ &= EF \cdot (DE - DF) = TM'^2 - TN'^2. \end{aligned}$$

因此证明完成. $\square$

题目 53. 设 $ABCD$ 为矩形,ω 为经过 A、C 的任何圆. 设 Γ_1、Γ_2 分别为 $ABCD$ 内的圆,满足 Γ_1 和 AB、BC 以及 Γ 相切,Γ_2 和 CD、DA 以及 Γ 相切. 证明:Γ_1 和 Γ_2 的半径之和与 ω 的选择无关.

Luis Gonzalez, Cosmin Pohoata – IMO 2014 提案

证明 利用 Casey 定理的计算方法是可行的,我们将其留给读者完成,而这里展示问题是如何创造的. 设 $r_1 \geqslant r_2$ 分别为 $\Gamma_1(O_1)$、$\Gamma_2(O_2)$ 的半径. 进一步,设 Γ_1 和 AB、BC 分别相切于 P、Q,Γ_2 和 CD、DA 分别相切于 R、S. 设直线 BO_1 与 PQ、RS 分别相交于 F、G,DO_2 与 RS 相交于 H. 若 δ 表示 $\angle ABC$ 和 $\angle CDA$ 的外角平分线的距离,则有

$$\delta = BF + FG + HD = FG + \frac{\sqrt{2}}{2}(r_1 + r_2).$$

因为显然 δ 是常数,所以只需证明 FG 是常数.

如图 45 所示,设 ω 与直线 BC、DA 分别相交于另一点 M、N,于是圆 Γ_1 为 $\triangle ACM$ 中 Ceva 线 AB 对应的 Thebault 圆,而 Γ_2 为 $\triangle CAN$ 中 Ceva 线 CD 对应的 Thebault 圆,两个三角形的外接圆都是 ω.

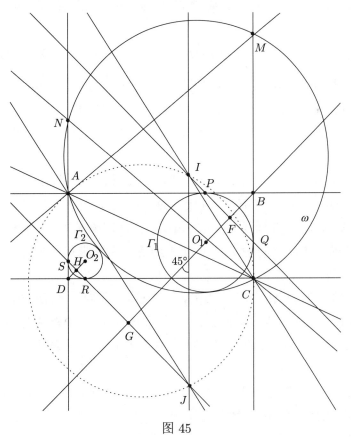

图 45

根据 Sawayama 引理（见题目 36），PQ 经过 $\triangle ACM$ 的内心 I，而 RS 经过 $\triangle CAN$ 的 N-旁心 J. 这将给出

$$\angle AIC = 90° + \frac{1}{2}\angle AMC = 90° + \frac{1}{2}\angle ANC = 180° - \angle AJC.$$

因此四边形 $AICJ$ 内接于圆. 由于 $\angle ACB$ 和 $\angle CAD$ 的角平分线 CI、AJ 显然平行，因此 $AICJ$ 为等腰梯形，$IJ = AC$. 进一步，有

$$\angle CIJ = \angle CAJ = \angle JAD,$$

因此 $IJ \parallel AD \parallel BC$，得到 $\angle(IJ, FG) = 45°$. 于是

$$FG = \frac{\sqrt{2}}{2}IJ = \frac{\sqrt{2}}{2}AC,$$

显然为常数. 因此证明完成. $\square$

题目 54. 给定锐角 $\triangle ABC$，点 A_1、B_1、C_1 分别为从 A、B、C 出发的高的垂足. 一个圆经过点 A_1、B_1，并与 $\triangle ABC$ 的外接圆中的劣弧 $\overset{\frown}{AB}$ 相切于 C_2. 类似地定义点 A_2、B_2. 证明：直线 A_1A_2、B_1B_2、C_1C_2 共点，并且此点在 $\triangle ABC$ 的 Euler 线上.

Fedor Petrov, Cosmin Pohoata – 数学链接竞赛 2008

证明 定义交点 $X = B_1C_1 \cap BC$、$Y = C_1A_1 \cap CA$、$Z = A_1B_1 \cap AB$，设 H 为 $\triangle ABC$ 的垂心. 由于直线 AA_1、BB_1、CC_1 共点，因此 (B, A_1, C, X) 为调和点列. 特别地，这意味着 A_1 在 X 关于 $\triangle ABC$ 的外接圆 Γ 的极线上. 我们证明，这个极线实际上是 A_1A_2.

事实上，$\angle BB_1C = \angle BC_1C = 90°$，所以四边形 BCB_1C_1 内接于圆. 因此，X 为 $\triangle ABC$、$\triangle B_1C_1A_2$、$\triangle BCB_1$ 的外接圆的根心，于是 XA_2 与 Γ 相切于 A_2. 这说明 A_2 在 X 关于 Γ 的极线上，因此 A_1A_2 就是这条极线. 类似地，得到 B_1B_2 为 Y 关于 Γ 的极线，C_1C_2 为 Z 关于 Γ 的极线. 要完成题目的第一部分，只需证明 X、Y、Z 共线.

设 O、N 分别为 $\triangle ABC$、$\triangle A_1B_1C_1$ 的外心. 由于四边形 BCB_1C_1 内接于圆，因此 $XB \cdot XC = XB_1 \cdot XC_1$，于是 X 在圆 (O) 和 (N) 的根轴上. 类似地，Y、Z 也在这个根轴上. 因此 X、Y、Z 都在一条垂直于 ON 的直线上，该线为 $\triangle ABC$ 的 Euler 线.

另外，根据极点–极线对偶，X、Y、Z 共线给出 A_1A_2、B_1B_2、C_1C_2 共点，此点为直线 XYZ 关于 Γ 的极点 P，于是 $OP \perp XYZ$. 根据上一段，可以得到 O、N、P 共线，于是 P 在 $\triangle ABC$ 的 Euler 线上，证明完成. $\square$

题目 55. 设 $\triangle ABC$ 的九点圆为 ω. 证明：

(a) $\triangle ABC$ 的外接圆上恰好存在三个点，满足其关于 $\triangle ABC$ 的 Simson 线和 ω 相切.

(b) (a) 中的三个点构成一个正三角形.

Lev Emelyanov, Vladimir Zajic – AoPS 论坛

证明 此题考察读者对 Simson 线的熟悉程度，要求高于题目 7 及题目 17. 关键是利用题目 17 中关于 Simson 线的引理，以及下面关于外接圆上两个点的 Simson 线的夹角的性质.

引理 设 P、Q 在 $\triangle ABC$ 的外接圆上，则它们的 Simson 线的夹角（锐角）等于 $\frac{1}{2}\angle POQ$.

引理的证明 不妨设 P 在不含点 A 的 $\overset{\frown}{BC}$ 上，Q 在不含点 B 的 $\overset{\frown}{CA}$ 上. 设 D、E 分别为 P 到直线 BC、CA 的投影，X、Y 分别为 Q 到直线 BC、CA 的投影. 则有

$$\begin{aligned}\angle(s_P, s_Q) &= \angle(s_P, AC) + \angle(AC, s_Q)\\ &= 90° - \angle BCP - \angle BCQ + 90° = \frac{1}{2}\angle POQ.\end{aligned}$$

这就完成了引理的证明.

回到原题的证明. 设 X 在 $\triangle ABC$ 的外接圆上，使得 s_x 与 $\triangle ABC$ 的九点圆相切. 设 N 为 $\triangle ABC$ 的九点圆圆心，X' 为 HX 的中点. 相切的条件变为 $NX' \perp s_x$（根据题目 17 中的引理，HX 的中点 X' 为点 X 的 Simson 线与九点圆的一个交点）. 由于 N 为 HO 的中点，因此 $NX' /\!/ OX$，于是 $OX \perp s_x$. *

取 O 为原点，X_+ 为 x 正半轴上一点，用 $\arg(Y)$ 表示有向角 $\angle(OY, OX_+)$. A、B、C、X 在圆上，设 X 到 BC 的垂足为 P，X 到 AC 的垂足为 Q，则有

$$\angle(s_x, OX_+) = \angle(PQ, OX_+) = \angle(AC, OX_+) + \angle PQC,$$

$$\angle PQC = \angle PXC = 90° - \frac{\angle BOX}{2} = 90° - \frac{\arg(X) - \arg(B)}{2},$$

$$\angle(AC, OX_+) = 90° + \frac{\arg(A) + \arg(C)}{2}.$$

因此有

$$s_x \perp OX \Leftrightarrow \angle(s_x, OX_+) - \arg(X) = \pm 90°,$$

$$\Leftrightarrow \frac{\arg(A) + \arg(B) + \arg(C)}{2} - \frac{3\arg(X)}{2} = \pm 90°.$$

因此，可以确定 $\arg(X) \mod 120°$. 恰有 3 个这样的点 X，它们的辐角相差 $120°$，因此构成一个正三角形. 这样就完成了 (a) 和 (b) 的证明. $\square$

---

*原解答后续证明不够严谨，接下来用有向角计算，题目的两部分解答一起给出. ——译者注

点评 利用导角法可以证明：直线 YZ 和 BC 的夹角为 $\frac{1}{3}|\angle B - \angle C|$，也是 $B'C'$ 和 BC 的夹角，其中 $\triangle A'B'C'$ 为 $\triangle ABC$ 的 Morley 三角形（见题目 27）. 事实上，$\triangle XYZ$ 和 $\triangle A'B'C'$ 位似. 我们将证明细节留给读者. 原始题目还出现在 2009 年罗马尼亚 IMO TST 中.

题目 56. 设锐角 $\triangle ABC$ 的外接圆为 ω，直线 ℓ 与 ω 相切，ℓ_a、ℓ_b、ℓ_c 分别为 ℓ 关于直线 BC、CA、AB 的反射. 证明：由 ℓ_a、ℓ_b、ℓ_c 确定的三角形的外接圆和 ω 相切.

IMO 2011

证法一 尽管在这本书中我们一般不这样做，但在此我们要用有向角的概念，以免讨论多种情况. 也就是说，对于两条直线 ℓ 和 m，用 $\angle(\ell,m)$ 表示将 ℓ 逆时针旋转到和 m 平行的直线所经过的角度. 于是，所有的有向角都是模 $180°$ 计算的.

记 T 为 ℓ 和 ω 的切点. 如图 46 所示，设 $A' = \ell_b \cap \ell_c$、$B' = \ell_a \cap \ell_c$、$C' = \ell_a \cap \ell_b$. 在 ω 上取点 $A'' \neq T$，使得 $TA = AA''$. 类似地定义 B'' 和 C''.

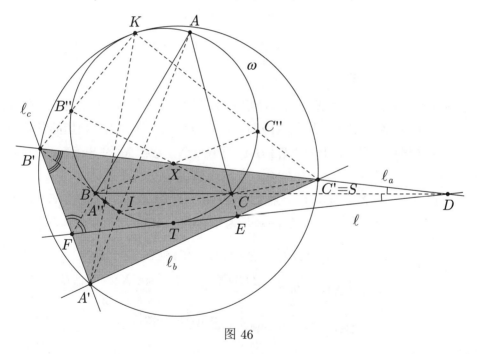

图 46

由于 C、B 分别为 $\overset{\frown}{TC''}$、$\overset{\frown}{TB''}$ 的中点，我们有

$$\begin{aligned}\angle(\ell, B''C'') &= \angle(\ell, TC'') + \angle(TC'', B''C'') \\ &= 2\angle(\ell, TC) + 2\angle(TC'', BC'') \\ &= 2\left(\angle(\ell, TC) + \angle(TC, BC)\right) \\ &= 2\angle(\ell, BC) = \angle(\ell, \ell_a).\end{aligned}$$

于是 ℓ_a 和 $B''C'''$ 平行. 类似地, 有 $\ell_b /\!/ A''C'''$, $\ell_c /\!/ A''B''$.

于是, 或者 $\triangle A'B'C'$ 和 $\triangle A''B''C''$ 位似, 或者二者相差一个平移(可以理解为位似中心在无穷远点). 现在我们要证明它们确实位似, 其位似中心 K 在 ω 上. 于是它们的外接圆也以 K 为中心位似, 因此在此点相切, 达到我们的目的.

我们首先注意到, $B''C$ 和 BC'' 的交点 X 在 ℓ_a 上. 事实上, 由于直线 CT 和 CB'' 也关于此线对称, BT 和 BC'' 对称, 因此交点 X 和 T 关于直线 BC 对称. 其次, 注意到直线 BB' 和 CC' 相交于 ω 上一点 (参考题目 45 (a)). 记此点为 I. 进一步, 设 K 为 $B'B''$ 和 ω 的第二个交点. 应用 Pascal 定理到六边形 $KB''CIBC''$, 我们得到: 点 $B' = KB'' \cap IB$、$X = B''C \cap BC''$ 与 $S = CI \cap C''K$ 共线. 于是 $S = CI \cap B'X = C'$, 因此 C'、C''、K 共线. 于是 K 是 $B'B''$ 和 $C'C''$ 的交点, 这说明 K 是将 $\triangle A'B'C'$ 映射到 $\triangle A''B''C''$ 的位似的中心, 并且属于 ω, 证明完成. □

证法二 像上一个证明一样定义点 T、A'、B'、C'. 设 X、Y、Z 分别为 T 关于直线 BC、CA、AB 的反射. 注意到, T 到这些直线的投影形成 T 关于 $\triangle ABC$ 的 Simson 线, 因此 X、Y、Z 共线. 同时, 我们有 $X \in B'C'$、$Y \in C'A'$、$Z \in A'B'$, 如图 47 所示.

记 $\alpha = \angle(\ell, TC) = \angle(BT, BC)$. 利用关于直线 AC、BC 的对称性, 我们得到

$$\angle(BC, BX) = \angle(BT, BC) = \alpha,$$

$$\angle(XC, XC') = \angle(\ell, TC) = \angle(YC, YC') = \alpha.$$

由于 $\angle(XC, XC') = \angle(YC, YC')$, 因此 X、Y、C、C' 共圆, 设这个圆为 ω_c, 类似地定义圆 ω_a 和 ω_b. 设 ω' 为 $\triangle A'B'C'$ 的外接圆.

现在应用 Miquel 定理到四条直线 $A'B'$、$A'C'$、$B'C'$、XY, 我们得到, 圆 ω'、ω_a、ω_b、ω_c 相交于某点 K. 我们将证明 K 在圆 ω 上, 并且 ω 和 ω' 在此点的切线重合, 这会完成题目的证明.

由对称性, 我们有 $XB = TB = ZB$, 因此点 B 为圆 ω_b 上 $\widehat{XZ}$ 某一段的中点. 于是 $\angle(KB, KX) = \angle(XZ, XB)$. 类似地, 我们有 $\angle(KX, KC) = \angle(XC, XY)$. 将这些等式相加, 利用关于直线 BC 的对称性, 得到

$$\angle(KB, KC) = \angle(XZ, XB) + \angle(XC, XZ) = \angle(XC, XB) = \angle(TB, TC).$$

因此 K 在 ω 上.

接下来，设 k 为 ω 在点 K 的切线，我们有

$$
\begin{aligned}
\angle(k, KC') &= \angle(k, KC) + \angle(KC, KC') \\
&= \angle(KB, BC) + \angle(XC, XC') \\
&= (\angle(KB, BX) - \angle(BC, BX)) + \alpha \\
&= \angle(KB', B'X) - \alpha + \alpha \\
&= \angle(KB', B'C'),
\end{aligned}
$$

这恰好说明 k 和 ω' 相切. □

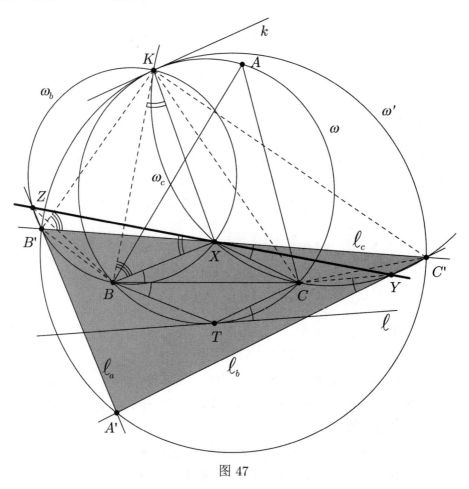

图 47

点评 将上面两种解法结合，还可以得到各种其他的解答. 例如，可以定义点 X 为 T 关于直线 BC 的反射，然后将点 K 看成 $\triangle BB'X$ 和 $\triangle CC'X$ 的外接圆的另一个交点. 利用 BB'、CC' 分别为 $\angle(A'B', B'C')$ 和 $\angle(A'C', B'C')$ 的角平分线，可以证明 $K \in \omega$、$K \in \omega'$，且 ω 和 ω' 在点 K 处的切线重合.

证法三 这是一个伊朗选手给出的方法,用 Casey 定理直接计算.

用与前面的解法相同的方式定义点 T、A'、B'、C'. 设点 A'、B'、C' 关于 ω 的幂分别为 p_a、p_b、p_c. 将 Casey 定理应用到 A'、B'、C'、ω,只需证明:存在一种符号的选择,使得下面的恒等式成立

$$\pm B'C' \cdot \sqrt{p_a} \pm C'A' \cdot \sqrt{p_b} \pm A'B' \cdot \sqrt{p_c} = 0.$$

于是只需要计算 $B'C'\sqrt{p_a}$. 过程中我们省略掉另外两项相同的常数. 设 d_a、d_b、d_c 分别表示点 A、B、C 到 ℓ 的距离. 考虑 $\triangle A'B'C'$ 的各个角度,以及 $\triangle A'B'C'$ 的内心 I 在 ω 上(我们在证法一中指出了这一点),我们有

$$A'A = \frac{d_a}{\cos A}, \qquad A'I \sim \frac{1}{\sin \frac{A'}{2}} \sim \frac{1}{\cos A},$$

其中第二个式子成立是因为 $\angle A' = 180° - 2\angle A$(可以参考题目 45 (b) 或者前面两个证法). 于是有

$$\sqrt{p_a} \sim \frac{\sqrt{d_a}}{\cos A} \sim \frac{AT}{\cos A}.$$

类似地,我们有 $B'C' \sim \sin A' \sim \sin 2A$. 于是

$$B'C' \cdot \sqrt{p_a} \sim AP \cdot \sin A \sim AP \cdot BC,$$

因此

$$\pm B'C' \cdot \sqrt{p_a} \pm C'A' \cdot \sqrt{p_b} \pm A'B' \cdot \sqrt{p_c} = 0,$$

这可由 Ptolemy 定理得到. □

证法四 在比赛中,很多选手试图关于切点 T 作反演,但是没有人给出完整的解答. 我们在这里挑战一下用这个思路证明. 我们实际上证明了更强的如下结论.

断言 设 $\triangle ABC$ 所在平面上有一点 P. 一条直线经过 P 与 $\triangle PBC$、$\triangle PCA$、$\triangle PAB$ 的外接圆分别相交于点 P_a、P_b、P_c. 设直线 ℓ_a、ℓ_b、ℓ_c 分别在点 P_a、P_b、P_c 处与圆 (PBC)、(PCA)、(PAB) 相切. 那么,由直线 ℓ_a、ℓ_b、ℓ_c 决定的三角形的外接圆与 $\triangle ABC$ 的外接圆相切.

断言的证明 考虑以 P 为中心,任意半径的反演. 将点 X 的反演像标记为 X'. 另外,用 (XYZ) 表示 $\triangle XYZ$ 的外接圆.

现在,由于所给直线 ℓ 经过 P,于是保持不变. 圆 (PBC)、(PCA)、(PAB) 分别变为直线 $B'C'$、$C'A'$、$A'B'$. 直线 ℓ 分别和 $B'C'$、$C'A'$、$A'B'$ 相交于 $P_a{}'$、$P_b{}'$、$P_c{}'$. 于是,圆 (PBC)、(PCA)、(PAB) 在点 P_a、P_b、P_c 处的切线 ℓ_a、ℓ_b、ℓ_c 分别变为圆 ω_a、ω_b、ω_c,后者均经过 P,分别与 $B'C'$、$C'A'$、$A'B'$ 在点 $P_a{}'$、$P_b{}'$、$P_c{}'$ 相切.

圆 ω_a、ω_b、ω_c 两两配对的另一个交点分别为 D'、E'、F'. 由 ℓ_a、ℓ_b、ℓ_c 构成的三角形为 $\triangle DEF$. 因此, 要证明 $\triangle DEF$ 的外接圆与 $\triangle ABC$ 的外接圆相切, 只需证明 $(D'E'F')$ 和 $(A'B'C')$ 相切.

为了简便, 后面的图形和证明中的字母都省略 "'" 号. 设 M 为 ℓ 关于 $\triangle ABC$ 的 Miquel 点. 我们后面应用有向角(模 $180°$). 根据 ω_b、CA 以及 ω_c、AB 的相切性质, 我们得到 $\angle AP_bP_c = \angle PDP_b$, $\angle AP_cP_b = \angle PDP_c$. 因此 $D \in (AP_bP_c)$. 类似地, 有 $E \in (BP_cP_a)$、$F \in (CP_aP_b)$.

剩余的部分就是利用圆周角的导角进行计算. 具体是

$$\begin{aligned}\angle EFD &= \angle PFD + \angle EFP = \angle P_cP_bD + \angle EP_aP_c \\ &= \angle P_cMD + \angle EMP_c = \angle EMD.\end{aligned}$$

因此, 点 M 在 (DEF) 上.

进一步, 有

$$\angle MFE = \angle P_aFE + \angle MFP_a = \angle BP_aE + \angle MCB = \angle BME + \angle MAB,$$

因此, 若 M' 为 (DEF) 与 (ABC) 的另一个交点, 则

$$\angle BME = \angle MFE - \angle MAB = \angle MM'E + \angle BM'M = \angle BM'E.$$

于是 B、M、M'、E 四点共圆, 两个圆 (DEF) 和 (ABC) 重合, 矛盾. 因此 (DEF) 与 (ABC) 相切于 M. 这就证明了断言.

回到原题. 我们知道, 切点 T 分别关于 BC、CA、AB 的反射点 X、Y、Z 共线, 这个直线为断言中的直线 ℓ. 断言中的点 P 为 $\triangle ABC$ 的垂心. 由于

$$\angle BXC = \angle BTC = 180° - \angle BAC = \angle BHC,$$

因此 X 为 (HBC) 与 ℓ 的交点. X 为断言中的 P_a. (HBC) 为 (ABC) 关于 BC 的反射, X 为 T 的反射, 因此 X 处 (HBC) 的切线为 T 处 (ABC) 的切线 ℓ 的反射 ℓ_a. 同理可以确认 ℓ_b、ℓ_c. 应用断言, 得到由 ℓ_a、ℓ_b、ℓ_c 形成的三角形的外接圆与 (ABC) 相切, 于是证明完成. □

题目 57. 设 M 为 $\triangle ABC$ 内一点, O 为 $\triangle ABC$ 外心. 设 A_1、B_1、C_1 分别为 AM、BM、CM 与外接圆 (O) 不同于三角形顶点的交点. 进一步, 设 A_2、B_2、C_2 分别为 A_1、B_1、C_1 关于直线 BC、CA、AB 的反射. 证明: $\triangle A_1B_1C_1$ 和 $\triangle A_2B_2C_2$ 相似.

Wilhelm Fuhrmann

证明 关键的事实是下面的结果,其本身也可以作为一个好的竞赛题目.

断言 若 H 为 $\triangle ABC$ 的垂心,则 $HB_2A_2C_2$ 内接于圆.

断言的证明 注意到,H 关于 $\triangle ABC$ 的边的反射都在 $\triangle ABC$ 的外接圆上. 因此 AC_2HB 内接于圆,其他的类似. 取关于 H 的反演变换,记 X 的像为 X'. 于是由上面的条件得出,A'、B'、C_2' 共线,以及类似的结果. 在反演下,有 $\frac{A'C_2'}{AC_2} = \frac{HC_2'}{HA}$,$\frac{B'C_2'}{BC_2} = \frac{HC_2'}{HB}$. 相除得到 $\frac{A'C_2'}{B'C_2'} \cdot \frac{BC_2}{AC_2} = \frac{HB}{HA}$. 对其他的进行类似处理,相乘得到

$$\frac{A'C_2'}{B'C_2'} \cdot \frac{B'A_2'}{A_2'C'} \cdot \frac{C'B_2'}{A'B_2'} = \frac{AC_2}{BC_2} \cdot \frac{A_2B}{A_2C} \cdot \frac{CB_2}{AB_2} = \frac{AC_1}{BC_1} \cdot \frac{A_1B}{A_1C} \cdot \frac{CB_1}{AB_1} = 1,$$

最后一步用到了 AA_1、BB_1、CC_1 共点. 应用 Menelaus 定理,得到 C_2'、B_2'、A_2' 共线,因此 $HC_2A_2B_2$ 内接于圆,这就证明了断言.

回到原题的证明,我们有

$$\begin{aligned}
\angle C_2A_2B_2 &= 180° - \angle C_2HB_2 \\
&= 180° - (\angle AHB_2 - \angle AHC_2) \\
&= 180° - (180° - \angle B_2CA - \angle ABC_2) \\
&= \angle ACB_1 + \angle C_1BA \\
&= \angle C_1A_1B_1,
\end{aligned}$$

对其他的角进行类似的处理,得到 $\triangle A_1B_1C_1$ 和 $\triangle A_2B_2C_2$ 相似. □

题目 58. 设 P 为 $\triangle ABC$ 内一点. L、M、N 分别为 BC、CA、AB 的中点,满足

$$PL : PM : PN = BC : CA : AB.$$

AP、BP、CP 的延长线分别交 $\triangle ABC$ 的外接圆于另一点 D、E、F. 证明: $\triangle PBF$、$\triangle PCE$、$\triangle PCD$、$\triangle PAF$、$\triangle PAE$、$\triangle PBD$ 的外接圆共点.

中国国家队选拔考试 2013

证明 设 A_1、A_2、B_1、B_2、C_1、C_2 分别为 $\triangle PBF$、$\triangle PCE$、$\triangle PCD$、$\triangle PAF$、$\triangle PAE$、$\triangle PBD$ 的外心. 显然从 A、D 到 AD 的垂线,从 B、E 到 BE 的垂线,从 C、F 到 CF 的垂线形成一个六边形,其对边互相平行,对角线互相平分,并且对角线的交点是 $\triangle ABC$ 的外心 O. 六边形的顶点分别为 A_1、A_2、B_1、B_2、C_1、C_2 在一个位似下的像,此位似的中心为 P,比例为 2. 因此,线段 A_1A_2、B_1B_2、C_1C_2 和 OP 互相平分,记平分点为 K.

根据以上结论,只需证明 $A_1A_2 = B_1B_2 = C_1C_2$. 利用中线公式在 $\triangle PA_1A_2$ 中计算 PK,得到
$$PK^2 = \frac{PA_1^2 + PA_2^2}{2} - \frac{A_1A_2^2}{4}.$$

而外径 PA_1 和 PA_2 满足
$$\frac{PB}{PA_1} = \frac{PC}{PA_2} = 2\sin A = \frac{BC}{R}.$$

因此得到
$$\begin{aligned} PK^2 &= \frac{R^2}{2BC^2}(PB^2 + PC^2) - \frac{A_1A_2^2}{4} \\ &= \frac{R^2}{2BC^2}\left(2PL^2 + \frac{BC^2}{2}\right) - \frac{A_1A_2^2}{4}, \end{aligned}$$

推出
$$A_1A_2^2 = 4R^2\left(\frac{PL^2}{BC^2} + \frac{1}{4}\right) - 4PK^2. \tag{1}$$

类似地,我们还可以得到
$$B_1B_2^2 = 4R^2\left(\frac{PM^2}{CA^2} + \frac{1}{4}\right) - 4PK^2, \tag{2}$$

$$C_1C_2^2 = 4R^2\left(\frac{PN^2}{AB^2} + \frac{1}{4}\right) - 4PK^2, \tag{3}$$

将式 (1)(2)(3) 和 $\frac{PL}{BC} = \frac{PM}{CA} = \frac{PN}{AB}$ 结合,得到 $A_1A_2 = B_1B_2 = C_1C_2$. 因此证明完成. $\square$

题目 59. 设 $\triangle ABC$ 为锐角三角形,τ 为垂足三角形的内径. 证明:
$$r \geqslant \sqrt{R\tau},$$

其中 r、R 分别为 $\triangle ABC$ 的内径和外径.

Luis Gonzalez – 《数学反思》

证明 我们先给出一个经典的几何不等式.

引理 在 $\triangle ABC$ 中,有
$$\cos A + \cos B + \cos C \leqslant \frac{3}{2},$$

等号成立,当且仅当 $\triangle ABC$ 为正三角形.

引理有很多证明,例如使用公式

$$\cos A + \cos B + \cos C = 1 + \frac{r}{R},$$

或者利用代数工具,例如 Jensen 不等式. 我们在这里给出一个不同的简短证明,以便读者参考.

引理的证明　不等式可以变形为

$$4\sin\frac{A}{2}\cos\frac{B-C}{2} \leqslant 1 + 4\sin^2\frac{A}{2},$$

根据均值不等式,不等式右边有下界 $4\sin\frac{A}{2}$,不等式左边显然不超过 $4\sin\frac{A}{2}$,因此不等式成立,等号成立,当且仅当 $\sin\frac{A}{2} = \frac{1}{2}$ 并且 $\cos\frac{B-C}{2} = 1$,于是 $\triangle ABC$ 为等边三角形. 因此证明了引理.

回到原题. 记 D、E、F 分别为从 A、B、C 出发的高的垂足. 熟知 $DE = c\cos C$、$EF = a\cos A$、$FD = b\cos B$,而且还有 $\angle DEF = 180° - 2\angle B$、$\angle EFD = 180° - 2\angle C$、$\angle FDE = 180° - 2\angle A$. 垂足三角形的周长为

$$a\cos A + b\cos B + c\cos C = \frac{2a^2b^2 + 2b^2c^2 + 2c^2a^2 - a^4 - b^4 - c^4}{2abc} = \frac{2[ABC]}{R},$$

其中 R 为 $\triangle ABC$ 的外径,上面使用了 Heron 公式以及面积公式 $[ABC] = \frac{abc}{4R}$. 容易看出垂足三角形的面积为 $2[ABC]\cos A\cos B\cos C$,于是得到其内径为

$$\tau = 2R\cos A\cos B\cos C,$$

熟知有公式(可通过 $\triangle ABC$ 的面积计算推导)$r = 4R\sin\frac{A}{2}\sin\frac{B}{2}\sin\frac{C}{2}$. 利用 $2\sin^2 x = 1 - \cos(2x)$,并且不妨设 $\angle A \leqslant \angle B \leqslant \angle C$,$2\cos A \geqslant 1$,我们可以将要证的不等式写成

$$(1 - \cos A)(1 - \cos B - \cos C) \geqslant \cos B\cos C(2\cos A - 1).$$

现在,根据引理有 $1 - \cos B - \cos C \geqslant \frac{2\cos A - 1}{2}$,因此只需证明

$$1 \geqslant \cos A + 2\cos B\cos C = \cos(B - C).$$

这显然成立,等号成立,当且仅当 $\angle B = \angle C$. 现在,当 $\cos B\cos C = \frac{1 - \cos A}{2}$ 时,不等式等价于引理. 于是等号成立,当且仅当 $\triangle ABC$ 为等边三角形,此时 $R = 2r = 4\tau$.　□

题目 60. 固定 $\triangle ABC$,设 A_1、B_1、C_1 分别为边 BC、CA、AB 的中点,P 是外接圆上的一个动点. 直线 PA_1、PB_1、PC_1 分别和外接圆相交于另一点 A'、B'、C'. 假设点 A、B、C、A'、B'、C' 两两不同,于是直线 AA'、BB'、CC' 构成一个三角形. 证明:这个三角形的面积不依赖于 P.

Christopher Bradley – IMO 预选题 2007

证明 假设 $\triangle ABC$ 和点 P 如图 48 所示. 记 X、Y、Z 分别为 $BB' \cap CC'$、$CC' \cap AA'$、$AA' \cap BB'$. 将 Pascal 定理应用到六边形 $ABB'PC'C$,得到点 B_1、X、C_1 共线. 类似地,得到 C_1、Y、A_1 共线,A_1、Z、B_1 共线. 直线 AY、XB、B_1A_1 相交于 Z,于是 $\triangle AXB_1$ 和 $\triangle YBA_1$ 是透视关系. Desargues 定理给出,下列交点

$$AX \cap YB, \ XB_1 \cap BA_1 = \infty, \ AB_1 \cap YA = \infty$$

共线,也就是说 $AX /\!/ BY$. 类似地,我们得到 $BY /\!/ CZ$,于是可以写成 $AX /\!/ BY /\!/ CZ$.

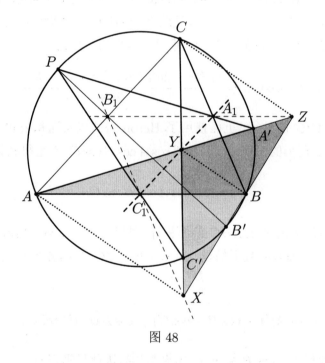

图 48

结合 Y、C_1、A_1 共线,我们得到

$$\begin{aligned}[XYZ] &= [XYB]+[YZB] = [YAB]+[YBC] \\ &= 2[YC_1B]+2[YBA_1] = 2[BC_1A_1] = \frac{1}{2}[ABC].\end{aligned}$$

这个值不依赖于点 P 的位置,因此证明完成. □

点评 这个图形还包含了很多其他有趣的性质. 例如,考虑经过点 A、B、C 分别平行于 BC、CA、AB 的直线,然后设 $\triangle MNQ$ 为由这些直线围成的三角形. 设 α、β、γ 分别为 NQ、QM、MN 关于 AX、BY、CZ 的反射. 则有:

(a) α、β、γ 交于某点 P',在 $\triangle ABC$ 的外接圆上.

(b) $PP' \,/\!/\, AX \,/\!/\, BY \,/\!/\, CZ$,其中 P' 为 (a) 中的交点.

不作平行线时,也有类似的性质成立. 我们考虑 α、β、γ 分别为旁心 $\triangle I_a I_b I_c$ 的边. 我们留给读者去寻找正确的结论以及证明.

题目 61. 设 P 是 $\triangle ABC$ 所在平面上的一点. 直线 AP、BP、CP 分别和 BC、CA、AB 相交于 A'、B'、C',Q 为 P 关于 $\triangle ABC$ 的等角共轭点. 证明:直线 AQ、BQ、CQ 分别关于 $B'C'$、$C'A'$、$A'B'$ 的反射直线共点.

Antreas Hatzipolakis – Hyacinthos 新闻组

证明 我们先给出 Jean-Pierre Ehrmann 的一个结果.

引理 设 P、Q 关于 $\triangle ABC$ 为等角共轭点. 那么,直线 AP 关于 $\angle BPC$ 的内角平分线的反射直线与 AQ 关于 $\angle BQC$ 的内角平分线的反射直线关于 BC 对称.

引理的证明 如图 49 所示,设 X'、Y'、Z' 分别为 P 关于 BC、CA、AB 的反射. 设 U' 为点 Q 关于 BC 的反射. 于是 Q 是 U' 关于 BC 的反射. 由于 Q、X' 分别为 U'、P 关于直线 BC 的反射,因此直线 QX' 是 $U'P$ 关于 BC 的反射.

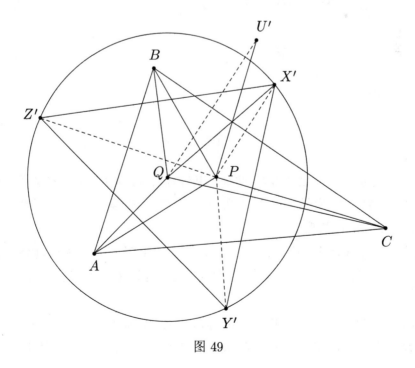

图 49

然而，根据题目 18 中的引理 2，点 Q 为 $\triangle X'Y'Z'$ 的外心．因此 $\angle QX'Z' = 90° - \angle Z'Y'X'$．用直线的夹角表示，得到 $\angle(QX', Z'X') = 90° - \angle(Y'Z', X'Y')$．进一步，我们还知道：$AQ$、$BQ$、$CQ$ 分别为线段 $Y'Z'$、$Z'X'$、$X'Y'$ 的垂直平分线，因此 $\angle(Y'Z', AQ) = 90°$、$\angle(BQ, Z'X') = 90°$、$\angle(X'Y', CQ) = 90°$．于是，我们马上得到 $\angle(BQ, QX') = \angle(CQ, AQ)$．因此，直线 QX' 为 AQ 关于 $\angle BQC$ 的共轭．类似地，PU' 为 AP 关于 $\angle BPC$ 的共轭．由于 PU' 和 QX' 关于 BC 对称，因此完成了引理的证明．

回到原题．如图 50 所示，设 A_1、B_1、C_1、P_1 分别为点 A、B、C、P 关于 $\triangle A'B'C'$ 的等角共轭点．

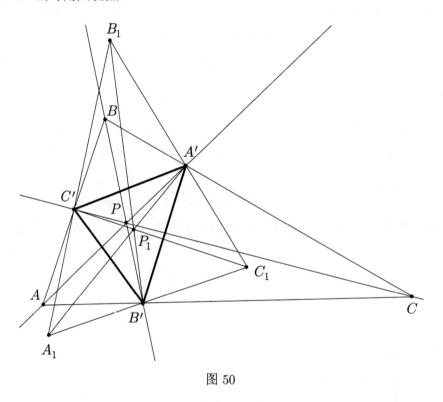

图 50

由于 P_1 为 P 关于 $\triangle A'B'C'$ 的等角共轭点，直线 $A'P_1$ 为 $A'P$ 关于 $\angle C'A'B'$ 的角平分线的反射．由于 A_1 是 A 关于 $\triangle A'B'C'$ 的等角共轭点，直线 $A'A_1$ 和 $A'A$ 关于 $\angle C'A'B'$ 共轭．

但是，直线 $A'P$ 和 $A'A$ 重合，它们关于 $\angle C'A'B'$ 的共轭相同，因此 $A'P_1$ 和 $A'A_1$ 重合．于是 A'、A_1、P_1 共线．类似地，我们得到 B'、B_1、P_1 共线，C'、C_1、P_1 共线．

由于 B_1 为 B 关于 $\triangle A'B'C'$ 的等角共轭点，因此直线 $A'B_1$ 和 $A'B$ 关于 $\angle C'A'B'$ 共轭．而且，由于 C_1 为 C 关于 $\triangle A'B'C'$ 的等角共轭点，因此直线 $A'C_1$

和 $A'C$ 关于 $\angle C'A'B'$ 共轭.

现在直线 $A'B$ 和 $A'C$ 重合,它们关于 $\angle C'A'B'$ 的共轭相同,因此 $A'B_1$ 和 $A'C_1$ 重合. 所以得到 A'、B_1、C_1 共线. 类似地,B'、C_1、A_1 共线,C'、A_1、B_1 共线.

现在,Q 为 P 关于 $\triangle ABC$ 的等角共轭,直线 AQ 和 AP 关于 $\angle CAB$ 共轭. 然而,A 和 A_1 关于 $\triangle A'B'C'$ 为等角共轭点,因此引理给出:$A'A$ 关于 $\angle B'AC'$ 的共轭直线和 $A'A_1$ 关于 $\angle B'A_1C'$ 的共轭直线关于 $B'C'$ 对称.

进一步,直线 $A'A$ 关于 $\angle B'AC'$ 的共轭为 AP 关于 $\angle CAB$ 的共轭(由于直线 $A'A$ 和 $A'P$ 相同,因此 $\angle B'AC'$ 和 $\angle CAB$ 重合),这就是直线 AQ,如图 51 所示. 直线 $A'A_1$ 关于 $\angle B'A_1C'$ 的共轭为 A_1P_1 关于 $\angle C_1A_1B_1$ 的共轭(由于 $A'A_1$ 和 A_1P_1 重合,因此 $\angle B'A_1C'$ 和 $\angle C_1A_1B_1$ 重合).

所以,我们得到:直线 A_1P_1 关于 $\angle C_1A_1B_1$ 的共轭直线和 AQ 关于直线 $B'C'$ 对称. 也就是说,AQ 关于 $B'C'$ 的反射为 A_1P_1 关于 $\angle C_1A_1B_1$ 的共轭.

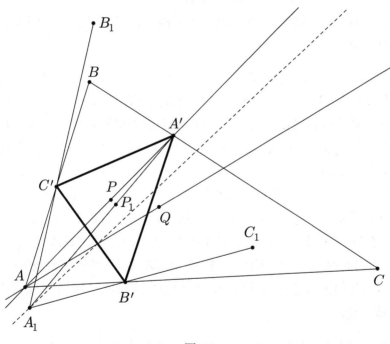

图 51

类似地,我们可以讨论直线 BQ、CQ 分别关于 $C'A'$、$A'B'$ 的反射. 最终得到,AQ、BQ、CQ 关于 $B'C'$、$C'A'$、$A'B'$ 的反射直线分别为 A_1P_1、B_1P_1、C_1P_1 关于 $\triangle A_1B_1C_1$ 的角的共轭,因此这些反射直线相交于 P_1 关于 $\triangle A_1B_1C_1$ 的等角共轭点. 证明完成. □

题目 62. 设 $\triangle ABC$ 的外接圆为 (O),内切圆为 (I),D、E、F 分别为 (I) 在边 BC、CA、AB 上的切点.直线 EF 和 (O) 相交于 X_1、X_2,类似地定义 Y_1、Y_2 和 Z_1、Z_2.证明:$\triangle DX_1X_2$、$\triangle EY_1Y_2$、$\triangle FZ_1Z_2$ 的根心为 $\triangle DEF$ 的垂心.

Darij Grinberg, Cosmin Pohoata – 《数学反思》

证法一 设 X_1X_2 和 BC 相交于 X,M、N、P 分别为 BC、CA、AB 中点.设圆 (EY_1Y_2)、(FZ_1Z_2) 的圆心分别为 O_1、O_2.过 O 平行于 BI 的直线和 IE 相交于 P,过 O 平行于 IC 的直线和 IF 相交于 Q.

我们断言,PQ 和 EF 平行.事实上,设从 E、O、P 到 BI 的投影分别为 E'、O'、P'.若 H 为 $\triangle ABC$ 的垂心,则 O 和 H 关于 $\triangle ABC$ 为等角共轭点.于是,因为 $IE \parallel BH$,所以得到 $\angle EIE' = \angle HBO' = \angle OBO'$.进一步,$\angle OO'B = \angle EE'I$,因此 $\triangle EE'I \sim \triangle OO'B$.这说明

$$\frac{PI}{IE} = \frac{PP'}{EE'} = \frac{OO'}{EE'} = \frac{OB}{EI} = \frac{R}{r},$$

其中 R 为 $\triangle ABC$ 的外径,r 为其内径.类似地,有 $\frac{IQ}{IF} = \frac{R}{r} = \frac{PI}{IE}$,因此 $PQ \parallel FE$.这样就证明了断言.

回到原题.我们现在考察完全四边形 $XBCEAF$.由于 (X,B,D,C) 为调和点列,并且 M 为 BC 中点,因此 $XX_1 \cdot XX_2 = XB \cdot XC = XD \cdot XM$,于是 X_1X_2MD 为圆内接四边形.类似地,$\triangle EY_2Y_1$ 的外接圆经过 N,且 $\triangle FZ_1Z_2$ 的外接圆经过 P.这说明 O_1 是 EN 和 Y_1Y_2 的垂直平分线的交点.注意到,后者和 DF 垂直,并且过 O.由于 $IB \perp DF$,因此它经过 O,并且平行于 IB.于是,O_1 为经过 EN 中点垂直于 AC 的直线和经过 O 平行于 BI 的直线的交点.于是 O_1 为 OP 中点.类似地,O_2 为 OQ 中点.因此有 $O_1O_2 \parallel PQ \parallel EF$.于是 (EY_1Y_2) 和 (FZ_1Z_2) 的根轴垂直于 O_1O_2,也垂直于 EF.现在,考虑圆 $(Y_1Z_2Y_2Z_1)$、(Y_1Y_2E)、(Z_1Z_2F),它们的根心为 D.因此 (Y_1Y_2E) 和 (Z_1Z_2F) 的根轴经过 D,并且垂直于 EF.对另外的根轴进行同样讨论,我们发现它们必然共点于 $\triangle DEF$ 的垂心.这样就完成了证法一. $\square$

证法二 设 S 为 EF 和 BC 的交点,M 为 BC 的中点.由于 (B,D,C,S) 为调和点列,因此 $SD \cdot SM = SB \cdot SC = SX_1 \cdot SX_2$.于是,$M$ 在 $\triangle DX_1X_2$ 的外接圆上.

记 P、Q 分别为圆 (O) 上 $\widehat{BC}$、$\widehat{AB}$ 的中点(分别不包含 A、C 的一段).设 N 为 (O) 上含 A 的 $\widehat{BC}$ 的中点,O_1 为线段 IN 的中点.我们有 OO_1 平行于 IP,于是 OO_1 垂直于 X_1X_2,它是 X_1X_2 的垂直平分线.另外,我们知道四边形 $IDMN$ 是梯形,所以 O_1 在 DM 的垂直平分线上.现在,DMX_2X_1 内接于圆,O_1 为 DM 和 X_1X_2 的垂直平分线的交点,因此 O_1 为 $\triangle DX_1X_2$ 的外接圆的圆心.

容易看到，OO_1 和 IP 平行，$OO_1 = \frac{1}{2} \cdot IP$. 类似地，$OO_3$ 平行于 IQ，$OO_3 = \frac{1}{2} \cdot IQ$，其中 O_3 为 $\triangle FZ_1Z_2$ 的外心. 因此，我们得到 O_1O_3 平行于 PQ. 现在，考虑 $\triangle DX_1X_2$ 和 $\triangle FZ_1Z_2$ 的外接圆，它们的根轴 d_2 经过点 E 和 O_1O_3 垂直，即 $d_2 \perp PQ$. 因此，d_2 为 $\triangle DEF$ 中从 E 出发的高. 类似地，$\triangle DX_1X_2$ 和 $\triangle EY_1Y_2$ 的外接圆的根轴 d_3 为 $\triangle DEF$ 中从 F 出发的高. 因此，圆 (DX_1X_2)、(EY_1Y_2)、(FZ_1Z_2) 的根心为 $\triangle DEF$ 的垂心，我们还知道它在 OI 上（题目 40 的引理）. 这样就完成了证法二. □

题目 63. 设 M 为 $\triangle ABC$ 的外接圆 (O) 上任意一点，从 M 作三角形的内切圆的切线，与 BC 相交于 X_1、X_2 两点. 证明：$\triangle MX_1X_2$ 的外接圆和 (O) 的另一个交点为 A-伪内切圆与 (O) 的切点.

Cosmin Pohoata - 《数学反思》

证明 我们用关于内心的反演给出一个处理伪内切圆非常有用的结果.

引理 设 $\triangle ABC$ 的内切圆为 $\mathcal{I}(I, r)$，考虑以 I 为中心，r^2 为幂的反演 Ψ，A_1、B_1、C_1 分别为伪内切圆 $\mathcal{K}_a$、$\mathcal{K}_b$、$\mathcal{K}_c$ 和外接圆 $\mathcal{O}$ 的切点. 则

$$\Psi(A_1) = A_1',\ \Psi(B_1) = B_1',\ \Psi(C_1) = C_1'$$

分别为 $\Psi(A)$、$\Psi(B)$、$\Psi(C)$ 在 $\triangle \Psi(A)\Psi(B)\Psi(C)$ 的外接圆上的对径点.

引理的证明 设 D、E、F 分别为内切圆 (I) 在边 BC、CA、AB 上的切点. 设 A'、B'、C' 分别为 EF、FD、DE 的中点. 回忆 A、B、C 在反演 Ψ 下的像分别为 A'、B'、C'. 因此，证明 A_1' 为 A' 在 $\triangle A'B'C'$ 的外接圆上的对径点，等价于证明

$$\begin{aligned} 90° &= \angle A'B'A_1' = \angle IB'A' + \angle IB'A_1' \\ &= \angle IAB + \angle IA_1B = \frac{1}{2}\angle A + \angle IA_1B. \end{aligned}$$

但是从题目 16 我们知道，直线 A_1I 为 $\angle BA_1C$ 的角平分线，因此

$$\angle IA_1B = \frac{1}{2}\angle BA_1C = \frac{1}{2}(180° - \angle A) = 90° - \frac{1}{2}\angle A.$$

这就证明了 A_1' 为 A' 在 $\triangle A'B'C'$ 的外接圆上的对径点. 类似地，可以证明关于 B_1'、C_1' 的结论. 这就完成了引理的证明.

回到原题. 不妨设 M 和 A 在 BC 同侧. 设 (I) 为 $\triangle ABC$ 和 $\triangle MX_1X_2$ 的共同的内切圆，r 为其半径. 设 D、E、F、Y_1、Y_2 分别为 (I) 在边 BC、CA、AB、MX_1、MX_2 上的切点.

考虑以 I 为中心、r^2 为幂的反演 Ψ. 则 A、B、C、M、X_1、X_2 分别被映射到切触 $\triangle DEF$ 和切触 $\triangle DY_2Y_1$ 的边 EF、FD、DE、Y_2Y_1、Y_1D、DY_2 的中点 A'、B'、C'、M'、X_1'、X_2'. $\triangle ABC$ 和 $\triangle MX_1X_2$ 的外接圆 (O)、(P) 分别变为 $\triangle A'B'C'$、$\triangle M'X_1'X_2'$ 的外接圆,设圆心分别为 O'、P'(注意,这两个点不是 O、P 的反演像). 这两个外接圆分别为切触三角形的九点圆,因此有相同的大小,半径为 $\frac{r}{2}$.

* 设 Γ_a、Γ_b、Γ_c 分别为 BC、CA、AB 在 Ψ 下的像. 这些圆经过点 I,分别和 BC、CA、AB 相切于 D、E、F,因此半径均为 $\frac{r}{2}$. 设 Γ_a 的圆心为 ID 的中点,记为 A_0,IY_1 的中点记为 O_1,是 MX_1 在 Ψ 下的像的圆心. 记 (O') 中,点 A' 的对径点为 Z',根据引理,它是 $\triangle ABC$ 中 A-伪内切圆在 Ψ 下的像.

在 $\triangle DEF$ 中,I 为外心,O' 为九点圆圆心,DA' 为中线. 关于 $\triangle DEF$ 的中心比例为 -2 的位似变换将 A' 变为 D,将 O' 变为 I. 因此 $O'A'$ 平行且等于 ID 的一半. 由于 A_0 为 ID 中点,O' 为 $A'Z'$ 中点,因此 $IA_0 \underline{\parallel} A'O' \underline{\parallel} O'Z'$. 同理,在 $\triangle DY_1Y_2$ 中,M' 为 Y_1Y_2 中点,P' 为九点圆圆心,I 还是外心,因此 $IA_0 \underline{\parallel} M'P'$. 于是 $M'P' \underline{\parallel} O'Z'$,这说明 $M'P'Z'O'$ 为平行四边形,于是 $P'Z' = M'O' = \frac{r}{2}$. 因此 Z' 为圆 (P') 和 (O') 的另一个交点. 证明完成. □

点评 事实上,下面更一般的结论成立.

推广 设经过 $\triangle ABC$ 的顶点 A 的一条直线和外接圆 (O) 相交于另一点 K,设 X 为直线 AK 上任意一点,并且在 $\triangle ABC$ 的内切圆 (I) 之外. 此外,设 X 到 (I) 的切线与 BC 相交于 Y、Z. 那么,$\triangle KYZ$ 的外接圆与 (O) 相交于 $\triangle ABC$ 的 A-伪内切圆在外接圆 (O) 上的切点 A^*.

证明使用了我们刚刚完成的题目 63 的结论. 我们现在需要非常仔细地化简.

推广的证明 如图 52 所示,设 (I) 为任意的固定的圆,固定两条平行的切线 a 和 a',k 为一条任意的固定直线,可以与圆相交或不相交,X 为 k 上的任意点,并且从 X 到 (I) 的切线与 a 相交于 Y、Z,于是 (I) 成为 $\triangle XYZ$ 的内切圆.(我们要求 X 和 (I) 在 a' 的不同侧. 通过对内切圆或旁切圆的调整,其他情况的证明是一样的,例如可以有:X 在 a、a' 之间,在 (I) 之外,或者 X 和 (I) 在 a 的不同侧.)

设 S、S' 分别为 k 与 a、a' 的交点,从 S' 到 (I) 不同于 a' 的切线与 a 相交于 T,(I_X) 为 $\triangle XYZ$ 的 X-旁切圆. 由于 $S'T$ 为 (I) 的一条固定切线,经过 S 平行于 $S'T$ 的直线 s 与 (I_X) 相切,因此 (I_x) 与固定直线 a、s 相切,这说明它属于一族圆,这族圆有同一个相似中心 S,以及共同的两个切线 a、s. 这族圆中每一个圆的圆心都在直线 a、s 形成的角的平分线 i 上. 设 M 为 II_X 的中点,M 是圆内接

---

*后面的证明在英文版的思路的基础上有较大修改. ——译者注

四边形 IYI_xZ 的外心,记这个外接圆为 (M). M 在一条平行于 i 的直线 m 上,I 到 m 的距离为 I 到 i 的距离的一半. 但是 (M) 上有固定点 I,因此 I 关于固定直线 m 的反射 $J \in (M)$ 也固定. 于是,圆 (M) 属于经过固定点 I、J 的圆束.

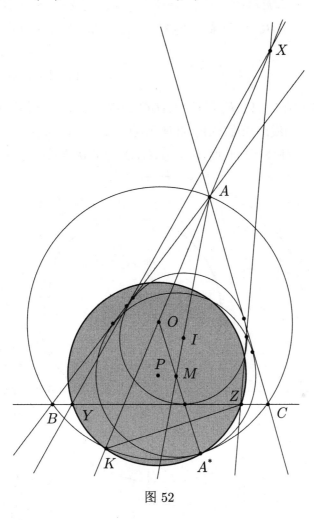

图 52

设 IJ 与 $a \equiv YZ$ 相交于 T'. 于是有,$T'Y \cdot T'Z = T'I \cdot T'J$ 为常数. 当 X 和 S' 重合时,Y 和 T 重合,Z 在无穷远处,$Z^* \equiv a' \cap a$. 由于 $T'T \cdot T'Z^*$ 为常数,$T'Z^* = \infty$,因此 $T'T = 0$,即 T' 和 T 重合. 设 $K \in k$ 为任意一个固定点(对比 $X \in k$ 为一个动点),且 △KIJ 的外接圆与直线 KT 相交于另一点 L. 则 $TY \cdot TZ = TI \cdot TJ = TK \cdot TL$,于是得到,四边形 $KYLZ$ 内接于圆. 此外还有,这个圆经过两个固定点 K、L,因此也属于这两个点定义的圆束.

设 A^* 为 △ABC 中 A-伪内切圆与 (O) 的切点. 当 X 和 A 重合时,Y、Z 分别与 B、C 重合,外接圆 $(KYZ) \equiv (KBC)$ 与 (O) 重合. 显然有 $A^* \in (O)$. 当 X 与 K 重合时,本题的特殊情形给出,△KYZ 的外接圆经过 A^*. 因此,K、$L \equiv A^*$

为所有外接圆 (KYZ) 上的两个固定点. 证明完成. □

题目 64. 设 A_1、B_1、C_1 为 $\triangle ABC$ 的边 BC、CA、AB 上的点,满足直线 AA_1、BB_1、CC_1 共点. 在三角形的外部作三个圆 Γ_1、Γ_2、Γ_3 分别与 $\triangle ABC$ 相切于 A_1、B_1、C_1,并且都和 $\triangle ABC$ 的外接圆相切. 证明:和这三个圆外切的圆也和 $\triangle ABC$ 的内切圆相切.

Lev Emelyanov - 几何论坛

证明 我们计划对圆 Γ_1、Γ_2、Γ_3 以及 $\triangle ABC$ 的内切圆 Γ_4 应用 Casey 定理. 设 t_{ij} 为圆 Γ_i 和 Γ_j 的公切线的长度. 如图 53 所示,我们将证明 $t_{12}t_{34}-t_{13}t_{24}-t_{14}t_{23}=0$,其中 t_{12}、t_{13}、t_{23} 为外公切线长度,t_{34}、t_{24}、t_{14} 为内公切线长度.

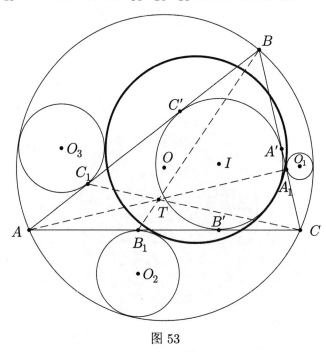

图 53

设 (A) 为点 A 处半径为 0 的退化圆,$t_i(A)$ 为 A 到圆 Γ_i 的切线长度. 类似地,可对顶点 B、C 进行定义. 对 (A)、(B)、Γ_1、(C) 应用 Casey 定理,这四个圆都与外接圆相切,因此
$$t_1(A) \cdot a = c \cdot CA_1 + b \cdot A_1B.$$
于是得到
$$t_1(A) = \frac{c \cdot CA_1 + b \cdot A_1B}{a}, \tag{1}$$
类似地,得到 $t_1(B)$、$t_1(C)$,如下
$$t_1(B) = \frac{a \cdot AB_1 + c \cdot B_1C}{b}, \tag{2}$$

$$t_1(C) = \frac{b \cdot BC_1 + a \cdot C_1 A}{c}. \tag{3}$$

将 Casey 定理应用到 (B)、(C)、Γ_2、Γ_3,得到

$$t_2(B)t_2(C) = a \cdot t_{23} + CB_1 \cdot C_1 B.$$

代入式 (1)(2)(3),得到

$$t_{23} = \frac{a \cdot C_1 A \cdot A_1 B + b \cdot AB_1 \cdot BC_1 + c \cdot AC_1 \cdot CB_1}{bc}, \tag{4}$$

类似地,得到 t_{13}、t_{12} 如下

$$t_{13} = \frac{b \cdot A_1 B \cdot BC_1 + c \cdot BC_1 \cdot CA_1 + a \cdot BA_1 \cdot AC_1}{ca}, \tag{5}$$

$$t_{12} = \frac{c \cdot B_1 C \cdot CA_1 + a \cdot CA_1 \cdot AB_1 + b \cdot CB_1 \cdot BA_1}{ab}. \tag{6}$$

在图 53 中,A'、B'、C' 为内切圆与边的切点,三个圆 Γ_1、Γ_2、Γ_3 与内切圆的公切线满足

$$t_{14} = A_1 A' = -CA_1 + CA' = -CA_1 + \frac{a+b-c}{2}, \tag{7}$$

$$t_{24} = B_1 B' = -AB_1 + AB' = -AB_1 + \frac{b+c-a}{2}, \tag{8}$$

$$t_{34} = C_1 C' = BC_1 - BC' = BC_1 - \frac{c+a-b}{2}. \tag{9}$$

结合式 (4) $\sim$ (9),得到

$$t_{12}t_{34} - t_{13}t_{24} - t_{14}t_{23} = \frac{F(a,b,c)}{abc} \cdot (AB_1 \cdot BC_1 \cdot CA_1 - A_1 B \cdot B_1 C \cdot C_1 A),$$

其中

$$F(a,b,c) = 2ab + 2bc + 2ca - a^2 - b^2 - c^2.$$

由于 AA_1、BB_1、CC_1 共点,根据 Ceva 定理,有

$$AB_1 \cdot BC_1 \cdot CA_1 = A_1 B \cdot B_1 C \cdot C_1 A.$$

这说明

$$t_{12}t_{34} = t_{13}t_{24} + t_{14}t_{23},$$

证明完成. □

题目 65. 设 P 为 $\triangle ABC$ 所在平面内一点. D、E、F 分别为 P 到 BC、CA、AB 的垂线上的一点. 证明: 若 $\triangle DEF$ 是正三角形, 并且 P 在 $\triangle ABC$ 的 Euler 线上, 则 $\triangle DEF$ 的重心也在 $\triangle ABC$ 的 Euler 线上.

Darij Grinberg, Cosmin Pohoata – 《哈佛数学评论》

证明 设 O 为 $\triangle ABC$ 的外心. 通过平移, 只需考虑 $P = O$ 的情形 (若 $\triangle DEF$ 的顶点分别在从 P 引出的垂线上, 则平移 $\overrightarrow{PO}$, 得到 $\triangle D'E'F'$ 的顶点分别在从 O 引出的垂线上, 并且两个正三角形的重心位移平行于 Euler 线, 因此对应问题等价). 设 A'、B'、C' 分别为 $\triangle ABC$ 三边 BC、CA、AB 向外所作的正三角形的重心. 回忆经典的如下结果.

Napoleon 定理 在上面的记号下, $\triangle A'B'C'$ 为等边三角形.

为完整起见, 我们给出一个证明.

Napoleon 定理的证明 我们在 $\triangle AB'C'$ 和 $\triangle ABC$ 中应用余弦定理得到

$$\begin{aligned}
(B'C')^2 &= (AB')^2 + (AC')^2 - 2AB' \cdot AC' \cos \angle B'AC' \\
&= \frac{b^2}{3} + \frac{c^2}{3} - \frac{2bc}{3} \cos(A + 60°) \\
&= \frac{b^2}{3} + \frac{c^2}{3} - \frac{2bc}{3}(\cos A \cos 60° - \sin A \sin 60°) \\
&= \frac{b^2}{3} + \frac{c^2}{3} - \frac{bc}{3}\cos A + \frac{2bc \sin A \sin 60°}{3} \\
&= \frac{b^2}{3} + \frac{c^2}{3} - \frac{b^2 + c^2 - a^2}{6} + \frac{2\sqrt{3}}{3}[ABC] \\
&= \frac{a^2 + b^2 + c^2}{6} + \frac{2\sqrt{3}}{3}[ABC].
\end{aligned}$$

这个表达式关于 a、b、c 对称, 因此类似地可以得到

$$C'A' = A'B' = \frac{a^2 + b^2 + c^2}{6} + \frac{2\sqrt{3}}{3}[ABC],$$

这说明 $\triangle A'B'C'$ 为等边三角形. 这就证明了定理.

回到原题. 我们现在证明 $\triangle A'B'C'$ 和 $\triangle DEF$ 关于 O 位似. 特别地, 这意味着 $\triangle A'B'C'$ 和 $\triangle DEF$ 的重心与 O 共线. 注意到根据对称性, 如图 54 所示, 有 $OA' \perp BC$、$OB' \perp AC$、$OC' \perp AB$, 因此可以将 $\triangle DEF$ 关于 O 作位似, 得到 $\triangle D'E'F'$, 使得 D' 和 A' 重合. 我们将证明 $E' = B'$、$F' = C'$.

我们不妨设 $\angle BAC \neq 120°$. 将 OB' 绕 A' 旋转 $60°$ (或者 $-60°$, 依赖定向) 得到的直线记为 ℓ. 点 B' 和 E' 旋转后在 ℓ 上. 另外, B'、E' 分别被旋转到 C'、E', 后两个点在直线 OC' 上. 因此, F'、C' 必然为直线 OC' 和 ℓ 的交点 (因

为 $\angle BAC \neq 120°$,所以两条线交于一点). 因此, $C' = F'$, 并且 $B' = E'$. 于是 $\triangle A'B'C'$ 和 $\triangle DEF$ 以点 O 为中心位似.

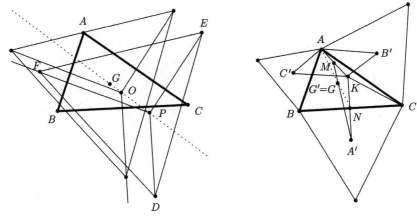

图 54

接下来我们证明 $\triangle A'B'C'$ 的重心就是 $\triangle ABC$ 的重心 G. 事实上, 设 K 为点 A' 关于 BC 的对称点. $\triangle B'KC$ 和 $\triangle ABC$ 相似, 相似比为 $1:\sqrt{3}$. 又因为 $\frac{AC'}{AB} = \frac{1}{\sqrt{3}}$, 所以 $AC' = B'K$. 类似地, 有 $AB' = C'K$, 于是 $AC'KB'$ 为平行四边形.

设 $AC'KB'$ 的中心为 M, BC 的中点为 N. $\triangle A'B'C'$ 的重心 G' 在 MA' 上, 并且 $\frac{MG'}{G'A'} = \frac{1}{2}$. 因此

$$\frac{A'N}{NK} \cdot \frac{KA}{AM} \cdot \frac{MG'}{G'A'} = \frac{1}{1} \cdot \left(-\frac{2}{1}\right) \cdot \frac{1}{2} = -1.$$

因此根据 Menelaus 定理得, G' 在中线 AN 上. 类似地, G' 也在 $\triangle ABC$ 的其他中线上. 这样就证明了 $G' = G$. *

将两个结论结合, 得到 $\triangle DEF$ 的重心在直线 OG 上, 即 $\triangle ABC$ 的 Euler 线. □

题目 66. 设四边形 $ABCD$ 内接于圆 Γ, E 为边 AB 上任意一点, DE 和 BC 相交于 F, DE 和 Γ 相交于另一点 P, BP 和 AF 相交于 Q, QE 和 CD 相交于 V. 证明: 点 V 的位置和 E 的位置无关.

Petrisor Neagoe – AoPS 论坛

---

*可以用复数证明 $G' = G$, X 代表点 X 对应的复数. 设 ω 为三次单位根. 正三角形的条件为 $A + \omega B + \omega^2 C = 0$. 可以得到 $B' = \frac{(1-\omega)A + (1-\omega^2)C}{3}$ 以及类似的公式. 代入可得 $A + B + C = A' + B' + C'$. ——译者注

证明 如图 55 所示，设 Γ 在点 B 处的切线与 AD 相交于 M，设 $\mathcal{C}$ 为经过 A、B、C 并且和直线 MA、MB 相切的圆锥曲线.

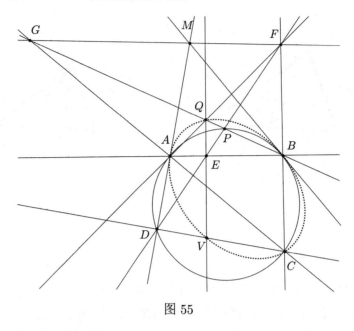

图 55

将 Pascal 定理应用到退化的六边形 $BBCADP$，得到：交点 $M = BB \cap AD$、$F = BC \cap DP$、$G = CA \cap PB$ 共线. 再将定理应用到 $AAQBBC$，得到：Q 在曲线 $\mathcal{C}$ 上. 进一步，将定理应用到 $AAQVCB$，得到：V 在 $\mathcal{C}$ 上. 因此，V 为 $\mathcal{C}$ 和 CD 的另一个交点，特别地，这是一个固定点. 因此证明完成. □

题目 67. 设 $\triangle ABC$ 的内心和外心分别为 I、O. 圆 ω_A 经过 B、C 与 $\triangle ABC$ 的内切圆相切. 类似地定义圆 ω_B 和 ω_C. 圆 ω_B 和 ω_C 相交于不同于 A 的点 A'，类似地定义点 B' 和 C'. 证明：直线 AA'、BB'、CC' 相交于 IO 上一点.

Fedor Ivlev – RMM 2012

证明 如图 56 所示，设 γ 为 $\triangle ABC$ 的内切圆，A_1、B_1、C_1 分别为内切圆在边 BC、CA、AB 上的切点，X_A 为 γ 和 ω_A 的切点. ω_A 和 γ 关于中心 X_A 位似. 这个位似将 A_1 映射到点 $M_A \in \omega_A$，满足 ω_A 在 M_A 处的切线与 BC 平行. 因此，M_A 为 ω_A 上不含点 X_A 的 $\widehat{BC}$ 的中点. 因此，$\angle M_A X_A B$ 和 $\angle M_A B C$ 相等. 于是 $\triangle M_A B A_1$ 和 $\triangle M_A X_A B$ 相似. 于是有 $\frac{M_A B}{M_A X_A} = \frac{M_A A_1}{M_A B}$. 将方程改写为 $M_A B^2 = M_A A_1 \cdot M_A X_A$，然后得出，$M_A$ 在 B 和 γ 的根轴 ℓ_B 上. 类似地，M_A 在 C 和 γ 的根轴 ℓ_C 上.

类似地，定义点 X_B、X_C、M_B、M_C 以及直线 ℓ_A. 于是直线 ℓ_A、ℓ_B、ℓ_C 分别包含 $\triangle M_A M_B M_C$ 的三边. 直线 ℓ_A 和 $B_1 C_1$ 都与 AI 垂直，因此相互平行. 类似

地,直线 ℓ_B、ℓ_C 分别平行于 C_1A_1、A_1B_1. 因此,$\triangle M_A M_B M_C$ 为 $\triangle A_1 B_1 C_1$ 在位似 Θ 下的像. 设 K 为 Θ 的中心,并设

$$k := \frac{M_A K}{A_1 K} = \frac{M_B K}{B_1 K} = \frac{M_C K}{C_1 K}$$

为相似比. 注意到,直线 $M_A A_1$、$M_B B_1$、$M_C C_1$ 相交于点 K.

由于点 A_1、B_1、X_A、X_B 共圆,因此 $A_1 K \cdot K X_A = B_1 K \cdot K X_B$. 两边都乘以 k,得到 $M_A K \cdot K X_A = M_B K \cdot K X_B$,于是推出:$K$ 在 ω_A 和 ω_B 的根轴 CC' 上. 类似地,直线 AA' 和 BB' 也经过 K. 最后,考虑 I 在 Θ 下的像 O',它在经过 M_A 与 $A_1 I$ 平行的直线上(此直线垂直于 BC). 由于 M_A 为 $\widehat{BC}$ 的中点,这条线必然为 $M_A O$. 类似地,O' 也在直线 $M_B O$ 上,于是 $O' = O$. 最终得到点 I、K、O 共线. 证明完成. □

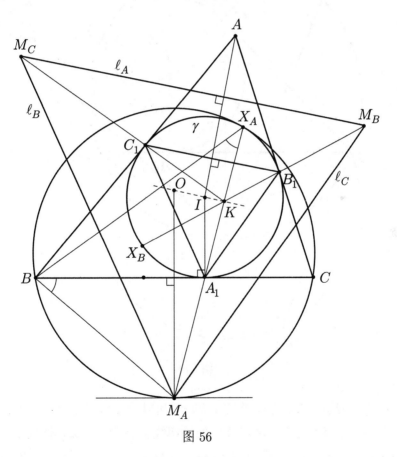

图 56

点评 1 下面是解答的第一部分的另一个证明思路. 如图 57 所示,设 J_A 为 $\triangle ABC$ 的 A-旁心. 直线 $J_A A_1$ 和 γ 相交于 Y_A;设 Z_A、N_A 分别为线段 $A_1 Y_A$、$J_A A_1$ 的中点.

由于线段 IJ_A 为圆 (BCZ_A) 的直径,因此 $BA_1 \cdot CA_1 = Z_A A_1 \cdot J_A A_1$,于是 $BA_1 \cdot CA_1 = N_A A_1 \cdot Y_A A_1$. 最终,点 B、C、N_A、Y_A 在某个圆 ω'_A 上.

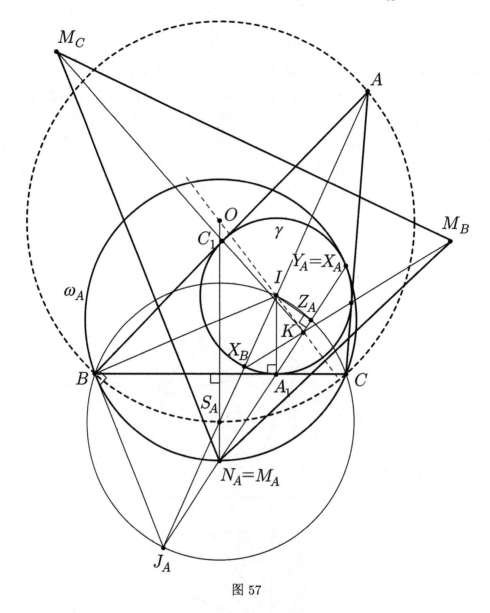

图 57

熟知,N_A 在线段 BC 的垂直平分线上,所以圆 ω'_A、γ 分别在 N_A、A_1 处的切线相互平行. 于是,这两个圆在 Y_A 处的切线重合,说明 ω'_A 就是 ω_A,然后得到 $X_A = Y_A$、$M_A = N_A$. 还应该知道,线段 IJ_A 的中点 S_A 在 $\triangle ABC$ 的外接圆上,也在 BC 的垂直平分线上. 由于 $S_A M_A$ 是 $\triangle A_1 I J_A$ 的一条中位线,因此得到 $S_A M_A = \frac{r}{2}$,其中 r 为 γ 的半径($\triangle ABC$ 的内径). 最终,点 M_A、M_B、M_C 到 O 的距离都是 $R + \frac{r}{2}$(R 为外径). 现在像之前一样继续即可.

点评 2 解答中的很多步骤都可以用别的方式推导. 例如可以看到, 直线 A_1X_A 和 B_1X_B 相交于 ω_A 和 ω_B 的根轴 CC' 上一点 K. 应用 Newton 定理到四边形 $X_AX_BA_1B_1$（由于 X_A 和 X_B 处的切线相交于 CC' 上一点）, 则得到 $\frac{KA_1}{KB_1} = \frac{KM_A}{KM_B}$. 于是得到 $\triangle M_AM_BM_C$ 和 $\triangle A_1B_1C_1$ 以 K 为中心位似（因此 K 是 ω_A、ω_B、ω_C 的根心）. 最后, 考虑以 K 为圆心, $KX_1 \cdot KM_A$ 为幂的反演, 然后复合关于 P 的 $180°$ 旋转, 可以发现: 圆 ω_A、ω_B、ω_C 在这个变换下不变. γ 的像为 $\triangle M_AM_BM_C$ 的外接圆, 它和三个圆 ω_A、ω_B、ω_C 都相切. 因此它的圆心为 O, 于是 O、I、K 共线.

题目 68. 设 $\triangle ABC$ 的外接圆为 Ω. 点 X、Y 在 Ω 上, XY 和 AB、AC 分别相交于 D、E. 证明: 线段 XY、BE、CD、DE 的中点共圆.

Son Hong Ta – 改编自 IMO 2009

证明 设 M_1、M_2、M_3、M_4 分别为 XY、DE、BE、CD 的中点, A_1、B_1、C_1 分别为直线 AM_1、BM_1、CM_1 与 Ω 的另一个交点. 进一步, 设 $C_2 = C_1A_1 \cap XY$、$B_2 = B_1A_1 \cap XY$、$A_2 = CB_2 \cap BC_2$.

由于 B_2、C_2、M_1 共线, 并且 C_1、C、A、B、B_1 都在圆 Ω 上, 因此可以将 Pascal 定理的逆定理应用到六边形 $A_1C_1CA_2BB_1$, 得到 A_2 在 Ω 上. 因此, 有

$$\begin{aligned}\angle BAC &= \angle BA_2C \\ &= 180° - \angle C_2BC - \angle B_2CB \\ &= \angle BC_2E + \angle CB_2D - 180°.\end{aligned}$$

另外, 蝴蝶定理给出, $DM_1 = M_1B_2$、$EM_1 = M_1C_2$. 因此根据中位线性质, 得到 $M_1M_3 \parallel C_2B$、$M_1M_4 \parallel B_2C$. 于是有

$$\begin{aligned}\angle BAC &= \angle BC_2E + \angle CB_2D - 180° \\ &= \angle M_3M_1E + \angle M_4M_1D - 180° \\ &= \angle M_4M_1M_3.\end{aligned}$$

还因为 $M_2M_3 \parallel AB$、$M_2M_4 \parallel AC$, 所以有 $\angle BAC = \angle M_4M_2M_3$. 于是

$$\angle M_4M_2M_3 = \angle M_4M_1M_3,$$

然后得到 M_1、M_2、M_3、M_4 共圆. 证明完成. □

题目 69. (Droz-Farny 线定理) 通过一个三角形的垂心做两条垂直的直线, 它们在每条边所在的直线上分别截得一条线段, 证明: 三条线段的中点共线.

证明 如图 58 所示，我们记 A_1、B_1、C_1 和 A_2、B_2、C_2 分别为两条垂直的直线 ℓ_1、ℓ_2 与边 BC、CA、AB 的交点. 于是直线定理断言，三条线段 A_1A_2、B_1B_2、C_1C_2 的中点 A_3, B_3, C_3 共线.

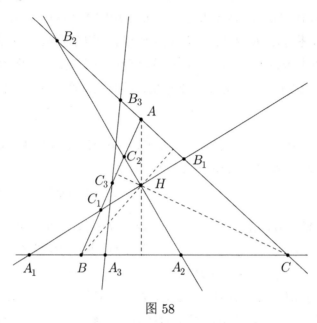

图 58

如图 59 所示，设 H_a、H_b、H_c 分别为 H 关于边 BC、CA、AB 的反射.

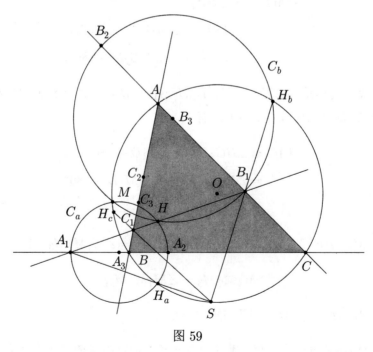

图 59

直线 A_1H_a、B_1H_b、C_1H_c 分别为 ℓ_1 关于 BC、CA、AB 的反射. 根据题目 48

中的 Collings 定理,这些直线相交于一点 S,且该点在 $\triangle ABC$ 的外接圆上.

现在,不妨设 A_1 在 BC 的延长线上,B_1、C_1 分别在线段 CA、AB 内. 将 Miquel 定理应用到 $\triangle SA_1B_1$,点 H、H_a、H_b 分别在 A_1B_1、A_1S、B_1S 上,我们得到:$\triangle A_1HH_a$、$\triangle B_1HH_b$、$\triangle SH_aH_b$ 的外接圆共点. 但是 $\triangle A_1HH_a$ 和 $\triangle B_1HH_B$ 的外接圆的直径分别为 A_1A_2 和 B_1B_2,而 $\triangle SH_aH_b$ 的外接圆和 $\triangle ABC$ 的外接圆一样. 因此,再对 $\triangle SA_1C_1$ 使用 Miquel 定理,我们得到:以 A_1A_2、B_1B_2、C_1C_2 为直径的圆和 $\triangle ABC$ 的外接圆共点. 这说明以 A_1A_2、B_1B_2、C_1C_2 为直径的圆有两个公共点(已有公共点 H). 因此,它们的圆心 A_3、B_3、C_3 共线,恰好是我们要证的. 这样就完成了 Droz-Farny 线定理的证明. □

点评 1 Droz-Farny 线定理由 Arnold Droz-Farny 在 1899 年发现. 尽管图形很简洁,但这个结果在历史上有不少用了复杂计算的证明. 我们上面给出的纯几何证明在 2004 年才被发现,归功于 Jean-Louis Ayme. 然而,此后出现了很多相关的结果或者推广. 例如,在 Ayme 的论文发表一个月后,Floor van Lamoen 猜测了如下的推广.

推广 1 若所截线段的中点被换成在对应线段 A_1A_2、B_1B_2、C_1C_2 的同比例分点 A_3、B_3、C_3,则 A_3、B_3、C_3 还是共线的.

我们在下面使用向量给出这个结果的证明.

推广 1 的证明 如图 60 所示,记 e、f 为经过垂心 H,并且分别平行与 AB、AC 的直线. 进一步,设 x、y 为经过顶点 A,并且分别平行与 ℓ_1、ℓ_2 的直线,X、Y 分别为 x、y 和 BC 的交点.

由于线束 (HC_1, HC_2, HB, e) 为 (HB_2, HB_1, f, HC) 在旋转 $\Psi(H, +90°)$ 下的像,因此

$$\frac{BC_1}{BC_2} = \frac{CB_1}{CB_2} \quad \Rightarrow \quad \frac{BC_1}{CB_1} = \frac{BC_2}{CB_2},$$

乘以 $\frac{AC}{AB}$,得到

$$\frac{C_1B}{AB} \cdot \frac{AC}{B_1C} = \frac{C_2B}{AB} \cdot \frac{AC}{B_2C}.$$

另外,由

$$\frac{C_1B}{AB} = \frac{A_1B}{XB}, \quad \frac{AC}{B_1C} = \frac{XC}{A_1C}, \quad \frac{C_2B}{AB} = \frac{A_2B}{YB}, \quad \frac{AC}{B_2C} = \frac{YC}{A_2C},$$

得到

$$\frac{A_1B}{A_1C} : \frac{XB}{XC} = \frac{A_2B}{A_2C} : \frac{YB}{YC},$$

这等价于线束 (B, C, A_1, X) 和 (B, C, A_2, Y) 全等. 通过 (AB, AC, AA_1, AX) 和 ℓ_1 相交, (AB, AC, AA_2, AY) 和 ℓ_2 相交, 我们得出

$$\frac{C_1 A_1}{C_1 B_1} = \frac{C_2 A_2}{C_2 B_2},$$

两个退化的 $\triangle A_1 B_1 C_1$ 和 $\triangle A_2 B_2 C_2$ 相似.

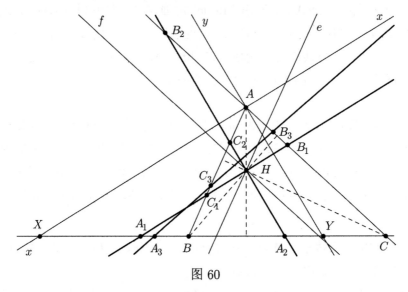

图 60

对于一个点 P, 用 $\boldsymbol{P}$ 表示向量 $\overrightarrow{XP}$, 其中 X 为 $\triangle ABC$ 所在平面上一个固定点. 由于 $\frac{C_1 A_1}{C_1 B_1} = \frac{C_2 A_2}{C_2 B_2}$, 因此存在两个实数 k、l, 满足 $k + l = 1$, 使得

$$\boldsymbol{C}_1 = k\boldsymbol{A}_1 + l\boldsymbol{B}_1, \quad \boldsymbol{C}_2 = k\boldsymbol{A}_2 + l\boldsymbol{B}_2.$$

另外, 由于 A_3、B_3、C_3 分别将线段 $A_1 A_2$、$B_1 B_2$、$C_1 C_2$ 分成同样的比例, 因此存在实数 u、v, 满足 $u + v = 1$, 使得

$$\boldsymbol{A}_3 = u\boldsymbol{A}_1 + v\boldsymbol{A}_2, \quad \boldsymbol{B}_3 = u\boldsymbol{B}_1 + v\boldsymbol{B}_2, \quad \boldsymbol{C}_3 = u\boldsymbol{C}_1 + v\boldsymbol{C}_2.$$

于是得到

$$\begin{aligned}\boldsymbol{C}_3 = u\boldsymbol{C}_1 + v\boldsymbol{C}_2 &= u(k\boldsymbol{A}_1 + l\boldsymbol{B}_1) + v(k\boldsymbol{A}_2 + l\boldsymbol{B}_2) \\ &= k(u\boldsymbol{A}_1 + v\boldsymbol{A}_2) + l(u\boldsymbol{B}_1 + v\boldsymbol{B}_2) \\ &= k\boldsymbol{A}_3 + l\boldsymbol{B}_3.\end{aligned}$$

由 $k + l = 1$ 得, 点 A_3、B_3、C_3 共线, 证明完成. □

点评 2 我们给出不同想法的另一个推广.

推广 2 设直线 γ 经过平面上一点 P. 设 A'、B'、C' 分别为 PA、PB、PC 关于 γ 的反射与边 BC、CA、AB 的交点, 如图 61 所示. 那么, 点 A'、B'、C' 共线.

这看起来有点眼熟, 实际上这是 USAMO 2012 中的一道题目. 可以参考著作《107 个几何问题——来自 AwesomMath 全年课程》, 找到一个利用 Menelaus 定理的证明. 为了开心, 我们这里给出利用等角共轭点的证明.

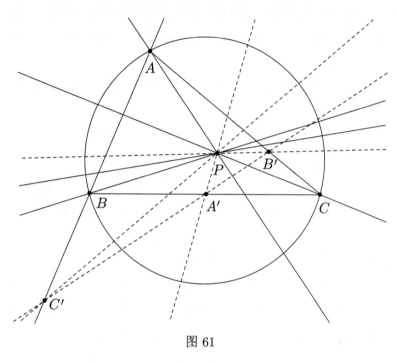

图 61

推广 2 的证明 根据 P 和 $\triangle ABC$ 的外接圆的位置关系, 我们将证明分成两部分.

首先, 若 P 在 $\triangle ABC$ 的外接圆上, 则容易看到: P 为 A'、B'、C' 关于 $\triangle ABC$ 的 Miquel 点. 事实上, 由于 $\angle A'BC' = \angle CBA = \angle CPA = \angle A'PC'$, 因此点 P、A'、B、C' 共圆. 类似地, P、A、B'、C' 和 P、A'、B'、C 分别共圆. 因此 $\angle CA'B' = \angle CPB' = \angle BPC' = \angle BA'C'$, 于是 A'、B'、C' 共线.

现在, 若 P 不在 $\triangle ABC$ 的外接圆上, 则取 Q 为它的关于 $\triangle ABC$ 的等角共轭点 (由于 P 不在 $\triangle ABC$ 的外接圆上, 于是 Q 不是无穷远点).

断言 进一步, 设 Q' 为 P 关于 $\triangle AB'C'$ 的等角共轭点, 则有 $Q = Q'$.

断言的证明 首先注意到

$$\angle BQC = \angle BAC + \angle CPB = \angle C'AB' + \angle B'PC' = \angle C'Q'B',$$

其中分别用到了 P 和 Q 在 $\triangle ABC$ 中等角共轭, P 和 Q' 在 $\triangle AB'C'$ 中等角共轭.

设 X、Y、Z 分别为 P 关于边 BC、CA、AB 的反射. X' 为它关于 $B'C'$ 的反射. 于是, $\angle ZXY = \angle BQC$（由于 QC 和 XY 垂直, QB 和 XZ 垂直）, 而 $\angle ZX'Y = \angle C'Q'B'$（由于 $Q'B'$ 和 $X'Y$ 垂直, $Q'C'$ 和 $X'Z$ 垂直）. 因此, 由 $\angle C'Q'B' = \angle BQC$ 得到 $\angle ZXY = \angle ZX'Y$. 于是由此可知, X、Y、Z 和 X' 四点共圆. 然而, (XYZ) 的圆心为 Q, 而 $(X'YZ)$ 的圆心为 Q'（我们利用一个众所周知的事实, 即等角共轭点为由初始点关于边的反射所构成的三角形的外心, 这可在 R. A. Johnson 的经典著作 *Advanced Euclidean Geometry* 中找到）. 因此 Q 和 Q' 重合, 这样就证明了断言.

类似地, 我们可以得到: Q 也是 P 关于 $\triangle A'BC'$ 和 $\triangle A'B'C$ 的等角共轭点, 因此

$$\angle PC'B' = \angle AC'Q = \angle BC'Q = \angle PC'A'.$$

这说明 A'、B'、C' 共线, 完成了推广 2 的证明. □

为什么推广 2 推广了 Droz-Farny 线定理？我们将这道 USAMO 题目重新叙述如下：

重述 设直线 γ 和 δ 经过 $\triangle ABC$ 所在平面上的给定点 P. 设 A'、B'、C' 和 A''、B''、C'' 分别为 γ 和 δ 与 BC、CA、AB 的交点. 进一步, 设 X 为 AP 关于 $\angle A'PA''$ 的平分线的反射直线与 BC 的交点, 类似地定义 Y、Z. 证明: 点 X、Y、Z 共线.

显然, 新的陈述包含了 A'、B'、C'、A''、B''、C'' 的冗余定义. 但是这指出了一个惊人的事实, Droz-Farny 线定理是 USAMO 问题框架的一个特殊情形. 其中, 我们取 P 为 $\triangle ABC$ 的垂心, 直线 γ 和 δ 相互垂直. 直线 AP、BP、CP 除了是 $\triangle ABC$ 的高, 还分别是 $\triangle A'PA''$、$\triangle B'PB''$、$\triangle C'PC''$ 的高. 因此, 它们关于相应的内角平分线的反射分别经过 $\triangle A'PA''$、$\triangle B'PB''$、$\triangle C'PC''$ 的外心（因为垂心和外心互为等角共轭点）, 这就是 Droz-Farny 线定理中的中点.

题目 70. 设 $\triangle ABC$ 为等边三角形, P 为 $\triangle ABC$ 所在平面上一点. 从 P 到 BC 的垂线与 AB 相交于 X, 从 P 到 CA 的垂线和 BC 相交于 Y, 从 P 到 AB 的垂线和 CA 相交于 Z.

(a) 若 P 在 $\triangle ABC$ 的内部, 证明: $\triangle XYZ$ 的面积不超过 $\triangle ABC$ 的面积.

(b) 若 P 在 $\triangle ABC$ 的外接圆上, 证明: X、Y、Z 三点共线.

Christopher Bradley – 《数学难题》

证明 (a) 设 D、E、F 分别为 PX 与 BC、PY 与 CA、PZ 与 AB 的交点. 由于 $XD \perp BC$ 并且 $\angle ABC = 60°$, 因此 $\angle PXF = \angle DXB = 30°$. 于是

$PF = PX\sin 30° = \frac{1}{2}PX$,即 $PX = 2PF$. 类似地,得到 $PY = 2PD$ 和 $PZ = 2PE$.

由于 $\angle DPZ = \angle XPF = 60°$、$\angle EPX = \angle YPD = 60°$、$\angle FPY = \angle ZPE = 60°$,因此 $\angle XPY = \angle FPD = 120°$. 于是有
$$\frac{[XPY]}{[FPD]} = \frac{PX \cdot PY}{PF \cdot PD} = \frac{2PF \cdot 2PD}{PF \cdot PD} = 4.$$
因此 $[XPY] = 4[FPD]$. 类似地,有 $[YPZ] = 4[DPE]$、$[ZPX] = 4[EPF]$. 于是
$$\begin{aligned}[XYZ] &= [XPY] + [YPZ] + [ZPX] \\ &= 4([FPD] + [DPE] + [EPF]) \\ &= 4[DEF].\end{aligned}$$

现在,设 $PD = x$、$PE = y$、$PF = z$,k 为 $\triangle ABC$ 的高. 熟知有 $x+y+z = k$. 由于
$$\angle FPD = \angle DPE = \angle EPF = 120°,$$
因此有
$$\begin{aligned}[DEF] &= [DPE] + [EPF] + [FPD] \\ &= \frac{1}{2}xy\sin 120° + \frac{1}{2}yz\sin 120° + \frac{1}{2}zx\sin 120° \\ &= \frac{\sqrt{3}}{4}(xy + yz + zx).\end{aligned}$$

利用
$$(x+y+z)^2 - 3(xy+yz+zx) = x^2 + y^2 + z^2 - (xy+yz+zx) \geqslant 0,$$
可得 $xy + yz + zx \leqslant \frac{1}{3}k^2$. 于是
$$[DEF] \leqslant \frac{\sqrt{3}}{4} \cdot \frac{1}{3}k^2 = \frac{\sqrt{3}}{12}k \cdot \frac{\sqrt{3}}{2}BC = \frac{1}{4}[ABC],$$
即 $[XYZ] \leqslant [ABC]$,证明完成.

(b) 不妨设 P 在劣弧 $\overset{\frown}{BC}$ 上. 由于 $XD \perp BC$,因此 $\angle PXB = \angle DXB = 30°$. 类似地,有 $\angle PYB = \angle EYC = 30°$ 和 $\angle PZC = \angle FZA = 30°$. 由于 $\angle PXB = \angle PYB$,因此得到 B、P、Y、X 四点共圆,于是 $\angle PYX = \angle PBF$. 由于 $\angle PYB = \angle PZC$,因此 P、Z、C、Y 四点共圆,于是 $\angle PYZ = \angle PCZ$.

由于 A、B、P、C 四点共圆,我们有 $\angle PBF = \angle PCA = 180° - \angle PCZ$. 于是
$$\angle PYX + \angle PYZ = 180° - \angle PCZ + \angle PCZ = 180°.$$

因此,X、Y、Z 三点共线. □

题目 71. $\triangle ABC$ 内接于圆 ω. 动直线 ℓ 平行于 BC,与 AB、AC 分别相交于 D、E,与 ω 相交于 K、L(其中 D 在 K 和 E 之间). 圆 γ_1 与 KD、BD、ω 相切,圆 γ_2 与 LE、CE、ω 相切. 当 ℓ 变化时,求 γ_1 和 γ_2 内公切线交点的轨迹.

Vasily Mokin, Fedor Ivlev – RMM 2010

证明 设 P 为 γ_1 和 γ_2 的内公切线的交点. 设 b 为 $\angle BAC$ 的角平分线. 由于 $KL \parallel BC$,因此 b 也是 $\angle KAL$ 的角平分线. 设 $\mathcal{T}$ 为关于 b 的反射 $\mathcal{S}$ 与以 A 为中心 $AK \cdot AL$ 为幂的反演 $\mathcal{I}$ 的复合(容易看出,$\mathcal{S}$ 和 $\mathcal{I}$ 交换,根据 $\mathcal{S}^2 = \mathcal{I}^2 = \mathrm{id}$,可得 $\mathcal{T}^2 = \mathrm{id}$,为恒等变换).

变换 $\mathcal{T}$ 将下列元素交换:点 $K \longleftrightarrow$ 点 L、直线 $KL \longleftrightarrow$ 圆 ω、射线 $AB \longleftrightarrow$ 射线 AC、点 $B \longleftrightarrow$ 点 E、点 $C \longleftrightarrow$ 点 D、线段 $BD \longleftrightarrow$ 线段 EC、$\overset{\frown}{BK} \longleftrightarrow$ 线段 EL、$\overset{\frown}{CL} \longleftrightarrow$ 线段 DK.

设 O_1 和 O_2 分别为圆 γ_1 和 γ_2 的圆心. 根据构造过程,圆 γ_1 和 γ_2 被唯一确定,并且在变换 $\mathcal{T}$ 下交换,因此射线 AO_1 和 AO_2 关于 b 对称. 设 ρ_1 和 ρ_2 分别为 γ_1 和 γ_2 的半径. 由于 $\angle O_1AB = \angle O_2AC$,因此有 $\frac{\rho_1}{\rho_2} = \frac{AO_1}{AO_2}$. 另外,根据 P 的定义有

$$\frac{O_1P}{O_2P} = \frac{\rho_1}{\rho_2} = \frac{AO_1}{AO_2},$$

这说明,AP 为 $\angle O_1AO_2$ 的平分线,因此也是 $\angle BAC$ 的平分线.

极限的退化情形为平行线经过 A,当 $P = A$ 的时候;或者平行线为 BC,当 P 为 $\angle BAC$ 的平分线与对边 BC 的交点 A' 的时候. 由连续性,在开线段 AA' 上的任何点 P 都可以从平行线的某个位置获得,因此要求的轨迹为 $\angle BAC$ 的平分线 b 上的开线段 AA'. □

题目 72. 四边形 $ABCD$ 内接于圆 Γ. E 为 AB 和 CD 的交点,F 为 AD 和 BC 的交点. M、N 分别为 AC、BD 的中点. 证明:EF 和 $\triangle MNF$ 的外接圆相切.

Nguyen Hoang Son – AoPS 论坛

证明 证明圆内接四边形的这个重要性质需要两个引理,一个是 Newton-Gauss 定理,指出完全四边形的对角线的中点共线;另一个是关于调和点列的下列结果.

引理 (A, C, B, D) 为调和点列,当且仅当 $MA \cdot MB = MC^2$,其中 M 为线段 CD 的中点.

引理的证明 设 P 为以 CD 为直径的半圆上一点,不在直线 CD 上. 我们有 $MP = MC = MD$,并且 $PC \perp PD$. 特别地,$MP^2 = MC^2 = MA \cdot MB$ 等价于 MP 和 $\triangle PAB$ 的外接圆相切. 于是得到 $MA \cdot MB = MC^2$ 等价于 $\angle MPB = \angle PAB$. 回忆 (A, C, B, D) 为调和点列(当 $\angle CPD = 90°$ 时),当且

仅当 $\angle APC = \angle BPC$. 而 $\triangle MPC$ 是等腰三角形,因此上述情况成立,当且仅当 $\angle MPB = \angle PAB$. 这样就证明了引理.

为了完整起见,在证明题目之前,我们先说明一下 Newton-Gauss 定理,然后给出一个简洁证明.

Newton-Gauss 定理 设 $ABCD$ 为凸四边形,E 为 AB 和 CD 的交点,F 为 AD 和 BC 的交点. 那么,线段 AC、BD、EF 的中点共线.

由这些中点决定的直线一般称为四边形 $ABCD$ 的 Gauss 线,但是我们会将其称为 Newton-Gauss 线. 标准的证明可以使用 Menelaus 定理或者面积计算. 通常,我们不会给出这样著名的定理的证明,但是考虑到题目 14 的证法八,我们想要使用 Pappus 定理给出一个快速、漂亮的小众证明.

Newton-Gauss 定理的证明 如图 62 所示,设 G、H、I 分别为 BD、AC、EF 的中点. 设 J、K、L 分别为 DC、CE、DE 的中点. 进一步,设 M 为 HJ 与 GK 的交点,N 为 HL 与 IK 的交点,O 为 IJ 与 GL 的交点.

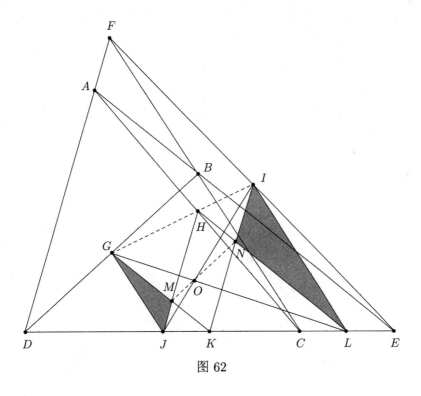

图 62

注意到,GK 为 $\triangle DBE$ 的 D-中位线,因此 $GK \parallel BE$,$GM \parallel BE$. 还有,HL 为 $\triangle CAE$ 的 C-中位线,因此 $HL \parallel AE$,$NL \parallel BE$. 特别地,可以得到 $GM \parallel NL$. 类似地,有 $GJ \parallel IL$、$MJ \parallel IN$,然后得出 $\triangle GMJ$ 和 $\triangle LNI$ 位似. 这说明,直线 GL、MN、JI 共点,也就是说,点 O 在 MN 上. 现在我们恰好可以应用 Pappus

定理：点 M、O、N 共线；点 L、K、J 共线．因此，三个交点 $G = MK \cap OL$、$I = OJ \cap NK$、$H = MJ \cap NL$ 共线，这恰好是我们要证的．这就完成了定理的证明．

回到原题．设 τ_A、τ_B、τ_C、τ_D 分别为 $\varGamma$ 在 A、B、C、D 处的切线．设 G 为 τ_A 和 τ_C 的交点，H 为 τ_B 和 τ_D 的交点．进一步，设 P 为 AC 和 BD 的交点．

回忆事实，EF 为 P 关于 $\varGamma$ 的极线（如果这个结果听起来不熟悉，那么只需取 X、Y 为 EP 分别与 BC、AD 的交点．由于 $\triangle EBC$ 中的 Ceva 线 EX、BD、CA 共点，因此 (F,B,X,C) 和 (F,A,Y,D) 都是调和的．于是 X、Y 在 F 关于 $\varGamma$ 的极线上．因此 EP 为 F 关于 $\varGamma$ 的极线．类似地，FP 为 E 关于 $\varGamma$ 的极线，因此 P 为 EF 关于 $\varGamma$ 的极点）．

另外，AC 为 $G = \tau_A \cap \tau_C$ 的极线，BD 为 $H = \tau_B \cap \tau_D$ 的极线，因此 G、H 都在 $P = AC \cap BD$ 的极线上．于是 E、F、G、H 共线．此外，这些点构成一个调和点列．事实上，由于圆 $\varGamma$ 在 B 和 D 处的切线相交于 H，CH 为 $\triangle CBD$ 的 C-类似中线，CG 为 $\varGamma$ 在点 C 处的切线，因此 (CD,CH,CB,CG) 为调和线束，与直线 EF 相交，得到 (E,H,F,G) 为调和点列．

设 I 为线段 EF 的中点，如图 63 所示．根据 Newton-Gauss 定理，点 M、N、I 共线．(E,H,F,G) 是调和点列，所以应用引理得到

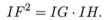
$$IF^2 = IG \cdot IH.$$

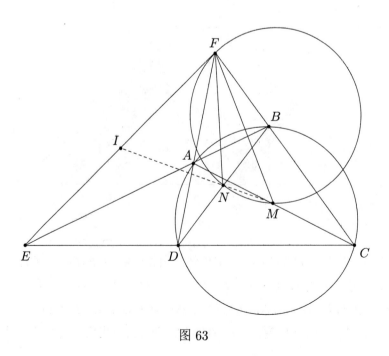

图 63

另外, 若 O 和 R 分别表示 $ABCD$ 的外心和外径, 则

$$OM \cdot OG = ON \cdot OH = R^2,$$

于是, 四边形 $GHMN$ 内接于圆. 利用点的幂, 这给出

$$IN \cdot IM = IG \cdot IH = IF^2,$$

于是我们可以依此得出结论: IF 和 $\triangle MNF$ 的外接圆相切, 于是 EF 为 $\triangle MNF$ 的外接圆的切线. 证明完成. □

题目 73. 考虑 $\triangle ABC$, 三个正方形 $BCDE$、$CAFG$、$ABHI$ 在三角形的外部. 设 $\triangle XYZ$ 为由直线 EF、DI、GH 形成的三角形. 证明:

$$[XYZ] \leqslant (4 - 2\sqrt{3})[ABC].$$

Toshio Seimiya –《数学难题》

证明 令人惊奇地, $2\sqrt{3}[ABC]$ 来自于著名的 Weitzenbock 不等式.

Weitzenbock 不等式 记 $\triangle ABC$ 的边长为 $a = BC$、$b = CA$、$c = AB$, 则有

$$a^2 + b^2 + c^2 \geqslant 4\sqrt{3}[ABC].$$

这个著名的不等式归功于 Weitzenbock, 也在很多竞赛中出现过, 最著名的是 1961 年的 IMO 比赛. 在文献 [29] 中可以找到这个不等式的 11 个证明, 我们在此省略它的证明. 事实上, 我们在题目 109 证明了一个更强的结果, 不但推广了 Weitzenbock 不等式, 而且还推广了 Hardwiger-Finsler 改进的不等式

$$a^2 + b^2 + c^2 \geqslant 4\sqrt{3}[ABC] + (a-b)^2 + (b-c)^2 + (c-a)^2.$$

回到原题, 设 A'、B'、C' 分别为正方形 $BCDE$、$CAFG$、$ABHI$ 的中心. 我们要使用有向面积计算, 例如: 当 $\angle B > 90°$ 时, A'、B、C' 在其边界上是逆时针顺序, 于是 $[A'BC'] > 0$. 我们将证明分成三个断言.

断言 1 $[AB'C'] + [A'BC'] + [A'B'C] = -\frac{a^2+b^2+c^2}{8}$.

断言 2 $[A'B'C'] = [ABC] + \frac{a^2+b^2+c^2}{8}$.

断言 3 $[XYZ][A'B'C'] = [ABC]^2$.

如果我们证明了这三个结果,那么可以应用 Weitzenbock 不等式得到

$$[A'B'C'] = [ABC] + \frac{a^2+b^2+c^2}{8} \geqslant \left(1 + \frac{\sqrt{3}}{2}\right)[ABC].$$

结合断言 3 中的恒等式得到

$$[XYZ]\left(1 + \frac{\sqrt{3}}{2}\right)[ABC] \leqslant [XYZ][A'B'C'] = [ABC]^2.$$

因此

$$[XYZ] \leqslant \left(\frac{1}{1+\frac{\sqrt{3}}{2}}\right)[ABC] = (4-2\sqrt{3})[ABC],$$

这就得到了要证的结果. 现在还需要证明三个断言成立.

断言 1 的证明 以 A 为中心,$\sqrt{2}$ 为比例的旋转相似将 $\triangle AB'C'$ 映射到 $\triangle AFB$. 因此,$[AB'C'] = \frac{1}{2}[AFB]$. 类似地,$[CA'B'] = \frac{1}{2}[CBG]$. 于是得到

$$[AB'C'] + [A'B'C] = \frac{1}{2}[AFB] + \frac{1}{2}[CBG] = \frac{1}{4}[CAFG] = -\frac{b^2}{4}.$$

类似地,有

$$[AB'C'] + [A'BC'] = -\frac{c^2}{4}, \qquad [A'BC'] + [A'B'C] = -\frac{a^2}{4}.$$

将三个不等式相加,得到要证的结论. *

(还可以用余弦定理来证明. 事实上,不考虑面积的符号,有

$$\begin{aligned}
[AB'C'] &= \frac{1}{2}AB' \cdot AC'\sin\angle B'AC' \\
&= \frac{1}{2} \cdot \frac{AC}{\sqrt{2}} \cdot \frac{AB}{\sqrt{2}}\sin(90° + A) \\
&= \frac{1}{4}bc\cos A \\
&= \frac{b^2+c^2-a^2}{8}.
\end{aligned}$$

还可以得到 $[A'BC']$ 和 $[A'B'C]$ 的类似结果.)

断言 2 的证明 计算得到

$$[A'B'C'] = [ABC] - [A'BC] - [AB'C] - [ABC'] + ([AB'C'] + [A'BC'] + [A'B'C])$$
$$= [ABC] + \frac{a^2}{4} + \frac{b^2}{4} + \frac{c^2}{4} - \frac{a^2+b^2+c^2}{8}$$
$$= [ABC] + \frac{a^2+b^2+c^2}{8},$$

---
*根据开始说的有向面积说法,当 $[ABC] > 0$ 时,$\angle A < 90°$,则 $[AB'C'] < 0$. 断言中恒等式符号改成当前样子以后不影响后面结果. ——译者注

证明了需要的结论.

断言 3 的证明 由于 C'、B' 为 $\triangle AHG$ 的边的中点,因此 GH 和 $B'C'$ 平行. 使用 $A'B'$ 和 $A'C'$ 的类似结论,得到 $\triangle XYZ$ 和 $\triangle A'B'C'$ 相似. 设 $XY = \lambda A'B'$,则有

$$[XYZ] = \lambda^2[A'B'C']. \tag{1}$$

因此,$\triangle A'B'C'$ 和 $\triangle XYZ$ 之间的区域的面积为

$$\begin{aligned}
(1-\lambda^2)[A'B'C'] &= [A'B'C'] - [XYZ]\\
&= ([A'B'X] + [XB'Y]) + ([B'C'Y] + [YC'Z]) +\\
&\quad ([C'A'Z] + [ZA'X])\\
&= (1+\lambda)([A'B'X] + [B'C'Y] + [C'A'Z])\\
&= (1+\lambda)([A'CB'] + [B'AC'] + [C'BA']).
\end{aligned}$$

于是得到

$$(1-\lambda)[A'B'C'] = [A'CB'] + [B'AC'] + [C'BA'],$$

以及

$$\lambda = \frac{[A'B'C'] - ([A'CB'] + [B'AC'] + [C'BA'])}{[A'B'C']} = \frac{[ABC]}{[A'B'C']}.$$

最后,将 λ 的这个表达式代入式 (1),就得到了想要的恒等式. 这样就证明了断言 3,也完成了题目的证明. $\square$

点评 我们最后留给读者一个推广.

推广 考虑 $\triangle ABC$ 以及三个矩形 $BCDE$、$CAFG$、$ABHI$ 均在三角形的外部,使得垂直于三角形的边的方向的矩形的边和相应的三角形的边的比例均为 μ. 设 $\triangle XYZ$ 为直线 EF、DI、GH 形成的三角形,则有

$$[XYZ] \leqslant (\sqrt{3}\mu - 1)^2[ABC].$$

此外,当 $\mu \neq \frac{1}{\sqrt{3}}$ 时,等号成立,当且仅当 $\triangle ABC$ 为等边三角形;当 $\mu = \frac{1}{\sqrt{3}}$ 时,三条直线 EF、DI、GH 共点.

题目 74. 一个三角形被其中线分成 6 个小三角形. 证明:这些小三角形的外接圆的圆心共圆.

Floor van Lamoen – 《美国数学月刊》

证法一 我们重点强调三个漂亮的引理,都是关于调和四边形的,它们结合在一起给出了一个华丽的证明.

引理 1 设 M 为 $\triangle ABC$ 的外接圆上不含点 A 的 $\overset{\frown}{BC}$ 上的一点. 那么, AM 为 $\triangle ABC$ 的 A-类似中线, 当且仅当四边形 $ABMC$ 是调和的.

引理 1 的证明 设 AM 与 BC 相交于 X. 直线 AM 为 $\triangle ABC$ 的 A-类似中线, 当且仅当

$$\frac{XB}{XC} = \frac{AB^2}{AC^2}.$$

然而, 对 $\triangle MBC$ 应用正弦定理得到

$$\frac{XB}{XC} = \frac{MB}{MC} \cdot \frac{\sin \angle XMB}{\sin \angle XMC} = \frac{MB}{MC} \cdot \frac{\sin \angle ACB}{\sin \angle ABC} = \frac{MB}{MC} \cdot \frac{AB}{AC},$$

于是有

$$\frac{XB}{XC} = \frac{AB^2}{AC^2} \quad \Leftrightarrow \quad \frac{MB}{MC} = \frac{AB}{AC},$$

因此, AM 为 $\triangle ABC$ 的 A-类似中线, 当且仅当 $ABMC$ 是调和的. 引理 1 证毕.

引理 2 设 M 是 $\triangle ABC$ 所在平面上任意一点. 设 A_1、B_1、C_1 分别为 M 到边 BC、CA、AB 的投影. 那么, A_1 为线段 B_1C_1 中点, 当且仅当四边形 $ABMC$ 是调和的.

引理 2 的证明 若 A_1 是 B_1C_1 的中点, 则它在线段 B_1C_1 内. 根据 Simson 定理, 得 M 在 $\triangle ABC$ 的外接圆上. 此外, $\triangle MBC$ 和 $\triangle MC_1B_1$ 相似. 设 K 是 BC 的中点, 则有

$$\angle KMB = \angle A_1MC_1 = \angle A_1BC_1 = \angle CMA.$$

于是得到, AM 为 $\triangle MBC$ 的 A-类似中线. 对 $\triangle MBC$ 应用引理 1, 得到四边形 $ABMC$ 是调和的.

上述过程是可逆的, 这就证明了另一个方向, 因此完成了引理 2 的证明.

引理 3 设 $ABMC$ 为调和四边形. 过 M 作直线分别平行于 AB、AC, 分别与 AC、AB 相交于点 P、Q. 那么, 四边形 $BCPQ$ 内接于圆.

引理 3 的证明 记 J 为 $ABMC$ 的外接圆在点 B、C 处的切线的交点. $APMQ$ 为平行四边形, 于是 PQ 经过线段 AM 的中点 N. 于是点 O、B、C、J 和 N 都在以 OJ 为直径的圆上, 因此

$$\angle BNM = \angle BNJ = \angle BCJ = \angle A = \angle BPM.$$

于是, $BMNP$ 是圆内接四边形, 然后得到

$$\angle APN = \angle BMN = \angle BMA = \angle BCA.$$

因此 $BCPQ$ 是圆内接四边形, 引理 3 的证明完成.

回到原题. 设所给三角形为 $\triangle ABC$, AM、BN、CP 为它的中线, O_1、O_2、O_3、O_4、O_5、O_6 分别为 $\triangle BGM$、$\triangle CGM$、$\triangle CGN$、$\triangle AGN$、$\triangle AGP$、$\triangle BGP$ 的外心, $X = O_6O_1 \cap O_2O_3$、$Y = O_2O_3 \cap O_4O_5$、$Z = O_4O_5 \cap O_6O_1$, 点 E、F 分别在直线 ZX、XY 上, 并且满足 $GE \parallel XY$ 和 $GF \parallel ZX$.

注意到 $\angle BO_1G = 2\angle GMC = \angle GO_2C$, 因此等腰 $\triangle GO_1B \sim$ 等腰 $\triangle GO_2C$, 于是 $\triangle GO_1O_2 \sim \triangle GBC$. X 为 BG 的垂直平分线 O_1O_6 与 CG 的垂直平分线 O_2O_3 的交点, 所以 X 是 $\triangle GBC$ 的外心. $\angle GXO_2 = \angle GBC = \angle GO_1O_2$, 因此四边形 GO_1XO_2 内接于圆. $\angle XGO_2 = \angle GO_2O_3 - \angle GXO_2 = \angle GMC - \angle GBC = \angle BGM$. 因此, GX 为 $\triangle O_1GO_2$ 的 G–类似中线. *

根据引理 1, 我们有 GO_1XO_2 为调和四边形, 于是根据引理 2, 得到 E、F、O_1、O_2 四点共圆. 另外, 容易验证 $XE = \frac{2}{3} \cdot XO_6$、$XF = \frac{2}{3} \cdot XO_3$, 马上得出 $O_3O_6 \parallel EF$. 因此, 点 O_1、O_2、O_3、O_6 共圆. 类似地, 我们还能得到 O_2、O_3、O_4、O_5 共圆, 以及 O_4、O_5、O_6、O_1 共圆. 因此, 根据题目 4 (a) 的根心论述过程, 我们知道点 O_1、O_2、O_3、O_4、O_5、O_6 都在同一个圆上. 证明完成. □

证法二 我们现在给出一个完全不同的证明, 不用到射影几何. 为了防止混淆, 我们改变一下记号, 分别用 M_a、M_b、M_c 表示边 BC、CA、AB 的中点, 如图 64 所示. 进一步, 设 S 为 $\triangle ABC$ 的重心. 现在的问题是要证明 $\triangle AM_bS$、$\triangle CM_bS$、$\triangle CM_aS$、$\triangle BM_aS$、$\triangle BM_cS$、$\triangle AM_cS$ 的外心 A_b、C_b、C_a、B_a、B_c、A_c 共圆.

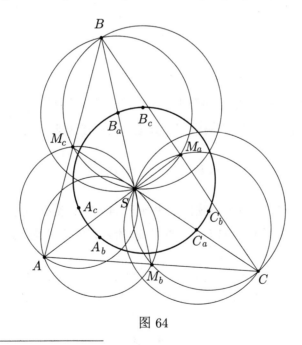

图 64

---

*这一段用于补全英文版中的原解答. ——译者注

我们知道这六个三角形的面积都是一样的,记为 k.

考虑外心 B_a 和 B_c,它们都在线段 BS 的垂直平分线上,因此 $B_aB_c \perp BS$,如图 65 所示. 另外,外心 A_b 和 C_b 都在线段 SM_b 的垂直平分线上,因此 $A_bC_b \perp SM_b$. 由于包含 BS 和 SM_b 的直线相同,因此 $B_aB_c /\!/ A_bC_b$. 类似地,有 $A_cA_b /\!/ C_aB_a$、$C_bC_a /\!/ B_cA_c$. 因此,六边形 $A_bA_cB_cB_aC_aC_b$ 的对边平行.

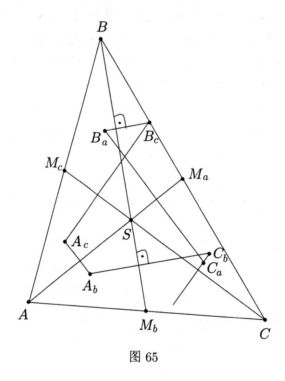

图 65

要想证明共圆,我们需要用到下面的断言.

断言 若六边形的对边平行,对角线长度都相同,则它内接于圆.

我们将找出纯几何证明的快乐留给读者. 我们接下来证明

$$A_bB_a = A_cC_a = B_cC_b.$$

我们在 $\triangle A_cSC_a$ 中应用余弦定理来计算 A_cC_a 的长度. 为此,我们需要知道另外两条边的长度以及它们的夹角. 如图 66 所示,边 A_cS 为 $\triangle AM_cS$ 的外径,因此有

$$k = \frac{AS \cdot SM_c \cdot M_cA}{4 \cdot A_cS} = \frac{AS \cdot \frac{1}{2}CS \cdot \frac{1}{2}c}{4 \cdot A_cS} = \frac{AS \cdot CS \cdot c}{16 \cdot A_cS},$$

于是得到

$$A_cS = \frac{AS \cdot CS \cdot c}{16k}.$$

类似地,有
$$C_a S = \frac{AS \cdot CS \cdot a}{16k}.$$

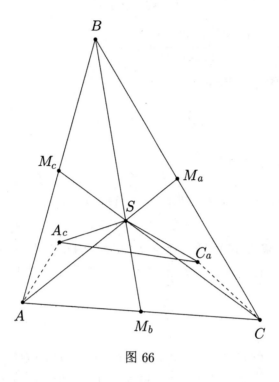

图 66

现在计算 $\angle A_c S C_a$. 在等腰 $\triangle A A_c S$ 中,我们有
$$\angle A_c SA = 90° - \frac{1}{2}\angle AA_c S = 90° - \angle AM_c S,$$

类似地,还有 $\angle C_a SC = 90° - \angle SM_a C$. 因此有

$$\begin{aligned}
\angle A_c S C_a &= \angle A_c SA + \angle ASC + \angle C_a SC \\
&= (90° - \angle AM_c S) + \angle ASC + (90° - \angle SM_a C) \\
&= \angle BM_c S + \angle M_c SM_a + \angle BM_a S - 180° \\
&= 180° - \angle B.
\end{aligned}$$

在 $\triangle A_c S C_a$ 中应用余弦定理,并注意相关的两个边长有公因子 $\frac{AS \cdot CS}{16k}$,得到

$$\begin{aligned}
A_c C_a^2 &= A_c S^2 + C_a S^2 - 2 \cdot A_c S \cdot C_a S \cdot \cos \angle A_c S C_a \\
&= \left(\frac{AS \cdot CS}{16k}\right)^2 \cdot (c^2 + a^2 - 2ac\cos(180° - B))
\end{aligned}$$

$$= \left(\frac{AS \cdot CS}{16k}\right)^2 \cdot (c^2 + a^2 + 2ca \cdot \cos B)$$

$$= \left(\frac{AS \cdot CS}{16k}\right)^2 \cdot (2 \cdot BM_b)^2$$

$$= \frac{9AS^2 \cdot CS^2 \cdot BS^2}{(16k)^2}.$$

注意到 AS、BS、CS 的对称性，得到

$$A_bB_a = A_cC_a = B_cC_b.$$

利用上面的断言，证明完成. □

题目 75. 设 H 为锐角 $\triangle ABC$ 的垂心，三角形的外接圆为 Γ，P 在 Γ 的 $\overset{\frown}{AB}$ 上（不含 C 的一段），M 在 Γ 的 $\overset{\frown}{CA}$ 上（不含点 B 的一段），满足 H 在线段 PM 上，K 为 Γ 上另一点，满足 KM 平行于点 P 关于 $\triangle ABC$ 的 Simson 线，Q 为 Γ 上另一点，满足 $PQ /\!/ AB$. 线段 AB 和 KQ 相交于点 J. 证明：$\triangle KJM$ 为等腰三角形.

中国国家队选拔考试 2011

证明 设 P_a、P_b、P_c 和 P' 分别为 P 关于 BC、AC、AB 和 UV 的反射，其中 U 和 V 分别为 P 在 AC 和 BC 上的投影. 根据题目 17 的引理，这些点都在直线 $P'H$ 上（利用以 P 为中心，2 为比例的位似）. 进一步，我们知道 UV 平分 PH，并且 $UV /\!/ HP_b$. 设 B_1 为 H 关于 AC 的反射，设 P_bB_1 和外接圆相交于另一点 K'. 于是我们可以发现，$\angle K'MH = 180° - \angle P_bB_1P = \angle P_bHM$，因此 $MK' /\!/ P_bH /\!/ UV$，于是 $K' = K$. 因此 B_1K 为 PH 关于 AC 的反射，即 K 在 PH 关于 AC 的反射直线上. 根据 Collings 定理，K 在 PH 关于边 BC、AB 的反射直线上. *

设 PM 与 AB 交于点 C'. 导角发现

$$\angle QKM = \angle QKA + \angle AKM = \angle PAB + \angle APM = \angle AC'M,$$

因此 C'、K、M、J 四点共圆，得到

$$\angle JMK = \angle BC'K = \angle JC'M = \angle JKM,$$

其中第二个等号成立是因为直线 $C'K$ 与 PM 关于 AB 对称. 因此证明了 $\triangle JMK$ 为等腰三角形. □

---

*对后续证明进行了重新整理. ——译者注

题目 76. 设 D、E、F 分别为 $\triangle ABC$ 的内切圆在边 BC、CA、AB 上的切点，EF 与 $\triangle ABC$ 的外接圆 Γ 相交于 X、Y，T 为 $\triangle DXY$ 的外接圆与 $\triangle ABC$ 的内切圆的另一个交点. 证明：AT 经过 A–伪内切圆与 Γ 的切点 A'.

Sammy Luo, Cosmin Pohoata –《数学反思》

证法一 考虑以 I 为中心，r^2 为幂的反演 Ψ，其中 r 为 $\triangle ABC$ 的内径. 对于任何点 X，设它在 Ψ 下的像为 X_1. 像 A_1、B_1、C_1 在 $\triangle DEF$ 的九点圆 (N) 上. 点 X_1、Y_1 为 (N) 与 $\triangle EIF$ 的外接圆的交点，T 为 $\triangle DX_1Y_1$ 的外接圆与内切圆的另一个交点. 此外，根据题目 63 中的引理，我们知道：A–伪内切圆与 Γ 的切点的像为 A_1 在 (N) 中的对径点 A_1'. 因此，要证 AT 经过 A'，只需证明四边形 $TA_1'IA_1$ 内接于圆.

设 $\triangle EIF$ 的外接圆为 ω，$\triangle DX_1Y_1$ 的外接圆为 ω_2. 直线 DT、EF、X_1Y_1 分别为圆 ω、ω_2、(I) 两两之间的根轴，于是它们相交于某点 Z. 类似地，ω_2、(N)、(I) 两两之间的根轴也共点，而由于其中两个 X_1Y_1 和 DT 相交于 Z，因此 (N)、(I) 的根轴也经过 Z. 设 H_d、H_e、H_f 分别为 $\triangle DEF$ 中高 EF、FD、DE 的垂足，H 为其垂心. EFH_eH_f 内接于以 A_1 为圆心的圆，记为 Γ_a. Γ_a、(N)、(I) 两两之间的根轴为 H_eH_f、H_dA_1（就是 EF）以及 (N) 和 (I) 的根轴. 后两个经过 Z，因此 H_eH_f 也经过 Z.

*计算点的幂有 $ZH_e \cdot ZH_f = ZE \cdot ZF = ZD \cdot ZT$，于是 TDH_eH_f 内接于圆. 然后得到 H_f 为 $\triangle ZDF$ 的边上的点 H_e、E、T 对应的 Miquel 点，于是 ZTH_fE 内接于圆. 同理也有 TZH_eF 内接于圆. 由于在圆 (DH_eH_fT) 中 DH 为直径，因此 $\angle DTH = 90°$. 另外，在完全四边形 FH_eH_fE 中，H 的极线为 DZ，因此 $A_1H \perp DZ$，于是得到 A_1、H、T 共线，此线垂直于 DZ.

$\triangle DEF$ 的九点圆的直径 $A_1A_1' = ID$. 又因为 T 在圆 (I) 上，所以 $IT = ID = A_1A_1'$. 由于九点圆圆心 N 为 IH 中点，因此 A_1、A_1' 和 H、I 分别关于 N 对称，于是 $IA_1' /\!/ A_1H$. 由于 $IA_1' /\!/ A_1T$，$IT = A_1A_1'$，因此 $IA_1'TA_1$ 为等腰梯形，内接于圆. 证明完成. $\square$

证法二 这个计算方法很有指导意义，它展示了代数机械处理和几何思想背景的独创融合.

设 O_a 为 A–伪内切圆的圆心. 我们之前在题目 36 中知道，伪内切圆的半径

---

*从此处开始，证明根据英文版中的证明思路进行了修改. ——译者注

可以计算，为 $\rho_a = \frac{r}{\cos^2 \frac{A}{2}}$，而 O_a 的三线坐标*为

$$O_a \equiv \left(\rho_a \frac{1 + \cos A - \cos B - \cos C}{2}, \rho_a, \rho_a \right).$$

现在考虑直线 $c(s-b)\beta = b(s-c)\gamma$ 和 $\triangle ABC$ 的外接圆的另一个交点 Z'（不同于 A）. 由于后者的方程为 $a\beta\gamma + b\gamma\alpha + c\alpha\beta = 0$，因此 Z' 的坐标满足 $c(s-b)\beta = b(s-c)\gamma = -bc\alpha$，用三线坐标表示，得

$$Z' \equiv \left(-\frac{r}{2R}, 1 - \cos B, 1 - \cos C \right).$$

通过一些代数计算，我们可以进一步验证

$$(1 + \cos A - \cos B - \cos C, 2, 2), \quad (\cos A, \cos B, \cos C),$$
$$\left(-\frac{r}{2R}, 1 - \cos B, 1 - \cos C \right)$$

作为向量线性相关，于是 Z' 是外接圆和直线 OO_a 的交点，并且在由射线 AB、AC 决定的角形区域内，即 $Z' = A'$ 为 A-伪内切圆与外接圆的切点. 事实上，这个线性相关性等价于 $\cos A + \cos B + \cos C = 1 + \frac{r}{R}$，根据 Carnot 定理，这确实成立. 于是，问题归结为证明直线 $c(s-b)\beta = b(s-c)\gamma$ 和内切圆的远离 A 的交点 Z 在 $\triangle DXY$ 的外接圆上，其中以 A 为中心，$\cos^2 \frac{A}{2}$ 为比例的位似将 Z' 变到 Z（这是将 A-伪内切圆变为内切圆的变换）.

现在，利用 $c(s-c) = 4Rr\cos^2 \frac{C}{2}$，我们可以将内切圆的方程写为

$$a^2(s-a)^2 \alpha^2 + b^2(s-b)^2 \beta^2 + c^2(s-c)^2 \gamma^2$$
$$= 2bc(s-b)(s-c)\beta\gamma + 2ca(s-c)(s-a)\gamma\alpha + 2ab(s-a)(s-b)\alpha\beta.$$

经过代数计算，内切圆和直线 $c(s-b)\beta = b(s-c)\gamma$ 靠近边 BC（因此远离 A）的交点满足

$$abc(s-a)\alpha = (b-c)^2 c(s-b)\beta = (b-c)^2 b(s-c)\gamma.$$

为了 α, β, γ 成为归一化的三线坐标，我们需要 $a\alpha + b\beta + c\gamma = 2[ABC]$，或者说

$$Z \equiv \left(\frac{(b-c)^2 (s-b)(s-c)}{2R(a(s-a) + (b-c)^2)}, \frac{ab(s-c)(s-a)}{2R(a(s-a) + (b-c)^2)}, \frac{ca(s-a)(s-b)}{2R(a(s-a) + (b-c)^2)} \right).$$

现在只需证明此点和 D、X、Y 共圆.

参考 $\triangle ABC$ 下的四个点共圆，当且仅当它们的归一三线坐标 (α, β, γ) 形成的四个 4 维向量 $(a\beta\gamma + b\gamma\alpha + c\alpha\gamma, \alpha, \beta, \gamma)$ 线性相关. 记 $\boldsymbol{u}$、$\boldsymbol{v}$ 分别为 D、Z 对应

---
*到三角形的三边距离之比，如果是到三边的高，则是归一化的三线坐标. ——译者注

的 4 维向量. 可以用不全为零的系数 $\rho、\kappa$ 进行组合, 使得 $\rho \boldsymbol{u} + \kappa \boldsymbol{v} \equiv (0, \alpha', \beta', \gamma')$. 显然, $a\beta\gamma + b\gamma\alpha + c\alpha\gamma = 0$ 对 $X、Y$ 成立, 因为它们就在外接圆上. 而这两个点也在直线 EF 上, 所以现在只需证明 $(\alpha', \beta', \gamma')$ 满足 EF 的方程.

注意, 在归一三线坐标下, 有

$$D \equiv (0, (s-c)\sin C, (s-b)\sin B),$$

类似地, 对于 $E、F$ 也有相应公式. 于是 D 的 4 维向量为

$$\boldsymbol{u} \equiv (a(s-b)(s-c)\sin B \sin C, 0, (s-c)\sin C, (s-b)\sin B),$$

然后 EF 的方程为

$$EF \equiv a(s-a)\alpha = b(s-b)\beta + c(s-c)\gamma.$$

根据前面的结果, 经过一些计算并使用 Heron 公式, 可以得到 Z 的 4 维向量为

$$\boldsymbol{v} \equiv \left(\frac{arS^2}{KR}, \frac{(b-c)^2(s-b)(s-c)}{2KR}, \frac{ab(s-c)(s-a)}{2KR}, \frac{ca(s-a)(s-b)}{2KR}\right),$$

其中 $K = a(s-a) + (b-c)^2$. 于是得到系数

$$\kappa = KRbc, \quad \rho = -4R^2 rs(s-a) = -abcR(s-a),$$

给出了所需的线性组合

$$(\alpha', \beta', \gamma') \equiv \left(K'\frac{(b-c)(s-b)(s-c)}{a}, (s-c)(s-a), -(s-a)(s-b)\right),$$

其中 $K' = \frac{abc(b-c)}{2}$. 于是只需证明

$$(s-a)(b-c)(s-b)(s-c) = b(s-b)(s-c)(s-a) - c(s-c)(s-a)(s-b),$$

这显然成立. 因此证明完成. □

题目 77. 设 $\triangle ABC$ 的内切圆为 γ, 外接圆为 Γ, 圆 Ω 与射线 $AB、AC$ 以及 Γ 外切, A' 为 Ω 和 Γ 的切点. 进一步, 过 A' 作 γ 的切线, 设 $B'、C'$ 分别为两条切线与 Γ 的另一个交点. 若 X 表示弦 $B'C'$ 和 γ 的切点, 证明: $\triangle BXC$ 的外接圆和 γ 相切.

Titu Andreescu, Cosmin Pohoata – USAMO 预选题 2014

证明 首先要说明陈述的合理性, 回忆著名的 Poncelet 封闭定理, 保证了 $B'C'$ 和 γ 相切. 我们将问题重述, 使其更容易处理.

重述 设 X 为 $\triangle ABC$ 的内切圆上的点,使得 $\triangle XBC$ 的外接圆与内切圆 γ 相切. 取 γ 在 X 处的切线 ℓ,设它与外接圆 Γ 的交点为 B'、C'. 进一步,分别从 B'、C' 作 γ 的不同于 ℓ 的切线. Poncelet 封闭定理保证,这两条切线相交于 Γ 上的一点 A'. 若 D 为 γ 在 BC 上的切点,则我们要证 $\angle DAB = \angle A'AC$,或者说,直线 AD 和 AA' 关于 $\angle A$ 共轭.

两个陈述的等价性来自于下面的断言.

断言 在原始的描述中,有 $\angle DAB = \angle A'AC$.

断言的证明 考虑以 A 为中心 $AB \cdot AC$ 为幂的反演,然后复合关于 $\angle BAC$ 的平分线的对称,设这个变换为 Ψ. 在 Ψ 下,$AB \leftrightarrow AC$、直线 $BC \leftrightarrow$ 圆 Γ. 因此内切圆 γ 与圆 Ω 互换. 于是 $D \leftrightarrow A'$. 由此得出 $\angle DAB = \angle A'AC$. 这样就完成了断言的证明.

断言是一个关于伪外切圆的命题. 直线 AD 为一个 Gergonne Ceva 线,AA' 经过圆 γ 和 Γ 的内位似中心,是 $\triangle ABC$ 的 Gergonne 点的等角共轭点.

我们从一个重要的核心引理开始证明重述的命题.

引理 设 $\triangle ABC$ 和 $\triangle A'B'C'$ 有同一个外接圆 $\Gamma(O, R)$ 和同一个内切圆 $\gamma(I, r)$,D、E、F、D'、E'、F' 分别为 γ 在边 BC、CA、AB、$B'C'$、$C'A'$、$A'B'$ 的切点. 那么,经过线段 EF 和 $E'F'$ 中点的直线平行于 DD'.

引理的证明 我们不妨设 A'、B'、C' 分别在小弧* $\widehat{CA}$、$\widehat{AB}$、$\widehat{BC}$ 内. 定义交点 $P = BC \cap B'C'$、$Q = AB \cap B'C'$、$R = AB \cap A'B'$、$S = AC \cap A'B'$.

考虑以 I 为中心,r^2 为幂的反演 Ψ. 由题目 40 的证明知道,这个变换将顶点 A、A' 分别映射为 EF、$E'F'$ 的中点,于是 Ψ 将过 EF、$E'F'$ 中点的连线映射到 $\triangle IAA'$ 的外接圆. 因此,只需证明 (IAA') 在顶点 I 处的切线和 DD' 平行. 特别地,我们只需证明直线 PI 经过 $\triangle IAA'$ 的外心.† 设 $\triangle IAA'$ 的外心为 O',要证 P、I、O 共线,只需证明:$\angle PBA + \angle IPB + \angle BAO' + \angle AO'I = 360°$. 我们用 $\widehat{XY}$ 表示 Γ 上的有向弧 $\widehat{XY}$(逆时针从 X 到 Y 的一段)所对的圆周角的度数.

由于 O' 为 $\triangle IAA'$ 的外心,因此 $\angle IO'A = 2\angle AA'I$,$\angle BAO' = \angle BAI + \angle IAO' = \angle BAI + 90° - \angle AA'I$,于是

$$\angle AO'I + \angle BAO' = \angle BAI + 90° + \angle AA'I = 90° + \widehat{AB'} + \frac{1}{2}(\widehat{B'C'} + \widehat{BC}).$$

显然 $\angle PBA = \angle CBA = \widehat{CA}$. 而

$$\angle IPB = 90° + \frac{1}{2}\angle BPB' = 90° + \frac{1}{2}(\widehat{B'B} + \widehat{C'C}),$$

---
*指由两个顶点形成的弧中不含另一个顶点的一段. ——译者注
†引理的证明的其余部分主要利用导角法,已重新整理. ——译者注

因此, 相加得到

$$\angle AO'I + \angle BAO' + \angle PBA + \angle IPB$$
$$= 180° + \widehat{AB'} + \frac{1}{2}(\widehat{B'C'} + \widehat{BC} + \widehat{B'B} + \widehat{C'C}) + \widehat{CA} = 360°.$$

于是证明了引理.

现在, 我们继续证明重述的命题. 设 E、F、D'、E'、F' 分别为内接圆 γ 与弦 CA、AB、$B'C'$、$C'A'$、$A'B'$ 的切点. 为了记号方便, 将重述命题中的点 X 换成 D'. 进一步, 设 $T_1 = EF \cap BC$、$T_1' = E'F' \cap B'C'$、$P = BC \cap B'C'$、$T = E'F' \cap EF$. 下文中的极线都是指关于 γ 的极线.

正如已经说明的, 由 Poncelet 封闭定理知道, A' 在 Γ 上. 我们还知道 A、F、D、A'、E 的极线分别为 EF、AB、BC、$E'F'$、AC. 因此, AD 为 T_1 的极线, AA' 为 T 的极线. 于是有 $IT_1 \perp AD$、$IT \perp AA'$. 因此, 为了证明 $\angle DAB = \angle A'AC$, 或者等价地 $\angle IAD = \angle IAA'$, 只要证明 I 到 AD 和 AA' 的距离相同, 或者等价地 $TI = T_1 I$.

另外, (T_1, B, D, C) 为调和点列, 而 P 在 BC 上, 还满足 $PB \cdot PC = (PD')^2 = PD^2$ (根据点的幂), 因此 P 是线段 $T_1 D$ 的中点. 类似地, 可以得到 P 是 $T_1' D'$ 的中点, 于是得到 $DD'T_1T_1'$ 为矩形. 因为 I 在 DD' 的垂直平分线上, 所以 $T_1 I = T_1' I$. 现在剩下的就是证明 I 是 $\triangle TT_1T_1'$ 的外心.

现在使用引理. 设 M_1、M_1' 分别为 EF、$E'F'$ 的中点. 根据引理, 我们有 $M_1 M_1'$ 平行于 DD', 于是 $M_1 M_1'$ 平行于 $T_1 T_1'$. 由于 $TM_1'IM_1$ 内接于圆, 因此

$$\angle M_1'TI = \angle M_1' M_1 I = 90° - \angle TM_1 M_1' = 90° - \angle TT_1 T_1'.$$

于是 I 同时在 T 到 $T_1 T_1'$ 的垂线关于 $\angle T_1 TT_1'$ 的共轭直线以及 $T_1 T_1'$ 的垂直平分线上. 熟知 $\triangle TT_1 T_1'$ 的外心也在这两条直线上. 若 $TT_1 \neq TT_1'$, 则上述两条直线不重合, 于是 I 就是 $\triangle TT_1 T_1'$ 的外心. 若 $TT_1 = TT_1'$, 则 E、F、D 关于 IP 的反射分别为 E'、F'、D', 于是 Γ、γ 关于 IP 对称. 此时, $\triangle ABC$ 相对于 Γ、γ 在特殊位置, 因此由连续性, 对于这个特殊情况命题也成立. 证明完成. □

题目 78. 在 $\triangle ABC$ 中, 设 D、E、F 分别为从 A、B、C 引出的高的垂足, H 为 $\triangle ABC$ 的垂心, I_1、I_2、I_3 分别为 $\triangle EHF$、$\triangle FHD$、$\triangle DHE$ 的内心. 证明: 直线 AI_1、BI_2、CI_3 共点.

AoPS 论坛

证明 关键的想法是使用题目 22 中的 Jacobi 定理. 然而, 此处无法直接应用此定理, 因此我们需要设计一个方案.

在 △ABC 外部作 △XBC，使得 △XBC 和 △HEF 相似，类似地定义点 Y、Z，使得 △YCA 和 △HFD 相似，△ZAB 和 △HDE 相似. 注意到，△ABC 和 △AEF 相似（由于 BCEF 内接于圆），因此四边形 AEHF 和四边形 ABXC 相似. 特别地，若 I_1' 表示 △XBC 的内心，则 $\angle I_1'AB = \angle I_1'AF = \angle I_1'AC$. 类似地，若 I_2' 表示 △YCA 的内心，I_3' 为 △ZAB 的内心，则可以得到 $\angle I_2'BC = \angle I_2'BA$ 和 $\angle I_3'CA = \angle I_3'CB$. 因此，直线 AI_1、BI_2、CI_3 共点，当且仅当 AI_1'、BI_2'、CI_3' 共点（后者为初始三条线关于相应角平分线的反射）.

另外，我们有 $\angle I_1'BC = \frac{1}{2}\angle XBC = \frac{1}{2}\angle HEF$ 和 $\angle I_3'BA = \frac{1}{2}\angle ZBA = \frac{1}{2}\angle HED$. 由于 BH 为 $\angle EDF$ 的平分线，因此 $\angle HEF = \angle HED$. 于是 $\angle I_1'BC = \angle I_3'BA$，类似地，还有 $\angle I_1'CB = \angle I_2'CA$、$\angle I_2'AC = \angle I_3'AB$. 因此，根据 Jacobi 定理，直线 AI_1'、BI_2'、CI_3' 共点. 证明完成. □

题目 79. 如图 67 所示，设 △ABC 的内切圆为 Γ，D、E、F 分别为 Γ 在 BC、CA、AB 上的切点，M、N、P 分别为 BC、CA、AB 的中点，X、Y、Z 分别在 AI、BI、CI 上. 证明：直线 XD、YE、ZF 共点，当且仅当 XM、YN、ZP 共点.

Eric Daneels – 几何论坛

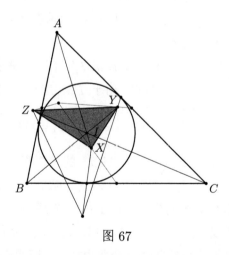

图 67

证明 设 τ_A、τ_B、τ_C、ℓ_A、ℓ_B、ℓ_C 分别表示直线 EF、FD、DE、NP、PM、MN. 用 $\delta(U, \ell)$ 表示点 U 到直线 ℓ 的无向距离.

回忆题目 32 中的引理，一个顶点关于内切圆的极线、另一个顶点对应的中位线、从第三个顶点出发的角平分线三线共点. 特别地，直线 ED、PM、AI 共点，直线 FD、NM、AI 也是. 因此，直线 AI 上的点 X 满足
$$\frac{\delta(X, \tau_C)}{\delta(X, \ell_B)} = \frac{\delta(I, \tau_C)}{\delta(I, \ell_B)}, \quad \frac{\delta(X, \tau_B)}{\delta(X, \ell_C)} = \frac{\delta(I, \tau_B)}{\delta(I, \ell_C)},$$

得到

$$\frac{\delta(X,\tau_C)}{\delta(X,\tau_B)} \cdot \frac{\delta(X,\ell_C)}{\delta(X,\ell_B)} = \frac{\delta(I,\tau_C)}{\delta(I,\tau_B)} \cdot \frac{\delta(I,\ell_C)}{\delta(I,\ell_B)}. \tag{1}$$

类似地，BI 上的点 Y 和 CI 上的点 Z 满足

$$\frac{\delta(Y,\tau_A)}{\delta(Y,\tau_C)} \cdot \frac{\delta(Y,\ell_A)}{\delta(Y,\ell_C)} = \frac{\delta(I,\tau_A)}{\delta(I,\tau_C)} \cdot \frac{\delta(I,\ell_A)}{\delta(I,\ell_C)}, \tag{2}$$

以及

$$\frac{\delta(Z,\tau_B)}{\delta(Z,\tau_A)} \cdot \frac{\delta(Z,\ell_B)}{\delta(Z,\ell_A)} = \frac{\delta(I,\tau_B)}{\delta(I,\tau_A)} \cdot \frac{\delta(I,\ell_B)}{\delta(I,\ell_A)}. \tag{3}$$

将式 (1) $\sim$ (3) 相乘，得到

$$\left[\frac{\delta(X,\tau_C)}{\delta(X,\tau_B)} \cdot \frac{\delta(Y,\tau_A)}{\delta(Y,\tau_C)} \cdot \frac{\delta(Z,\tau_B)}{\delta(Z,\tau_A)}\right] \cdot \left[\frac{\delta(X,\ell_C)}{\delta(X,\ell_B)} \cdot \frac{\delta(Y,\ell_A)}{\delta(Y,\ell_C)} \cdot \frac{\delta(Z,\ell_B)}{\delta(Z,\ell_A)}\right]$$
$$= \left[\frac{\delta(I,\tau_C)}{\delta(I,\tau_B)} \cdot \frac{\delta(I,\tau_A)}{\delta(I,\tau_C)} \cdot \frac{\delta(I,\tau_B)}{\delta(I,\tau_A)}\right] \cdot \left[\frac{\delta(I,\ell_C)}{\delta(I,\ell_B)} \cdot \frac{\delta(I,\ell_A)}{\delta(I,\ell_C)} \cdot \frac{\delta(I,\ell_B)}{\delta(I,\ell_A)}\right]$$
$$= 1.$$

特别地，

$$\left[\frac{\delta(X,\tau_C)}{\delta(X,\tau_B)} \cdot \frac{\delta(Y,\tau_A)}{\delta(Y,\tau_C)} \cdot \frac{\delta(Z,\tau_B)}{\delta(Z,\tau_A)}\right] = 1$$

成立，当且仅当

$$\left[\frac{\delta(X,\ell_C)}{\delta(X,\ell_B)} \cdot \frac{\delta(Y,\ell_A)}{\delta(Y,\ell_C)} \cdot \frac{\delta(Z,\ell_B)}{\delta(Z,\ell_A)}\right] = 1.$$

因此，在 $\triangle DEF$ 和 $\triangle MNP$ 中写下 Ceva 定理的公式，我们得到结论：DX、EY、FZ 共点，当且仅当 MX、NY、PZ 共点. 证明完成. $\square$

题目 80. 凸四边形的一条对角线将其分成两个三角形，作这两个三角形的内切圆. 证明：两个内切圆在这条对角线上的切点关于对角线的中点对称，当且仅当两条对角线和两个内心的连线共点.

Dan Schwarz – 数学之星 2008

证明 这个题目涉及两个经典的定理，但是以一种不经典的方式应用这两个定理（因此可以算一个好的竞赛题目）.

Pitot 定理 凸四边形 $ABCD$ 满足 $AB + BC = CD + DA$，那么存在一个与四边形 $ABCD$ 的四边均相切的圆.

Monge-d'Alembert 定理 平面上有三个不同的圆，它们之间两两配对得到三对圆，那么其中两对圆的内位似中心和第三对圆的外位似中心三点共线.

我们省略这两个变种定理的证明,它们和标准形式的定理的证明一样. 回到问题的证明. 假设在凸四边形 $ABCD$ 中,$\triangle DAB$ 和 $\triangle BCD$ 的内切圆分别为 (I)、(J). 进一步,设 (I)、(J) 和 BD 分别相切于 U、V. (I) 和 (J) 的内位似中心为 $H = IJ \cap BD$. 若 $\angle DAB = \angle BCD$,则条件 $BU = DV$ 或者 $H = IJ \cap BD \cap AC$ 都导致 $ABCD$ 为平行四边形,命题显然成立. 因此,不妨设 $\angle DAB < \angle BCD$,$P \equiv AB \cap CD$.

假设 $BU = DV$,则有

$$AB + BD - DA = CD + DB - BC,$$

于是 $AB + BC = CD + DA$. 根据 Pitot 定理的变种,四边形 $ABCD$ 存在一个旁切圆 (E),它是 $\triangle APD$ 的 A-旁切圆. 进一步,注意到 A 是 (I) 和 (E) 的外位似中心,C 为 (J) 和 (E) 的内位似中心,因此根据 Monge-d'Alembert 定理的变种,(I) 和 (J) 的内位似中心 H 在 AC 上,于是 $H = IJ \cap BD \cap AC$.

反之,假设 $H = IJ \cap BD \cap AC$,(E) 为 $\triangle DAP$ 的 A-旁切圆. (J) 和 (E) 的内位似中心在它们的公切线 $CD \equiv PD$ 上. 而 A 是 (I) 和 (E) 的外位似中心,H 为 (I) 和 (J) 的内位似中心. Monge-d'Alembert 定理的变种给出,(J) 和 (E) 的内位似中心在 AC 上. 因此这个内位似中心为 $C = CD \cap AC$. 于是从 C 出发的 (J) 的另一条切线 BC 也与 (E) 相切,因此四边形 $ABCD$ 的每条边都与 (E) 相切. 于是得到 $AB + BC = CD + DA$,或者 $AB + BD - DA = CD + DB - BC$,给出 $BU = DV$. 证明完成. □

题目 81. 设圆 $\mathcal{K}$ 经过 $\triangle ABC$ 的顶点 B、C,圆 ω 与 AB、AC、$\mathcal{K}$ 分别相切于 P、Q、T,M 是 $\mathcal{K}$ 的包含点 T 的 $\widehat{BC}$ 的中点. 证明:直线 BC、PQ、MT 共点.

Luis Gonzalez – AoPS 论坛

证明 这个解答的核心部分是下面关于外公切线长度的非常有用的公式.

Casey 弦定理 设圆 Γ_1、Γ_2 的半径分别为 r_1、r_2,与圆 Γ(半径为 R)分别内切(或外切)于点 A、B. 那么,Γ_1 和 Γ_2 之间的外公切线长度 δ_{12} 为

$$\delta_{12} = \frac{AB}{R}\sqrt{(R \pm r_1)(R \pm r_2)},$$

其中符号的选择分别依赖于 Γ_1、Γ_2 是内切还是外切于 Γ.

Casey 弦定理的证明 如图 68 所示,不妨设 $r_1 \geqslant r_2$,并且 Γ_1 和 Γ_2 内切于 Γ. 其他情况可以类似地处理. 设 Γ_1 和 Γ_2 之间的一条外公切线分别和 Γ_1、Γ_2 相切于 A_1、B_1. 设 A_2 为 O_2 在 O_1A_1 上的投影. 在 $\triangle O_1O_2A_2$ 中应用勾股定理,得到

$$\delta_{12}^2 = (A_1B_1)^2 = (O_1O_2)^2 - (r_1 - r_2)^2.$$

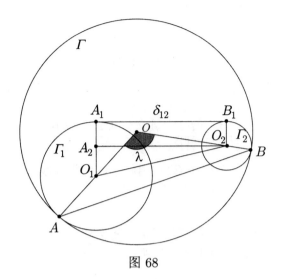

图 68

设 $\angle O_1OO_2 = \lambda$,在 $\triangle OO_1O_2$ 中应用余弦定理,得到

$$(O_1O_2)^2 = (R-r_1)^2 + (R-r_2)^2 - 2(R-r_1)(R-r_2)\cos\lambda.$$

在 $\triangle OAB$ 中应用余弦定理,得到

$$AB^2 = 2R^2(1-\cos\lambda).$$

从前面几个公式中消去 $\cos\lambda$ 和 O_1O_2,得出

$$\delta_{12}^2 = (R-r_1)^2 + (R-r_2)^2 - (r_1-r_2)^2 - 2(R-r_1)(R-r_2)\left(1 - \frac{AB^2}{2R^2}\right).$$

进一步化简为

$$\delta_{12} = \frac{AB}{R}\sqrt{(R-r_1)(R-r_2)}.$$

类似地,若 $\varGamma_1$、$\varGamma_2$ 和 $\varGamma$ 外切,则得到

$$\delta_{12} = \frac{AB}{R}\sqrt{(R+r_1)(R+r_2)}.$$

若 $\varGamma_1$ 和 $\varGamma$ 外切,$\varGamma_2$ 和 $\varGamma$ 内切,则得到

$$\delta_{12} = \frac{AB}{R}\sqrt{(R+r_1)(R-r_2)}.$$

这样就完成了定理的证明.

回到原题. 设 R 和 ϱ 分别为 $\mathcal{K}$ 和 ω 的半径. 对 ω、(B) 和 ω、(C) 分别应用 Casey 弦定理,其中 (B)、(C) 分别表示 B、C 处的退化的圆,我们得到

$$TC^2 = \frac{CQ^2 \cdot R^2}{(R-\varrho)(R-0)} = \frac{CQ^2 \cdot R}{R-\varrho}, \quad TB^2 = \frac{BP^2 \cdot R^2}{(R-\varrho)(R-0)} = \frac{BP^2 \cdot R}{R-\varrho},$$

然后有
$$\frac{TB}{TC} = \frac{BP}{CQ}.$$

现在,设 PQ 与 BC 相交于 U. 在 $\triangle ABC$ 中对共线点 U、P、Q 应用 Menelaus 定理,我们得到
$$\frac{UB}{UC} = \frac{BP}{AP} \cdot \frac{AQ}{CQ} = \frac{BP}{CQ} = \frac{TB}{TC}.$$

因此,根据角平分线定理,U 是 $\triangle BTC$ 中 T-外角平分线 TM 与对边的交点,因此必然在 TM 上. □

题目 82. 设四边形 $ABCD$ 有内切圆 Γ,圆心为 O,直线 γ 与 Γ 相切,A'、B'、C'、D' 分别为 A、B、C、D 到 γ 的投影. 证明:
$$\frac{AA' \cdot CC'}{BB' \cdot DD'} = \frac{AO \cdot CO}{BO \cdot DO}.$$

Cosmin Pohoata –《数学杂志》

证明 我们首先证明一个初步的结论.

引理 设 $ABCD$ 为圆内接四边形,点 P 是其外接圆上一点,X、Y、Z、W 分别为 P 到 AD、AB、BC、CD 的投影,则有 $PX \cdot PZ = PY \cdot PW$.

引理的证明 不妨设 P 在不含 C、D 的 $\overset{\frown}{AB}$ 上,此时
$$\frac{PX}{PY} = \frac{\sin \angle PAX}{\sin \angle PAB}, \quad \frac{PZ}{PW} = \frac{\sin \angle PCB}{\sin \angle PCD}.$$

注意到 $\angle PAB = \angle PCD$ 以及 $\angle PAX = \angle PCD$,因此得到 $PX \cdot PZ = PY \cdot PW$. 这就证明了引理.

回到原题. 设 M、N、L、Q 分别为 Γ 与边 DA、AB、CB、CD 的切点,P 为 γ 与 Γ 的切点,X、Y、Z、W 分别为 P 到 MN、NL、LQ、QM 的投影.

注意到 γ 为 P 关于 Γ 的极线,MN、NL、LQ、QM 分别为 A、B、C、D 的极线. 根据题目 29 中的 Salmon 定理,我们有
$$\frac{AA'}{AO} = \frac{PX}{R}, \quad \frac{CC'}{CO} = \frac{PZ}{R}, \quad \frac{BB'}{BO} = \frac{PY}{R}, \quad \frac{DD'}{DO} = \frac{PW}{R},$$

其中 R 为 Γ 的半径. 然而,将引理应用到圆内接四边形 $MNLQ$,得到 $PX \cdot PZ = PY \cdot PW$,因此
$$\frac{AA' \cdot CC'}{BB' \cdot DD'} = \frac{AO \cdot CO}{BO \cdot DO},$$

证明完成. □

题目 83. 设四边形 $ABCD$ 有内切圆,P 为对角线的交点. 证明:$\triangle PAB$、$\triangle PBC$、$\triangle PCD$、$\triangle PDA$ 的内心共圆.

Peter Woo – 《数学难题》

证明 我们先给出一个真正漂亮的引理.

引理 设 $\triangle ABC$ 的内心为 I,点 P 在边 BC 上,D 为 $\triangle ABC$ 的内切圆在边 BC 上的切点,I_1 和 I_2 分别为 $\triangle APB$ 和 $\triangle APC$ 的内心. 证明:点 P、D、I_1、I_2 共圆.

引理的证明 设 X、Y 分别为从 I_1、I_2 到 BC 的高的垂足. 注意到 $\angle I_1PI_2 = 90°$,所以 $\triangle I_1XP$ 和 $\triangle PYI_2$ 相似. 进一步,注意到

$$\begin{aligned} YD &= PY + BP - BD \\ &= \frac{1}{2}(AP + PC - AC) + BP - \frac{1}{2}(AB + BC - AC) \\ &= \frac{1}{2}(AP + BP - AB) = PX. \end{aligned}$$

特别地,这得出 $XD = PY$,于是得到

$$\frac{I_1X}{XD} = \frac{I_1X}{PY} = \frac{XP}{YI_2} = \frac{DY}{YI_2}.$$

由此得出 $\triangle I_1XD$ 和 $\triangle DYI_2$ 相似. 因此 $\angle I_1DI_2 = 90° = \angle I_1PI_2$,于是 P、D、I_1、I_2 四点共圆. 这就证明了引理.

回到原题. 设 I_1、I_2、I_3、I_4 分别为 $\triangle PAB$、$\triangle PBC$、$\triangle PCD$、$\triangle PDA$ 的内心,X、Y、Z、T 分别为 $\triangle ABD$、$\triangle ABC$、$\triangle BCD$、$\triangle CDA$ 的内心. 进一步,设 O 为 $ABCD$ 的内心.

由于直线 AX、BY、CZ 过 O,因此 $\triangle AYC$ 和 $\triangle XBZ$ 透视. Desargues 定理给出,交点 $AY \cap BX$、$BZ \cap CY$、$XZ \cap AC$ 共线. 或者说,直线 I_1I_2、AC、XZ 交于一点. 类似地,有 I_3I_4、AC、XZ 共线. 因此,直线 I_1I_2 和 I_3I_4 的交点 U 在 AC 上.

设 L 和 L' 分别为 Y 和 T 到 AC 的垂线的垂足. 注意到

$$CL = \frac{AC + BC - AB}{2}, \quad CL' = \frac{AC + CD - AD}{2}.$$

然而,我们还有 $AB + CD = AD + BC$,因此 $CL = CL'$,也就是说,$L \equiv L'$. 这里就是奇迹发生的地方. 根据引理,四边形 I_1LPI_2 和 I_3LPI_4 内接于圆,因此根据圆幂定理得到

$$UI_1 \cdot UI_2 = UL \cdot UP = UI_3 \cdot UI_4.$$

于是得到结论 I_1、I_2、I_3、I_4 四点共圆. 证明完成. □

点评 结论的逆也成立. 具体说是, 如果凸四边形 $ABCD$ 的对角线相交于 P, 且满足 $\triangle PAB$、$\triangle PBC$、$\triangle PCD$、$\triangle PDA$ 的内心共圆, 那么四边形 $ABCD$ 存在内切圆. 我们将逆推前面证明的任务留给读者.

题目 84. 设 P 为等边 $\triangle ABC$ 内任一点. 证明:

$$|\angle PAB - \angle PAC| \geqslant |\angle PBC - \angle PCB|.$$

Tashio Seimiya – 《数学难题》

证明 设 M 为 BC 的中点, 于是 AM 为 BC 的垂直平分线. 若 P 在 AM 上, 则要证的不等式的两端均为 0, 这必然成立. 不妨设 P 在 $\triangle ABM$ 内部, 于是 $\angle PAB < \angle PAC, \angle PBC > \angle PCB$. 然后有 $|\angle PAB - \angle PAC| = \angle PAC - \angle PAB$, $|\angle PBC - \angle PCB| = \angle PBC - \angle PCB$. 要证的不等式变为

$$\angle PAC - \angle PAB \geqslant \angle PBC - \angle PCB.$$

设 Q 为 P 关于直线 AM 的反射, 则 $\angle PAB = \angle QAC, \angle PCB = \angle QBC$. 因此有

$$\angle PAC - \angle PAB = \angle PAC - \angle QAC = \angle PAQ,$$

以及

$$\angle PBC - \angle PCB = \angle PBC - \angle QBC = \angle PBQ,$$

要证的不等式变为 $\angle PAQ \geqslant \angle PBQ$.

由于 $PQ \perp AM, AM \perp BC$, 因此 PQ 和 BC 平行. 设 PQ 分别和 AB、AC 相交于 R、S. 设 T 为 B 关于 RS 的反射, 则 $\angle PTQ = \angle PBQ$. 由于 AM 为 PQ 和 RS 的垂直平分线, 因此 $\triangle APQ$ 和 $\triangle ARS$ 的外心在 AM 上, 于是 $\triangle ABC$ 的外接圆和 $\triangle ARS$ 的外接圆、$\triangle APQ$ 的外接圆 (分别记为 $\varGamma$、$\varGamma'$) 在 A 处相切. 注意到 $\varGamma'$ 包含于 $\varGamma$. 由于

$$\angle TRA = \angle TRQ - \angle ARQ = \angle BRQ - \angle ARQ = 120° - 60° = 60°,$$

而 $\angle ASR = 60°$, 因此 $\angle TRA = \angle ASR$. 于是 RT 与 $\varGamma$ 相切于 R, 说明 T 在 $\varGamma$ 之外, 进而 T 也在 $\varGamma'$ 之外. 由于 A 和 T 在 PQ 的同侧, 因此得到 $\angle PAQ > \angle PTQ = \angle PBQ$. 证明完成. □

点评 上述论证可以推广到 $\angle B = \angle C \leqslant 60°$ 的情形, 得到 $|\angle PAB - \angle PAC| \geqslant |\angle PBC - \angle PCB|$ 对顶角 $\angle A \geqslant 60°$ 的等腰三角形也成立. 另外, 若 $\angle B = \angle C > 60°$, 则可以找到 P 的位置, 使得不等式不成立.

题目 85. 设 ρ 为 $\triangle ABC$ 的内切圆,圆心为 I,D、E、F 分别为 ρ 在边 BC、CA、AB 上的切点,M 为 ρ 和 AD 的第二个交点,N 为 $\triangle CDM$ 的外接圆与 DF 的第二个交点,G 为 CN 和 AB 的交点. 证明:$CD = 3FG$.

AoPS 论坛

证明 设 X 为 EF 和 CG 的交点,T 为 EF 和 BC 的交点. 四点组 (T, B, D, C) 为调和点列,于是 (FT, FB, FD, FC) 为调和线束. 将此线束和直线 CG 相交,得到 (X, G, N, C) 为调和点列.

对 $\triangle BCG$ 和共线点 D、N、F 应用 Menelaus 定理,得到 $CD = 3FG$,当且仅当 $CN = 3NG$. 但是根据上面的调和性质,我们有
$$\frac{NC}{NG} = \frac{XC}{XG},$$
因此,只需证明 N 为 CX 的中点.

我们如下进行. 注意到 $\angle MEX = \angle MDF = \angle MCX$,于是四边形 $MECX$ 内接于圆. 因此 $\angle MXC = \angle MEA = \angle ADE$,$\angle MCX = \angle ADF$. 进一步,$\angle CMN = \angle FDB$,并且
$$\begin{aligned}\angle XMN &= \angle XMC - \angle CMN \\ &= \angle CEF - \angle FDB \\ &= \angle EDC.\end{aligned}$$

将上述得到的角度的相等关系代入比例引理恒等式,得到
$$\frac{NX}{NC} = \frac{MX}{MC} \cdot \frac{\sin \angle XMN}{\sin \angle CMN} = \frac{\sin \angle MCX}{\sin \angle MXC} \cdot \frac{\sin \angle XMN}{\sin \angle CMN},$$
于是有
$$NC = NX \Leftrightarrow \frac{\sin \angle FDA}{\sin \angle EDA} = \frac{\sin \angle BDF}{\sin \angle CDE}.$$

然而,由于内接圆在 E 和 F 处的切线相交于点 A,因此 DA 为 $\triangle DEF$ 的 D-类似中线. 于是我们最终得到
$$\frac{\sin \angle FDA}{\sin \angle EDA} = \frac{FD}{ED} = \frac{\sin \angle DEF}{\sin \angle DFE} = \frac{\sin \angle BDF}{\sin \angle CDE}.$$
于是,N 是 CX 的中点,证明完成. □

题目 86. 设 P 为 $\triangle ABC$ 内一点,满足
$$\angle PAB + \angle PBC + \angle PCA = 90°,$$
P' 为 P 相对于 $\triangle ABC$ 的等角共轭点. 证明:PP' 经过 $\triangle ABC$ 的外心.

AoPS 论坛

证明 为了解决这道优秀的难题,我们首先需要一些关于等角共轭点的重要结果. 其中的两个分别是题目 18 的引理 1 和引理 2,第三个如下:

引理 设 P 为 $\triangle ABC$ 平面上一点,Q 为 P 关于 $\triangle ABC$ 的等角共轭点,$\triangle DEF$ 为 P 的垂足三角形,$\triangle XYZ$ 为 Q 的垂足三角形. 那么,点 D、E、F、X、Y、Z 都在一个圆上,其圆心为线段 PQ 的中点.

引理的证明 证明巧妙地利用了题目 18 的引理 2. 更精确地说,设 D'、E'、F' 和 X'、Y'、Z' 分别为 P 和 Q 关于三角形的边的反射(D'、E'、F' 都是 P 的反射点,其他的类似). U 为 PQ 的中点,如图 69 所示.

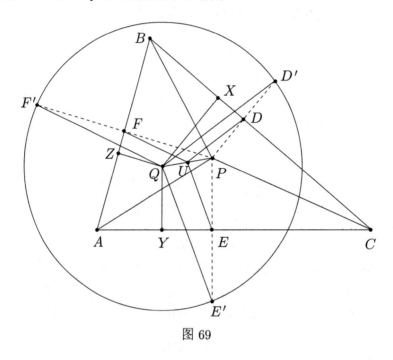

图 69

现在,注意到直线 UD、UE、UF 分别为 $\triangle PQD'$、$\triangle PQE'$、$\triangle PQF'$ 的中位线,因此有

$$UD = \frac{1}{2}QD', \quad UE = \frac{1}{2}QE', \quad UF = \frac{1}{2}QF'.$$

然而,题目 18 的引理 2 给出 Q 为 $\triangle D'E'F'$ 的外心,因此 $QD' = QE' = QF'$,进而 $UD = UE = UF$.

类似地,我们可以得到 $UX = UY = UZ$,因为 $\triangle X'Y'Z'$ 的外心为 P. 我们还需证明 $UD = UX$ 或类似的结果. 因为 $PDXQ$ 为直角梯形,所以若 U_a 为 DX 中点,则 UU_a 同时为 $\triangle UDX$ 的高及中线,因此 $\triangle UDX$ 为等腰三角形,即 $UD = UX$. 因此 $UD = UE = UF = UX = UY = UZ$,于是 D、E、F、X、Y、Z 都在同一个圆上,圆心为 PQ 的中点. 这样就完成了引理的证明.

回到原题. 我们有下面的发现.

断言 设 P 满足题目中的条件, X、Y、Z 分别为 P 在边 BC、CA、AB 上的投影, A'、B'、C' 分别为 AP、BP、CP 与 $\triangle ABC$ 的外接圆的交点. 那么, $\triangle XYZ$ 和 $\triangle A'B'C'$ 位似.

断言的证明 设 $B'C'$ 与 AC 相交于 U. 利用有向角, 可得

$$\angle AUC' = \angle ACC' + \angle CBB' = \angle PCA + \angle PBC,$$

以及

$$\angle AYZ = 90° - \angle PYZ = 90° - \angle PAB.$$

由于 $\angle PAB + \angle PBC + \angle PCA = 90°$, 因此 $\angle AYZ = \angle AUC'$, 得到 $B'C' \parallel YZ$. 类似地, 还有 $C'A' \parallel ZX$ 和 $A'B' \parallel XY$, 这样就证明了断言.

根据断言, 我们知道垂足 $\triangle XYZ$ 和由点 P 的 Ceva 线与外接圆相交形成的 $\triangle A'B'C'$ 关于某个点 H 位似. 根据题目 18 的引理 1, 可得从 A、B、C 分别到 $XY \parallel B'C'$、$ZX \parallel C'A'$、$XY \parallel A'B'$ 的垂线交于 P 的等角共轭点 P'. 这说明 $\triangle ABC$ 和 $\triangle A'B'C'$ 是正交的, 正交中心分别为 P' 和某个 Q, 并且这两个三角形关于点 P 透视. 因此, 根据题目 100 的 Sondat 定理, 得 Q、P、P' 共线. 进一步, 由于 $QA' \parallel PX, QB' \parallel PY, QC' \parallel PZ$, 因此 Q、P、H 共线. 根据题目 18 的引理 2, P 的等角共轭点 P' 为 P 关于 $\triangle XYZ$ 的外心的对称点. 因此, 直线 HP' 经过 $\triangle XYZ$ 的外心, 也经过 $\triangle A'B'C'$ 的外心 O. 证明完成. $\square$

题目 87. $\triangle ABC$ 的外接圆在点 B 和 C 处的切线相交于点 X. 考虑圆 $\mathcal{X}$, 圆心为 X, 半径为 XB. 设 M 为 $\angle A$ 的内角平分线与 $\mathcal{X}$ 的一个交点, 满足 M 在 $\triangle ABC$ 的内部. 若 O 为 $\triangle ABC$ 的外心, 设 P 为 OM 与 BC 的交点, E、F 是 M 分别到 CA、AB 的投影. 证明: PE 和 FP 垂直.

Cosmin Pohoata – 罗马尼亚 IMO TST 2014

证明 设 S 为直线 AB 与圆 $\mathcal{X}$ 的另一个交点. 我们有 $\angle BSC = 90° - \angle A$, 说明 CS 与 CA 垂直, 因此平行于 ME. 于是得到 $\angle MBF = \angle MCS = \angle CME$, 因此 $\triangle MBF$ 和 $\triangle CME$ 相似. 于是有

$$\frac{MB}{MC} = \frac{MF}{CE} = \frac{BF}{ME},$$

因此得到

$$\left(\frac{MB}{MC}\right)^2 = \frac{MF}{CE} \cdot \frac{BF}{ME} = \frac{BF}{CE}.$$

另外，直线 OM 为 $\triangle MBC$ 的 M-类似中线，因此有
$$\frac{PB}{PC} = \frac{MB^2}{MC^2} = \frac{BF}{CE}.$$

* 建立复数坐标系，不妨设 $M = 1$, $A = -1$, $E = z$, $|z| = 1$，则 $F = \bar{z}$. 设 $\frac{CE}{EM} = \frac{FM}{FB} = \lambda \in \mathbb{R}$. 于是有
$$C = \lambda\mathrm{i}(M - E) + E = \lambda\mathrm{i} + (1 - \lambda\mathrm{i})z,$$
$$B = -\lambda^{-1}\mathrm{i}(M - F) + F = -\lambda^{-1}\mathrm{i} + (1 + \lambda^{-1}\mathrm{i})\bar{z}.$$

因为 $\frac{CP}{PB} = \frac{CE}{BF} = \lambda^2$，所以得到
$$P = \frac{\lambda^{-1}C + \lambda B}{\lambda + \lambda^{-1}} = \frac{(\lambda^{-1} - \mathrm{i})z + (\lambda + \mathrm{i})\bar{z}}{\lambda + \lambda^{-1}}.$$

设 K 为 EF 中点，则 $K = \frac{z+\bar{z}}{2}$，计算得到
$$P - K = \frac{(\lambda^{-1} - \lambda - 2\mathrm{i})}{(\lambda + \lambda^{-1})} \cdot \frac{z + \bar{z}}{2}.$$

因为 $(\lambda - \lambda^{-1})^2 + 4 = (\lambda + \lambda^{-1})^2$，所以 $\left|\frac{\lambda^{-1} - \lambda - 2\mathrm{i}}{\lambda + \lambda^{-1}}\right| = 1$，因此 PK 的长度为 EF 的长度的一半，这就证明了 $\angle EPF$ 为直角. $\square$

题目 88. 设 $\triangle ABC$ 的垂心为 H, P 为 $\triangle AHC$ 的外接圆与 $\angle BAC$ 的内角平分线的另一个交点，X 为 $\triangle APB$ 的外心，Y 为 $\triangle APC$ 的垂心. 证明：XY 的长度等于 $\triangle ABC$ 的内接圆的半径.

Cosmin Pohoata – USAMO 2014

证明 熟知垂心 H 关于直线 AC 的反射 H' 在 $\triangle ABC$ 的外接圆上. 因此，$\triangle CAH'$ 的外接圆就是 $\triangle ABC$ 的外接圆. 但是由于 H' 为 H 关于 AC 的反射，因此 $\triangle ACH$ 和 $\triangle CAH'$ 关于直线 AC 对称，于是 $\triangle ACH$ 的外心 O' 为 $\triangle ACH'$ 的外心 O 关于直线 AC 的反射.

因为四边形 $AHPC$ 内接于圆，并且 H、Y 分别为 $\triangle ABC$、$\triangle APC$ 的垂心，所以得到
$$\angle ABC = 180° - \angle AHC = 180° - \angle APC = \angle AYC.$$

于是 Y 在 $\triangle ABC$ 的外接圆上，得到 $OC = OY = R$, R 为 $\triangle ABC$ 的外径.

另外，注意到直线 OX、XO'、$O'O$ 分别为线段 AB、AP、AC 的垂直平分线，因此有
$$\angle OXO' = \angle BAP = \angle PAC = \angle XO'O.$$

---
*英文解答不够流畅，后面我们利用复数给出了解答. ——译者注

于是 $OO' = OX$. 结合 $OC = OY$ 以及直线 $XO' /\!/ YC$（二者都垂直于 AP），我们得到 $XYCO'$ 为等腰梯形，于是 $XY = O'C = OC = R$. 证明完成. □

题目 89. 设 C_1、C_2、C_3 为两两不相交且互不包含的圆，(L_1, L_2)、(L_3, L_4)、(L_5, L_6) 分别为圆对 (C_1, C_2)、(C_1, C_3)、(C_2, C_3) 的内公切线. 进一步，设 L_1、L_2、L_3、L_4、L_5、L_6 围成一个六边形 $AC'BA'CB'$，其中顶点按逆时针顺序排列. 证明：直线 AA'、BB'、CC' 共点.

伊朗 IMO TST 2007

证明 定义交点 $X = L_1 \cap L_6$、$Y = L_2 \cap L_3$、$Z = L_4 \cap L_5$. 应用正弦定理，有

$$\begin{aligned}
\frac{\sin \angle A'AB}{\sin \angle A'AC} &= \frac{AC}{AB} \cdot \frac{[AA'B]}{[AA'C]} \\
&= \frac{AC}{AB} \cdot \frac{A'B}{A'C} \cdot \frac{\sin \angle AA'B}{\sin \angle AA'C} \\
&= \frac{AC}{AB} \cdot \frac{A'B}{A'C} \cdot \frac{\sin \angle AA'B}{\sin Z} \cdot \frac{\sin Z}{\sin Y} \cdot \frac{\sin Y}{\sin \angle AA'C} \\
&= \frac{AC}{AB} \cdot \frac{A'B}{A'C} \cdot \frac{AZ}{AA'} \cdot \frac{\sin Z}{\sin Y} \cdot \frac{AA'}{AY} \\
&= \frac{AC}{AB} \cdot \frac{A'B}{A'C} \cdot \frac{AZ}{AY} \cdot \frac{\sin Z}{\sin Y},
\end{aligned}$$

因此

$$\begin{aligned}
\prod_{\text{cyc}} \frac{\sin \angle A'AB}{\sin \angle A'AC} &= \prod_{\text{cyc}} \frac{A'B}{A'C} \cdot \frac{AZ}{AY} = \prod_{\text{cyc}} \frac{A'B}{A'C} \cdot \frac{XB}{XC} \\
&= \prod_{\text{cyc}} \frac{[O_1 A'B] \cdot [O_1 XB]}{[O_1 A'C] \cdot [O_1 XC]} \\
&= \prod_{\text{cyc}} \left(\frac{O_1 B}{O_1 C}\right)^2 \cdot \prod_{\text{cyc}} \left[\frac{\sin \angle A'O_1 B}{\sin \angle A'O_1 C} \cdot \frac{\sin \angle XO_1 B}{\sin \angle XO_1 C}\right].
\end{aligned}$$

另外，容易证明直线 $O_1 A'$ 和 $O_1 X$ 在 $\angle O_3 O_1 O_2$ 中共轭. 因此，我们得到

$$\prod_{\text{cyc}} \frac{\sin \angle A'AB}{\sin \angle A'AC} = 1,$$

于是根据角元 Ceva 定理，得 AA'、BB'、CC' 共点. 证明完成. □

题目 90. 设在 $\triangle ABC$ 中，E、F 分别为内切圆 $\Gamma(I)$ 在边 AC、AB 上的切点，M 为边 BC 的中点，$N = AM \cap EF$，γ 为以 BC 为直径的圆，X、Y 分别为 BI、CI 与 γ 的另一个交点. 证明：

$$\frac{NX}{NY} = \frac{AC}{AB}.$$

Cosmin Pohoata – 罗马尼亚 IMO TST 2007

证明 我们不妨设 $AB \leqslant AC$, $T = EF \cap BC$ (若 $AB = AC$, 则 $T = \infty$), D 为 Γ 与 BC 的切点.

首先, 若记 $X' = BI \cap EF$、$Y' = CI \cap EF$, 则有 $BX' \perp CX'$、$CY' \perp BY'$. 事实上, 这就是题目 32 中的断言, 我们之前已经提到过这个性质还会用到一次. 要注意的第二个事情是极点和极线的漂亮结果.

断言 在题目的条件下, 有 $N = DI \cap EF$.

断言的证明 只需证明 $NI \perp BC$. 设 ℓ 为经过 A 且平行于 BC 的直线. 由于线束 $(AB, AM, AC, A\infty)$ 为调和的, 因此 (F, N, E, Z) 为调和点列, 其中 $Z = \ell \cap EF$. 因此, N 在 Z 关于圆 Γ 的极线上. 又因为 $N \in EF$ (是 A 的极线), 所以 AZ 为 N 关于 Γ 的极线, 于是 $NI \perp \ell$, 然后有 $NI \perp BC$. 因为 $DI \perp BC$, 所以 $N \in DI$. 这就证明了断言.

回到原题. 断言给出 $X \equiv X'$、$Y \equiv Y'$, 于是 $X, Y \in EF$. 由于 (T, B, D, C) 为调和点列, 因此 D 在 T 关于圆 γ 的极线 τ 上. 由于 γ 的圆心在 BC 上, 因此 $\tau \perp BC$, 又因为 $DI \perp BC$, 所以 τ 就是 DI. 由于 DN 为 T 的极线, 因此 (T, Y, N, X) 为调和点列. 于是线束 (DT, DY, DN, DX) 是调和的. 因为 $DT \perp DN$, 所以 DN 为 $\angle XDY$ 的平分线, 于是有

$$\frac{NX}{NY} = \frac{DX}{DY} = \frac{\sin \angle DYX}{\sin \angle DXY}.$$

由于四边形 $BDIY$ 和 $CDIX$ 都内接于圆 (分别有两个相对的直角), 因此

$$\frac{1}{2}\angle ABC = \angle DBI = \angle DYI = \frac{1}{2}\angle DYX,$$

($\triangle CDY$ 和 $\triangle CEY$ 全等), 于是 $\angle DYX = \angle ABC$. 类似地, 有 $\angle DXY = \angle ACB$. 因此

$$\frac{NX}{NY} = \frac{DX}{DY} = \frac{\sin \angle DYX}{\sin \angle DXY} = \frac{\sin \angle ABC}{\sin \angle ACB} = \frac{AC}{AB}.$$

证明完成. □

题目 91. 设 $\triangle ABC$ 的 A-旁切圆在边 BC 上的切点为 A_1, 类似地定义 B_1、C_1, 并且设 $\triangle A_1B_1C_1$ 的外心在 $\triangle ABC$ 的外接圆上. 证明: $\triangle ABC$ 为直角三角形.

IMO 2013

证法一 设 $\triangle ABC$ 和 $\triangle A_1B_1C_1$ 的外接圆分别为 Ω 和 Γ, Ω 上含点 A 的 $\overset{\frown}{CB}$ 的中点为 A_0, 类似地定义 B_0 和 C_0. 根据题目的假设可得 Γ 的圆心 Q 在 Ω 上.

引理 我们有 $A_0B_1 = A_0C_1$. 此外, A、A_0、B_1、C_1 四点共圆. 最后, 点 A 和 A_0 在 B_1C_1 的同侧. 类似的定义对 B 和 C 也成立.

引理的证明 我们先考虑 $A = A_0$ 的情形,则 $\triangle ABC$ 为等腰三角形,$AB_1 = AC_1$,剩余的情形显然. 现在我们假设 $A \neq A_0$.

根据 A_0 的定义,我们有 $A_0B = A_0C$. 熟知的还有 $BC_1 = CB_1$. 然后,我们有 $\angle C_1BA_0 = \angle ABA_0 = \angle ACA_0 = \angle B_1CA_0$. 因此 $\triangle A_0BC_1$ 和 $\triangle A_0CB_1$ 全等,于是 $A_0C_1 = A_0B_1$,这就得到了引理的第一部分. 还可以得到 $\angle A_0C_1A = \angle A_0B_1A$,它们是两个全等三角形的对应外角. 因此 A、A_0、B_1、C_1 四点共圆,并且 A、A_0 在 B_1C_1 的同侧,这就证明了引理.

回到原题. 显然,$\triangle A_1B_1C_1$ 的外心在它的外部,因此这是钝角三角形. 不妨设 $\angle B_1$ 是钝角,如图 70 所示. 于是 Q 和 B_1 在 A_1C_1 的不同侧,而 B 和 B_1 也在 A_1C_1 的不同侧,因此,Q 和 B 在 A_1C_1 的同侧.

注意到,A_1C_1 的垂直平分线和 Ω 相交于两点,位于 A_1C_1 的不同侧. 根据引理,B_0 和 Q 都是这两个交点之一,由于它们在 A_1C_1 的同侧,因此重合.

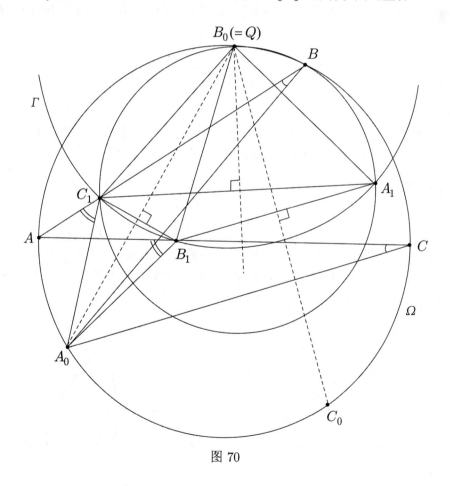

图 70

现在,根据引理的第一部分,直线 QA_0 和 QC_0 分别为 B_1C_1、A_1B_1 的垂直平

分线. 因此

$$\angle C_1 B_0 A_1 = \angle C_1 B_0 B_1 + \angle B_1 B_0 A_1 = 2\angle A_0 B_0 B_1 + 2\angle B_1 B_0 C_0$$
$$= 2\angle A_0 B_0 C_0 = 180° - \angle ABC, \tag{1}$$

其中利用了 A_0、C_0 分别为 $\overset{\frown}{CB}$、$\overset{\frown}{BA}$ 的中点.

另外,根据引理的第二部分,有

$$\angle C_1 B_0 A_1 = \angle C_1 B A_1 = \angle ABC. \tag{2}$$

将式 (1) (2) 结合,得到 $\angle ABC = 90°$,证明完成. □

证法二 仍设 Q 为 $\triangle A_1 B_1 C_1$ 的外心,在 $\triangle ABC$ 的外接圆 Ω 上. 我们首先考虑 Q 和 $\triangle ABC$ 的一个顶点重合的情形,例如 $Q = B$. 于是 $BC_1 = BA_1$,然后 $\triangle ABC$ 是以 $\angle B$ 为顶角的等腰三角形. 此外,在任何三角形中均有 $BC_1 = B_1 C$,于是 $BB_1 = BC_1 = B_1 C$,类似地,有 $BB_1 = B_1 A$. 因此,B_1 为 Ω 的圆心,并且在 $\triangle ABC$ 中 $\angle B$ 为直角.

现在我们假设 $Q \notin \{A, B, C\}$. 我们从下面熟知的引理开始.

引理 设 $\triangle XYZ$ 和 $\triangle X'Y'Z'$ 为两个满足 $XY = X'Y'$ 和 $YZ = Y'Z'$ 的三角形.

(i) 若 $XZ \ne X'Z'$ 并且 $\angle YZX = \angle Y'Z'X'$,则有 $\angle ZXY + \angle Z'X'Y' = 180°$.

(ii) 若 $\angle YZX + \angle X'Z'Y' = 180°$,则 $\angle ZXY = \angle Y'X'Z'$.

引理的证明 在两部分的证明中我们都将 $\triangle XYZ$ 进行平移,使得 $Y = Y'$ 并且 $Z = Z'$. 必要时通过关于 YZ 的反射,假设在情形 (i) 中 X 和 X' 在 YZ 的同侧 (图 71 (a)),在情形 (ii) 中它们不在 YZ 的同一侧(图 71 (b)). 在这两种情况下,均有 X、Z、X' 共线. 此外,因为在情形 (i) 中假设了 $XZ \ne X'Z'$,并且在情形 (ii) 中这些点不在同一侧,所以总有 $X \ne X'$. 于是 $\triangle XX'Y$ 为等腰三角形,顶角为 Y. 考察相等的两个底角,就完成了引理的证明.

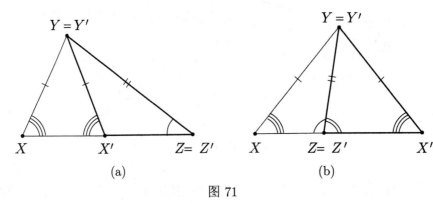

图 71

必要时将 $\triangle ABC$ 的顶点重新标记,我们不妨设 Q 在 Ω 中不包含 C 的 $\overparen{AB}$ 上. 我们有时会用到:$\triangle QBA_1$、$\triangle QA_1C$、$\triangle QCB_1$、$\triangle QB_1A$、$\triangle QC_1A$、$\triangle QBC_1$ 的定向相同.

因为 Q 不会是 $\triangle ABC$ 的外心,所以不可能有 $QA = QB = QC$,因此我们可以假设 $QC \neq QB$. 现在应用引理中的 (i) 到 $\triangle QB_1C$ 和 $\triangle QC_1B$. 由于 $QB_1 = QC_1$、$B_1C = C_1B$,而 $\angle B_1CQ = \angle C_1BQ$(因为它们在圆 Ω 中都对着弦 QA),因此得到

$$\angle CQB_1 + \angle BQC_1 = 180°. \tag{1}$$

我们断言 $QC = QA$. 当 $QC \neq QA$ 时,对 $\triangle QA_1C$ 和 $\triangle QC_1A$ 采用与上面类似的推导,得到

$$\angle A_1QC + \angle C_1QA = 180°. \tag{2}$$

将式 (1) (2) 相加,得到 $\angle A_1QB_1 + \angle BQA = 360°$,但这两个角都小于 $180°$,矛盾.

这样就有了 $QC = QA$,如图 72 所示. 于是 $\triangle QA_1C$ 和 $\triangle QC_1A$ 全等:它们的对应边相等,夹角相等. 然后得到 $\angle A_1QC = \angle C_1QA$. 最后,应用引理中的 (ii) 到 $\triangle QA_1B$ 和 $\triangle QB_1A$. 我们有 $QA_1 = QB_1$ 和 $A_1B = B_1A$,以及角度条件 $\angle A_1BQ + \angle QAB_1 = 180°$(在 Ω 中,A 和 B 在弦 QC 的不同侧),因此由引理中的 (ii) 得到 $\angle BQA_1 = \angle B_1QA$. 将这和 $\angle CQB_1 + \angle BQC_1 = 180°$ 结合,得到

$$(\angle B_1QC + \angle B_1QA) + (\angle C_1QB - \angle BQA_1) = 180°,$$

也就是说,$\angle CQA + \angle A_1QC_1 = 180°$. 注意到 $\angle A_1QC = \angle C_1QA$,因此可以改写成 $2\angle CQA = 180°$. 由于 Q 在 Ω 上,因此 $\triangle ABC$ 中的 $\angle B$ 为直角. □

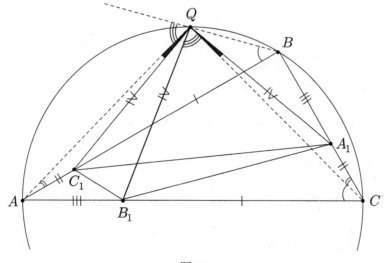

图 72

点评 可以证明, Q 在 Ω 的内部, 当且仅当 $\triangle ABC$ 为锐角三角形.

题目 92. 设 $\triangle ABC$ 的旁切圆圆心分别为 I_a、I_b、I_c, A-旁切圆为 Γ_a, ℓ_1、ℓ_2 为 Γ_a 和 $\triangle ABC$ 的外接圆 Ω 的两条公切线, 它们分别和 BC 相交于点 D、E. 进一步, 设 P、Q 分别为 Ω 和 ℓ_1、ℓ_2 的切点. 证明: P、Q、I_b、I_c 四点共圆.

AoPS 论坛

证明 我们将 $\triangle ABC$ 看成 $\triangle I_a I_b I_c$ 的垂足三角形, Ω 看成九点圆. 设 I 为 $\triangle ABC$ 的内心, 并且 BI、CI 分别与 CA、AB 相交于点 X、Y. 进一步, 设直线 XY 与 Ω 相交于 P_0、Q_0, 其中 P_0 在 $\widehat{AB}$ 上, Q_0 在 $\widehat{AC}$ 上.

直线 P_0Q_0、BC、I_bI_c 共点于 V(可利用 Menelaus 定理证明 X、Y、V 共线), V 为 $\angle A$ 的外角平分线与对边的交点. 直线 I_bI_c 为圆 (II_bI_c) 和 (BCI_bI_c) 的根轴, 直线 BC 为 (BCI_bI_c) 和 Ω 的根轴. 因此 V 为三个圆 Ω、(II_bI_c)、(BCI_bI_c) 的根心, 于是 P_0、Q_0、I、I_b、I_c 共圆*. 我们接下来证明 $P \equiv P_0$ 和 $Q \equiv Q_0$.

在 $\triangle I_aI_bI_c$ 中, 以顶点 I_a 为中心, 2 为比例的位似 $\mathcal{H}$ 将九点圆 Ω 变为 (II_bI_c) (I 是 $\triangle I_aI_bI_c$ 的垂心), 而 Q_0 在这两个圆上, 因此 Ω 和线段 I_aQ_0 的另一个交点为 I_aQ_0 的中点, 记为 M. 利用点的幂可知

$$I_aQ_0^2 = 2 \cdot I_aM \cdot I_aQ_0 = 4R \cdot r_a. \tag{1}$$

现在, 若记 $\delta(A)$、$\delta(B)$、$\delta(C)$ 分别为顶点 A、B、C 到 Ω 和 Γ_a 的外公切线 ℓ_2 的 (无符号) 距离, 则将题目 29 的点评中的 Hartcourt 定理的旁切圆情形应用到圆 Γ_a 和切线 ℓ_2, 我们有

$$2[ABC] = CA \cdot \delta(B) + AB \cdot \delta(C) - BC \cdot \delta(A).$$

然而

$$\delta(A) = \frac{QA^2}{2R}, \quad \delta(B) = \frac{QB^2}{2R}, \quad \delta(C) = \frac{QC^2}{2R},$$

于是 Hartcourt 定理的式子变为

$$BC \cdot CA \cdot AB = CA \cdot QB^2 + AB \cdot QC^2 - BC \cdot QA^2.$$

另外, 根据 Lagrange 定理, 有†

$$CA \cdot QB^2 + AB \cdot QC^2 - BC \cdot QA^2 = (CA + AB - BC)I_aQ^2 - BC \cdot CA \cdot AB.$$

---

*此处不清楚 I 也在这个圆上的原因, 但是下面需要这一点. ——译者注

†不知道这个定理的内容, 所给出的的式子可以利用向量 $\boldsymbol{I_a} = \frac{b\boldsymbol{B} + c\boldsymbol{C} - a\boldsymbol{A}}{b+c-a}$ 计算得到, 其中 $\boldsymbol{A}$、$\boldsymbol{B}$、$\boldsymbol{C}$、$\boldsymbol{I_a}$ 分别为对应点的向量, a、b、c 为边长. ——译者注

因此
$$I_aQ^2 = \frac{2 \cdot BC \cdot CA \cdot AB}{CA + AB - BC} = 4R \cdot r_a.$$

将其和式 (1) 进行比较,这就证明了 $I_aQ = I_aQ_0$,即 $Q \equiv Q_0$. 类似地,我们可以得到 $P \equiv P_0$. 证明完成. □

题目 93. 设 $\triangle ABC$ 的外接圆为 Γ,旁切圆分别为 $\Gamma_a、\Gamma_b、\Gamma_c$,$T_A$ 为 Γ 在 B 和 C 处的切线的交点,类似地定义 T_B 和 T_C,并且设 D 为 T_BT_C 上的任何点. 进一步,设 D 到 Γ_c 的切线与 T_BT_C 不同,和直线 T_CT_A 相交于 E,D 到 Γ_b 的切线和 T_AT_B 相交于 F. 证明:直线 EF 和 Γ_a 相切.

AoPS 论坛

证明 略. □

点评 此题按现有的叙述是错的. 若 $\triangle ABC$ 为边长为 1 的正三角形,则 $\triangle I_aI_bI_c$ 和 $\triangle T_AT_BT_C$ 相同,均为边长为 2 的正三角形. $D、E、F$ 分别为 $\triangle I_aI_bI_c$ 三边 $I_bI_c、I_cI_a、I_aI_b$ 上的点,并且 I_a 到 EF 的距离、I_b 到 DF 的距离、I_c 到 DE 的距离均为 $\frac{\sqrt{3}}{2}$. 设 $I_bD = x_1、DI_c = x_2$,类似地定义 $y_1、y_2、z_1、z_2$. 则显然有

$$x_1 + x_2 = y_1 + y_2 = z_1 + z_2 = 2.$$

利用 I_a 到 EF 的距离为 $\frac{\sqrt{3}}{2}$,以及余弦定理和面积公式可得

$$\frac{\sqrt{3}}{4}y_2z_1 = [I_aEF] = \frac{1}{2} \cdot \frac{\sqrt{3}}{2} \cdot \sqrt{y_2^2 + z_1^2 - y_2z_1}.$$

于是得到

$$y_2^2z_1^2 - y_2z_1 = (y_2 - z_1)^2 \geqslant 0,$$

因此有 $y_2z_1 \geqslant 1$,同理有 $z_2x_1 \geqslant 1$,$x_2y_1 \geqslant 1$. 但是我们还有 $x_1x_2 \leqslant 1$,$y_1y_2 \leqslant 1$,$z_1z_2 \leqslant 1$. 因此只能有 $x_i = y_i = z_i = 1$,$i = 1,2$. 这是 $D、E、F$ 的位置极特殊的情形,一般情况下不会成立.(译者注)

题目 94. 点 M 在凸四边形 $ABCD$ 中,满足 $MA = MC$,$\angle AMB = \angle MAD + \angle MCD$ 以及 $\angle CMD = \angle MCB + \angle MAB$. 证明:$AB \cdot CM = BC \cdot MD$ 并且 $BM \cdot AD = MA \cdot CD$.

IMO 预选题 1999

证法一 我们构造一个凸四边形 $PQRS$ 以及内点 T，满足：$\triangle PTQ \cong \triangle AMB$、$\triangle QTR \sim \triangle AMD$、$\triangle PTS \cong \triangle CMD$. 于是

$$TS = \frac{MD \cdot PT}{MC} = MD,$$

以及

$$\frac{TR}{TS} = \frac{TR \cdot TQ \cdot TP}{TQ \cdot TP \cdot TS} = \frac{MD \cdot MB \cdot MC}{MA \cdot MA \cdot MD} = \frac{MB}{MC},$$

其中最后一个等式我们用了 $MA = MC$. 我们还有 $\angle STR = \angle BMC$, 因此 $\triangle RTS \sim \triangle BMC$. 现在，角度的关系变为

$$\angle TPS + \angle TQR = \angle PTQ, \quad \angle TPQ + \angle TSR = \angle PTS,$$

得出 $PQ /\!/ RS$, 以及 $QR /\!/ PS$. 因此 $PQRS$ 为平行四边形，于是 $AB = PQ = RS$, $QR = PS$. 然后得到

$$\frac{BC}{MC} = \frac{RS}{TS} = \frac{AB}{MD},$$

因此 $AB \cdot CM = BC \cdot MD$. 进一步，有

$$\frac{AD \cdot BM}{AM} = \frac{AD \cdot QT}{AM} = QR = PS = \frac{CD \cdot TS}{MD} = CD,$$

因此 $BM \cdot AD = MA \cdot CD$. 证明完成. □

尽管上述证明目前是此题的最佳解法，但我们还是给出下面具有指导意义的证明.

证法二 作以 M 为中心，MA 为半径的反演，记 X' 为一个点 X 的反演像. 注意到

$$\angle AD'C = \angle MD'A + \angle MD'C = \angle MAD + \angle MCD = \angle AMB,$$

因此可以在 MB 上取点 T, 使得 $\triangle AD'C \sim \triangle AMT$. 这给出一个旋转相似性，使得 $\triangle AMD' \sim \triangle ATC$. 不妨设 $\angle TAM \geqslant \angle BAM$. 由相似三角形得到 $\frac{AT}{AM} = \frac{TC}{MD'}$. 结合反演下的比例性质，我们得到

$$\frac{AT'}{T'C} = \frac{AT}{TC} = \frac{AM}{MD'} = \frac{MD}{CM}.$$

进一步，旋转相似性还给出 $\frac{AM}{AT} = \frac{AD'}{AC}$, 于是 $AC \cdot AM = AT \cdot AD'$. 此外，有

$$\frac{CD'}{MT} = \frac{AD'}{AM}, \quad \frac{TC}{MD'} = \frac{AT}{AM}.$$

因此有

$$AD' \cdot AT = \left(\frac{CD' \cdot AM}{MT}\right)\left(\frac{AM \cdot TC}{MD'}\right)$$
$$= \left(\frac{CD' \cdot MC}{MD'}\right)\left(\frac{TC \cdot CM}{MT}\right).$$

反演关系给出 $\frac{CD}{CD'} = \frac{MC}{MD'}$ 以及 $\frac{T'C}{TC} = \frac{CM}{MT}$，因此

$$CD \cdot T'C = AT \cdot AD' = AC \cdot CM.$$

于是，$\frac{CD}{AC} = \frac{CM}{CT'} = \frac{MD}{AT'}$，得到 $\triangle CMD$ 和 $\triangle CT'A$ 相似，然后有

$$\angle BAM + \angle BCM = \angle CMD = \angle AT'C = \angle TAM + \angle TCM,$$

最后一个等式成立是因为反演. 然而, 由于 T 在 BM 上, 因此 $\angle TAM - \angle BAM \geqslant 0$, $\angle TCM - \angle BCM \geqslant 0$, 于是等号成立, 得到 $T = B$. 在上面我们已经得到 $\frac{AT}{TC} = \frac{MD}{MC}$, 所以 $AB \cdot MC = BC \cdot MD$. 类似地 (上面没有证这一点, 不过有很多种方法能够得出, 例如: 利用图形的对称性, 利用反演的比例关系和旋转相似性, 或者用 D 替换 B 重复这个过程), 有 $BM \cdot AD = MA \cdot CD$. □

题目 95. 设 $\triangle ABC$ 的内角平分线分别交对边 BC、CA、AB 于 A_1、B_1、C_1. 证明: $\triangle A_1B_1C_1$ 的外接圆经过 $\triangle ABC$ 的 Feuerbach 点.

Lev Emelyanov, Tatiana Emelyanova – 几何论坛

证明 证明依赖于事实: 由 $\triangle ABC$ 的 Feuerbach 圆与三个旁切圆的切点构成的三角形与 $\triangle A_1B_1C_1$ 相似, 并且二者透视.

设 $\triangle ABC$ 的边长分别为 $BC = a$、$CA = b$、$AB = c$, 外接圆为 $O(R)$, $I_3(r_3)$ 为 C-旁切圆.

引理 若 A_1 和 B_1 分别为从 A、B 引出的内角平分线与对边的交点, 则

$$A_1B_1 = \frac{abc\sqrt{R(R+2r_3)}}{(c+a)(c+b)R}.$$

引理的证明 在图 73 中, 设 K、L 分别在 I_3A_2、I_3B_2 上, 满足 $OK /\!/ CB$、$OL /\!/ CA$. 由于 $CA_2 = CB_2 = s$, 其中 s 为 $\triangle ABC$ 的半周长, 因此

$$OL = s - \frac{b}{2} = \frac{c+a}{2}, \quad OK = s - \frac{a}{2} = \frac{b+c}{2}.$$

还有

$$CB_1 = \frac{ba}{c+a}, \quad CA_1 = \frac{ab}{b+c},$$

以及
$$\frac{CB_1}{CA_1} = \frac{b+c}{c+a} = \frac{OK}{OL}.$$

因此 $\triangle CA_1B_1$ 和 $\triangle OLK$ 相似，然后得到

$$\frac{A_1B_1}{LK} = \frac{CB_1}{OK} = \frac{2ab}{(c+a)(b+c)}.$$

由于以 OI_3 为直径的圆经过 O、L、K，因此根据正弦定理，有

$$LK = OI_3 \sin \angle LOK = OI_3 \sin C = OI_3 \cdot \frac{c}{2R}.$$

结合 Euler 公式 $OI_3^2 = R(R + 2r_3)$，我们得到要证的恒等式. 这就完成了引理的证明.

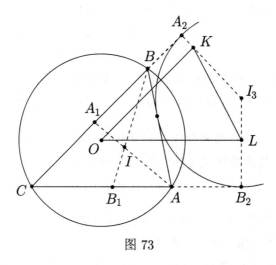

图 73

现在回到原题. 考虑九点圆 $N(\frac{R}{2})$ 与内切圆和旁切圆 (I_1)、(I_2)、(I_3) 分别相切于 Feuerbach 点 F 和 F_1、F_2、F_3，如图 74 所示（参考题目 20 的 Feuerbach 定理）.

断言 $\triangle A_1B_1C_1$ 和 $\triangle F_1F_2F_3$ 相似.

断言的证明 两个外切圆的公切线的长度为

$$XY = AY + BX - AB = s + s - c = a + b.$$

根据 Casey 弦定理，我们有

$$F_1F_2 = \frac{(a+b) \cdot \frac{R}{2}}{\sqrt{\left(\frac{R}{2} + r_1\right)\left(\frac{R}{2} + r_2\right)}} = \frac{(a+b)R}{\sqrt{(R+2r_1)(R+2r_2)}}.$$

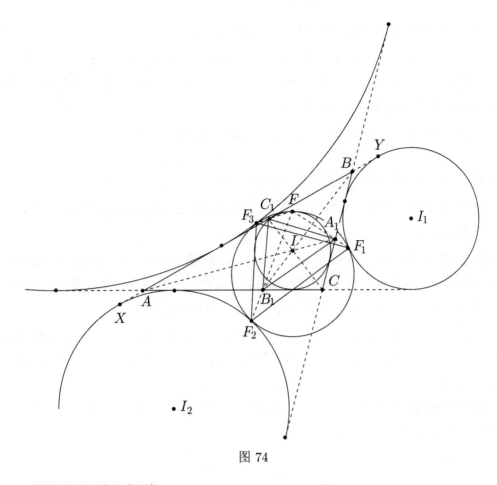

图 74

利用引理,我们得到
$$\frac{A_1B_1}{F_1F_2} = \frac{abc\sqrt{R(R+2r_1)(R+2r_2)(R+2r_3)}}{(a+b)(b+c)(c+a)R^2}.$$

比例关于 a、b、c 和旁切圆的半径对称,因此得到
$$\frac{A_1B_1}{F_1F_2} = \frac{B_1C_1}{F_2F_3} = \frac{C_1A_1}{F_3F_1},$$

这就证明了 $\triangle A_1B_1C_1$ 和 $\triangle F_1F_2F_3$ 相似.

接下来,根据 Feuerbach 定理,得 F 为内切圆与九点圆的位似中心,F_2 为九点圆和 B-旁切圆的内位似中心,B_1 为内切圆与 B-旁切圆的内位似中心,因此根据 Monge-d'Alembert 定理,有 F、B_1、F_2 共线. 类似地,有 F、C_1、F_3 共线,F、A_1、F_1 共线. 因此,$\triangle A_1B_1C_1$ 和 $\triangle F_1F_2F_3$ 除了相似,它们还在点 F 处透视.

最后,计算角度得
$$\angle C_1FA_1 + \angle C_1B_1A_1 = \angle F_3FF_1 + \angle F_3F_2F_1 = 180°,$$

这说明 $\triangle A_1B_1C_1$ 确实包含 Feuerbach 点 F. 题目的证明完成. □

点评 1 这个定理可以通过多种方法进行推广.

推广 设 $\triangle ABC$ 所在平面上有一点 P, $\triangle A_1B_1C_1$ 为从 P 引出的 Ceva 三角形, $\triangle A_2B_2C_2$ 为从 P 引出的垂足三角形. 证明:$\triangle A_1B_1C_1$ 的外接圆和 $\triangle A_2B_2C_2$ 的外接圆相交于 $\triangle ABC$ 的九点圆上的一点.

下面的"数学天书"中的证明来自 Luis Gonzalez.

证明 下面的两个引理为证明的重要部分.

引理 1 对于平面上的任意四点 A、B、C、D, $\triangle ABC$、$\triangle BCD$、$\triangle CDA$、$\triangle DAB$ 的九点圆共点.

引理 2 若 E 是引理 1 中的公共点, 则进一步有, 在四个点中任取一点, 由此点向其他三点组成的三角形的三条边作垂线, 则垂足形成的三角形的外接圆通过 E(例如 A 到 BC、CD、BD 的垂足形成的三角形的外接圆包含 E).

这个公共点 E 称为四点组 A、B、C、D 的 Euler-Poncelet 点. 它有很神奇的性质, 就像 Feuerbach 点一样, 我们会在推广的证明中看到这一点. 我们先证明这两个引理.

引理 1 的证明 如图 75 所示, 将 $\triangle DAB$、$\triangle ABC$、$\triangle BCD$、$\triangle CDA$ 的九点圆分别标记为 1、2、3、4.

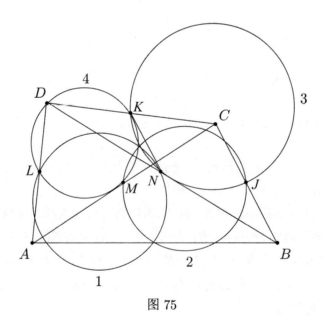

图 75

设 I、J、K、L、M、N 分别为线段 AB、BC、CD、DA、AC、BD 的中点. 设 E 为圆 3 和 4 的交点, 不在线段 CD 上.

追踪中位线形成的各种平行,我们有

$$\begin{aligned}\angle MEJ &= 360° - \angle KEM - \angle JEK \\ &= 360° - (180° - \angle KLM) - \angle LMI \\ &= 180° + \angle ACD - \angle BCD \\ &= 180° - \angle BCA \\ &= 180° - \angle MIJ.\end{aligned}$$

因此,点 M、E、J、I 共圆. 也就是说,E 也属于圆 2. 类似地,我们得到 E 属于圆 1,因此圆 1、2、3、4 都经过 E,这就证明了引理 1.

引理 2 的证明 设 P、Q、R 分别为 C 到 AB、BD、DA 的投影,M、N、L 分别为 AB、AC、AD 的中点. 由于九点圆 (MNP) 和 (RNL) 相交于 N 和四边形 $ABCD$ 的 Euler-Poncelet 点 E,因此有

$$\angle REP = \angle REN + \angle PEN = \angle RLN + \angle PMN = \angle ADC + \angle ABC,$$

其中

$$\angle RQP = \angle RQC + \angle PQC = \angle ADC + \angle ABC.$$

因此,$\angle REP = \angle RQP$,于是 E 在 $\triangle PQR$ 的外接圆上. 类似地,我们得到 E 也在分别从 A、B、D 以类似方式得到的垂足三角形的外接圆上. 因此证明了引理 2.

点评 2 当 $ABCD$ 为圆内接四边形时,$ABCD$ 与 $\triangle BCD$、$\triangle CDA$、$\triangle DAB$、$\triangle ABC$ 的垂心形成的四边形之间有一个对称中心,Euler-Poncelet 点 E 与这个对称中心重合. 对于一般的四个点,有唯一的等轴双曲线(渐近线垂直的双曲线)经过这四个点,此时 Euler-Poncelet 点为这个双曲线的中心.

回到推广命题的证明. 我们没有对四边形 $ABCD$ 添加任何凸的要求,引理 1、2 表明,垂足 $\triangle A_2B_2C_2$ 的外接圆和 $\triangle ABC$ 的九点圆 (N) 相交于 A、B、C、P 的 Euler-Poncelet 点 P_0. 根据上面的点评,这个点为经过 A、B、C、P 的等轴双曲线 $\mathcal{H}$ 的中心. 因此只需证明 $\triangle A_1B_1C_1$ 的外接圆经过 $\mathcal{H}$ 的中心.

设 J 为 $\triangle A_1B_1C_1$ 的内心,X、Y、Z 分别为对应于 A_1、B_1、C_1 的旁心. 将 $\triangle XYZ$ 看成 J 关于 $\triangle A_1B_1C_1$ 的反 Ceva 三角形. 考虑将四边形 $ABCP$ 变成正方形的射影变换,点 A_1、C_1 变到无穷远点,对应方向垂直;四边形 $XYZJ$ 变为一个矩形,它的边与 $ABCP$ 的边平行,二者有相同的对称中心 B_1. 根据对称性,经过 A、B、C、P 以及 $XYZJ$ 的一个顶点的圆锥曲线也经过 $XYZJ$ 的其他顶点. 因此在原始的图形中,点 A、B、C、P、J、X、Y、Z 都在同一个圆锥曲线中. 由于 J

为 $\triangle XYZ$ 的垂心,因此这个圆锥曲线为等轴双曲线 $\mathcal{H}$,其中心在 $\triangle XYZ$ 的九点圆 $(A_1B_1C_1)$ 上. 证明完成. □

点评 3 P 关于 $\triangle ABC$ 的 Euler-Poncelet 点为等轴双曲线的中心这个命题还有一个漂亮的逆命题.

定理 设 A、B、C 在一个非退化圆锥曲线 $\mathcal{S}$ 上,P 是 $\mathcal{S}$ 上的一点,A_1、B_1、C_1 分别为 Ceva 线 PA、PB、PC 与对边的交点. 则 $(A_1B_1C_1)$ 过 $\mathcal{S}$ 的中心,当且仅当 $\mathcal{S}$ 为等轴双曲线.

这个定理的证明有些许烦琐,利用了射影几何的一些概念,超出了本书的范围.

题目 96. (Brown 定理) 设 $ABCD$ 是圆内接四边形. 如果存在点 X,使得四个角 $\angle XAD$、$\angle XBA$、$\angle XCB$、$\angle XDC$ 都相等,证明:$ABCD$ 为调和四边形.

证明 我们分别记边 BC、CD、DA、AB 为 a、b、c、d,将对角线 BD 和 AC 分别记为 e 和 f. 进一步,设 Q 为四边形的面积,R 为其外径. 设 ω 为四个角度 $\angle XAD$、$\angle XBA$、$\angle XCB$、$\angle XDC$ 的值.

我们有
$$\angle AXB = 180° - \omega - (\angle A - \omega) = 180° - \angle A.$$

类似地,有 $\angle BXC = 180° - \angle B$、$\angle CXD = 180° - \angle B$、$\angle DXA = 180° - \angle D$. 现在,由于
$$\frac{AX}{\sin\omega} = \frac{d}{\sin\angle AXB} = \frac{d}{\sin(180° - A)} = \frac{d}{\sin A},$$

以及
$$\frac{AX}{\sin(D - \omega)} = \frac{c}{\sin\angle AXD} = \frac{c}{\sin(180° - D)} = \frac{c}{\sin D},$$

因此
$$\frac{\sin(D - \omega)}{\sin\omega} = \frac{d\sin D}{c\sin A} \quad \Rightarrow \quad \cot\omega = \frac{d}{c\sin A} + \cot D.$$

类似地,可以得到
$$\cot\omega = \frac{d}{c\sin A} + \cot D = \frac{c}{b\sin D} + \cot C = \frac{b}{a\sin C} + \cot B = \frac{a}{d\sin B} + \cot A,$$

于是有
$$\frac{d}{c\sin A} - \frac{a}{d\sin B} + \frac{b}{a\sin C} - \frac{c}{b\sin D} = \cot A - \cot B + \cot C - \cot D.$$

由于 $ABCD$ 为圆内接四边形,因此有 $\frac{1}{\sin A} = \frac{1}{\sin C}$、$\cot A = -\cot C$,等等. 于是

$$\left(\frac{d}{c} + \frac{b}{a}\right)\frac{1}{\sin A} = \left(\frac{c}{b} + \frac{a}{d}\right)\frac{1}{\sin B}.$$

但是

$$(ab+cd)\sin A = (ad+bc)\sin B = 2Q,$$

因此 $ac = bd$,即 $ABCD$ 为调和的. 证明完成. □

点评 令人意外的是,其逆命题也成立,可以用同样的方法证明. 此外,存在第二个 Brocard 点 X',满足 $\angle X'AB = \angle X'BC = \angle X'CD = \angle X'DA = \omega'$. 将上面的结果进行简单整理,利用 Ptolemy 定理,我们得到

$$\cot\omega = \frac{8R^2 Q}{e^2 f^2}.$$

类似地,可以得到

$$\cot\omega' = \frac{8R^2 Q}{e^2 f^2}.$$

因此有 $\omega = \omega'$.

进一步,我们计算 XX' 的距离. 设 P 为 X 到 BC 的垂足,$CP = x$、$PX = y$. 则有

$$x = CX\cos\omega = \frac{b\sin\omega\cos\omega}{\sin C} = \frac{b(ab+cd)\cot\omega}{2Q(1+\cot^2\omega)} = \frac{bR}{c}\sin 2\omega,$$

以及

$$y = x\tan\omega = \frac{b(ab+cd)}{2Q(1+\cot^2\omega)} = \frac{2bR}{c}\sin^2\omega.$$

类似地,若 $x' = P'B$、$y' = P'X'$,其中 P' 为 X' 到 BC 的垂足,则有

$$x' = \frac{d(ad+bc)\cot\omega}{2Q(1+\cot^2\omega)}, \quad y' = \frac{d(ad+bc)}{2Q(1+\cot^2\omega)}.$$

根据余弦定理,有

$$XX'^2 = XB^2 + X'B^2 - 2XB \cdot X'B \cdot \cos\angle XBX',$$

以及

$$\sin B = \frac{ab+cd}{2bd}\cdot\tan\omega = \frac{a^2+d^2}{2ad}\cdot\tan\omega.$$

因此,利用 $ac = bd$ 及 $ef = 2ac = 2bd$(Ptolemy 定理),得到

$$XX' = \frac{efbd\cos\omega\sqrt{\cos 2\omega}}{2RQ} = \frac{b^2 d^2 \cos\omega\sqrt{\cos 2\omega}}{RQ}.$$

题目 97. 设在等腰 $\triangle ABC$ 中，$AB = AC$，M 为 BC 中点．求 $\triangle ABC$ 内点 P 的轨迹，满足 $\angle BPM + \angle CPA = 180°$．

数学学院竞赛 2007

证法一 我们从下面的断言开始．

断言 若点 P 在三角形内部，$\angle ABP = \angle BCP$，则 $\angle BPM + \angle CPA = 180°$．

断言的证明 注意到图形是完全对称的：

$$\angle ABP = \angle BCP \quad \Leftrightarrow \quad \angle ACP = \angle CBP,$$

$$\angle BPM + \angle CPA = 180° \quad \Leftrightarrow \quad \angle CPM + \angle BPA = 180°,$$

而且若 $P \in AM$，则条件成立．于是我们不妨设 P 在 $\triangle ABM$ 内部．容易看出所给的角度等式等价于 $P \in \Gamma$，其中 Γ 为 $\triangle ABC$ 内部的圆 $\mathcal{K}$ 上的弧，圆 $\mathcal{K}$ 为 $\triangle BCI$ 的外接圆，I 为 $\triangle ABC$ 的内心．马上看到，AB 和 AC 与 $\mathcal{K}$ 相切．设 AP 与 $\mathcal{K}$ 相交于另一点 R，与 BC 相交于 N．则 (A, P, N, R) 为调和点列，PN 为 $\triangle BPC$ 的类似中线，因此有 $\angle BPM = \angle NPC = 180° - \angle APC$．这就证明了断言．*

回到原题．我们将证明轨迹为弧 Γ 以及开线段 AM．显然，$P \in AM$ 满足要求，断言证明了弧 Γ 满足要求．接下来假设 P 在 $\triangle ABM$ 内．

假设 $P \notin \Gamma$，并且 $\angle BPM + \angle APC = 180°$．设 $\mathcal{K}$ 为 $\triangle IBC$ 的外接圆，I 为 $\triangle ABC$ 的内心．考虑 $\triangle APC$ 的外接圆 O_1，与 $\mathcal{K}$ 交于不同于 C 的一点 P'，则 $\angle APC = \angle AP'C$，但是根据断言，有 $\angle BP'M + \angle AP'C = 180°$，因此 $\angle BP'M = \angle BPM$．于是 B、M、P、P' 四点共圆，设为圆 O_2．设圆 O_1 与 AM 交于一点 P''，类似地，可证 $\angle BP''M = \angle BPM$，于是 P'' 也在圆 O_2 上．现在圆 O_1、O_2 有三个交点 P、P'、P''，矛盾（当 $P' = P''$ 时，可以证明圆 O_1、O_2 相切于此点）．因此证明完成．† □

证法二 设 D 为 AP 与 $\triangle BPC$ 的外接圆的交点，$S = DP \cap BC$．由于 $\angle SPC = 180° - \angle CPA$，因此 $\angle BPS = \angle CPM$．在 $\triangle BPC$ 中，PS 和 PM 为等角共轭直线，利用正弦定理计算比值，得到

$$\frac{SB}{SC} = \frac{PB^2}{PC^2}.$$

---

*关于调和点列和类似中线的性质前面用过多次，此处没有按英文原解答重新证明这些事实．
　　——译者注

†英文原解答的后半部分有不清楚的地方，此为修改后的证明．——译者注

另外,利用正弦定理还可得到
$$\frac{SB}{SC} = \frac{DB}{DC} \cdot \frac{\sin \angle SDB}{\sin \angle SDC} = \frac{DB}{DC} \cdot \frac{\sin \angle PCB}{\sin \angle PBC} = \frac{DB}{DC} \cdot \frac{PB}{PC}.$$

因此有
$$\frac{DB}{DC} = \frac{PB}{PC},$$

于是四边形 $PBDC$ 是调和四边形. 因此 $A' = BB \cap CC$ 在直线 PD 上 (其中 XX 表示 $\triangle BPC$ 的外接圆在点 X 处的切线).

若 $A' = A$, 则 $AB = AC$ 与 $\triangle BPC$ 的外接圆相切, 于是 P 的轨迹为圆 (BIC), I 为 $\triangle ABC$ 的内心. 若 $A' \neq A$, 则由对称性知 $A' = BB \cap CC$ 在 AM 上, 但是 A' 也在直线 ASP 上, 因此, 必然有 SP 和 AM 重合, 于是 P 在开线段 AM 上. □

题目 98. 设在 $\triangle ABC$ 中, M 为 BC 中点, X 为从 A 出发的高的中点. 证明: $\triangle ABC$ 的陪位重心在直线 MX 上.

证法一 我们从 Lemoine 的一个经典结果开始.

Lemoine 垂足三角形定理 $\triangle ABC$ 的陪位重心 K 是平面上的唯一点, 满足它是自己在 $\triangle ABC$ 中的垂足三角形的重心.

Lemoine 垂足三角形定理的证明 我们要利用熟知的事实, 点 P 在 $\triangle ABC$ 的 A-类似中线上, 当且仅当 P 到边 AB 和 AC 的距离之比为 $\frac{AB}{AC}$.

对充分性的证明. 设 D、E、F 为 K 在 BC、CA、AB 上的投影, X 为 DK 与 EF 的交点. 我们要证明 X 是 EF 的中点, 于是可以对 EY、FZ 重复同样的论述, 然后得到 K 为 $\triangle DEF$ 的重心.

根据面积比例关系以及正弦定理, 有
$$\frac{XE}{XF} = \frac{KE}{KF} \cdot \frac{\sin \angle XKE}{\sin \angle XKF}.$$

然而, 由于 K 在 A-类似中线上, 因此
$$\frac{KE}{KF} = \frac{\delta(K, AC)}{\delta(K, AB)} = \frac{AC}{AB}.$$

进一步, 有 $\angle XKE = \angle C$、$\angle XKF = \angle B$ (因为四边形 $KDCE$ 和四边形 $KFBD$ 内接于圆), 因此我们得到
$$\frac{XE}{XF} = \frac{AC}{AB} \cdot \frac{\sin C}{\sin B} = \frac{AC}{AB} \cdot \frac{AB}{AC} = 1.$$

这就证明了 X 为 EF 中点.

对必要性的证明. 基本上是一样的, 设 K 的投影分别为 D、E、F, 并且

$$1 = \frac{XE}{XF} = \frac{KE}{KF} \cdot \frac{\sin \angle XKE}{\sin \angle XKF}.$$

等式 $\angle XKE = \angle C$、$\angle XKF = \angle B$ 依旧成立, 与 K 是否为陪位重心无关. 因此, 我们得到

$$\frac{KE}{KF} = \frac{AB}{AC}.$$

所以 K 在 A-类似中线上. 类似地, 得到关于 B、C 的相应结论, 于是 K 为陪位重心.

这就证明了 Lemoine 垂足三角形定理.

回到原题. 设 D、E、F 分别为 K 在 BC、CA、AB 上的投影. 设 D' 为 D 关于 K 的反射, 于是 K 是 DD' 的中点. 由于 DD' 平行于从 A 出发的高, 因此, K 在直线 MX 上等价于 D' 在中线 AM 上. 首先注意到, 由于 K 为 $\triangle DEF$ 的重心(Lemoine 垂足三角形定理), 因此 $FKED'$ 为平行四边形, 于是 $D'E /\!/ KF$、$D'F /\!/ KE$. 然而, KF 和 KE 分别垂直于 AB 和 AC, 因此 $D'E \perp AF$、$D'F \perp AE$. 于是 D' 为 $\triangle AEF$ 的垂心, 得到 AD' 垂直于 EF. 因此 AD' 和 AK 为等角共轭直线, 必然为 $\triangle ABC$ 的中线. 证明完成. □

证法二 这个证明使用了 Lemoine 关于陪位重心的另一个漂亮定理.

定理 设 K 为 $\triangle ABC$ 的陪位重心, x, y, z 为从 K 出发分别和 BC、CA、AB 反平行的直线. 那么 x, y, z 在 $\triangle ABC$ 的边上决定的六个点共圆.

在文献中, 这个圆被称为 Lemoine 第一圆, 它有一系列的漂亮性质, 和三角形中重要的"心"有关. 这里我们只涉及对我们的证明有用的部分.

定理的证明 回忆熟知的事实, $\triangle ABC$ 的 A-类似中线为直线 BC 的反平行线的中点的轨迹, 其中反平行线相对于直线 AB、AC 计算.

设 X_b、X_c 分别为 x 与 CA、AB 的交点. 类似地, 设 Y_c, Y_a 分别为 y 与 AB、BC 的交点, Z_a, Z_b 分别为 z 与 BC、CA 的交点. 由于陪位重心 K 在 $\triangle ABC$ 的三条类似中线上, 因此 $KX_b = KX_c, KY_c = KY_a, KZ_a = KZ_b$. 进一步, 由于 y、z 为反平行线, 因此有 $\angle KZ_aY_a = \angle KY_aZ_a = \angle A$, 于是 $\triangle KY_aZ_a$ 为等腰三角形, 即 $KY_a = KZ_a$. 因此 $KY_a = KZ_a = KY_c = KZ_b$. 类似地, 考虑 $\triangle KX_bZ_b$、$\triangle KY_cX_c$, 它们均为等腰三角形, 于是有

$$KX_b = KZ_b, \quad KY_c = KX_c.$$

最终有

$$KZ_a = KY_a = KX_b = KZ_b = KY_c = KX_c,$$

因此六个点 $X_b, X_c, Y_c, Y_a, Z_a, Z_b$ 都在以 K 为圆心的某个圆上. 这就证明了定理.

回到原题. 关键的想法是, 考虑一条边在 BC 上并且内接于 $\triangle ABC$ 的矩形, 它的中心的轨迹恰好为直线 MX. 事实上, 以 BC 上的高的垂足为原点建立坐标系, $\triangle ABC$ 的顶点坐标分别为 $A(0, h)$、$B(-u, 0)$、$C(v, 0)$, 内接矩形的高为 $2y$, 则矩形在边 AB、AC 上的顶点的坐标分别为 $\left(-\frac{(h-2y)u}{h}, 2y\right)$、$\left(\frac{(h-2y)v}{h}, 2y\right)$, 矩形的中心坐标为 $\left(\frac{(h-2y)(v-u)}{2h}, y\right)$. 因此矩形的中心的轨迹在一条直线上. 显然 BC 的中点和从 A 出发的高的中点为两个退化的内接矩形的中心, 必然为轨迹的端点, 因此轨迹为线段 MX.

另外, 根据引理的证明, 我们有 $KZ_b = KY_c = KZ_a = KY_a$, 所以 $Z_a Y_a Z_b Y_c$ 是一个内接于 $\triangle ABC$ 的矩形, 边 $Z_a Y_a$ 在 BC 上, 中心为 K. 因此 K 在上面的轨迹上, 于是 K 在直线 MX 上. 证明完成. $\square$

题目 99. 设 $\triangle ABC$ 的旁切圆分别和边 BC、CA、AB 相切于 D、E、F. 证明: $\triangle ABC$ 的周长至多是 $\triangle DEF$ 的周长的两倍.

Sherry Gong, 冯祖鸣 – 美国 IMO TST 2013

证法一 我们考虑如图 76 所示的情形, 证明使用有向的长度, 其他情形可以进行类似的处理.

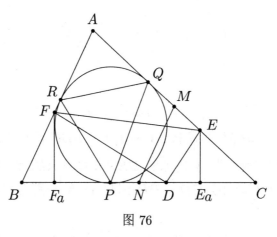

图 76

设 a、b、c 分别表示 BC、CA、AB 的长度, 内切圆分别与边 BC、CA、AB 相切于 P、Q、R. 熟知有
$$FB = CE = QA = AR = s - a,$$
其中 s 为 $\triangle ABC$ 的半周长. 设 E_a、F_a 分别为 E、F 到 BC 的投影. 显然有 $EF \geqslant E_a F_a$, 于是得到
$$FE \geqslant F_a E_a = BC - (BF_a + E_a C) = a - (s-a)(\cos B + \cos C).$$

将类似的不等式相加得到

$$EF + FD + DE \geqslant a+b+c - \sum_{\text{cyc}} (s-a)(\cos B + \cos C)$$
$$= a+b+c - (a\cos A + b\cos B + c\cos C). \tag{1}$$

根据和差化积公式,有

$$\frac{1}{2}(\sin 2A + \sin 2B) = \sin(A+B)\cos(A-B) = \sin C \cos(A-B) \leqslant \sin C.$$

对类似的不等式求和得到

$$\sin A + \sin B + \sin C \geqslant \sin 2A + \sin 2B + \sin 2C$$
$$= 2\sin A \cos A + 2\sin B \cos B + 2\sin C \cos C,$$

根据正弦定理,这相当于

$$a + b + c \geqslant 2a\cos A + 2b\cos B + 2c\cos C,$$

将其和不等式 (1) 结合,得到结论

$$EF + FD + DE \geqslant \frac{a+b+c}{2},$$

证明完成. □

证法二 我们还用与第一个证法同样的记号,结果显然可以由下面两个引理得到.

引理 1 $\triangle DEF$ 和 $\triangle PQR$ 的周长之和不小于 $\triangle ABC$ 的周长.

引理 1 的证明 根据对称性,只需证明 $DE + PQ \geqslant AB$. 设 M、N 分别为 CA、AB 的中点. 由于 $CE = AQ$、$CD = BP$,因此 M、N 分别为 QE、PD 的中点. 利用向量,有

$$\overrightarrow{MN} = N - M = \frac{P+D}{2} - \frac{Q+E}{2} = \frac{P-Q}{2} + \frac{E-D}{2} = \frac{1}{2}(\overrightarrow{QP} + \overrightarrow{ED}).$$

根据三角不等式,有 $MN \leqslant \frac{1}{2}(QP + ED)$,于是

$$PQ + DE \geqslant 2MN = AB,$$

引理 1 的证明完成.

引理 2 $\triangle ABC$ 的周长至少是 $\triangle PQR$ 的周长的 2 倍.

引理 2 的证明 注意到 $PQ = 2CP\sin\frac{C}{2}$、$QR = 2AQ\sin\frac{A}{2}$、$RP = 2BR\sin\frac{B}{2}$. 因此 $\triangle PQR$ 的周长等于

$$\mathcal{P}_{PQR} = (b+c-a)\sin\frac{A}{2} + (c+a-b)\sin\frac{B}{2} + (a+b-c)\sin\frac{C}{2}.$$

根据对称性,我们不妨设 $a \leqslant b \leqslant c$,于是得到顺序关系

$$\angle A \leqslant \angle B \leqslant \angle C, \quad b+c-a \geqslant c+a-b \geqslant a+b-c,$$

以及

$$\sin\frac{A}{2} \leqslant \sin\frac{B}{2} \leqslant \sin\frac{C}{2}.$$

根据 Chebyshev 不等式,我们有

$$\mathcal{P}_{PQR} \leqslant \frac{1}{3}\left((b+c-a) + (c+a-b) + (a+b-c)\right)\left(\sin\frac{A}{2} + \sin\frac{B}{2} + \sin\frac{C}{2}\right),$$

现在只需证明

$$\sin\frac{A}{2} + \sin\frac{B}{2} + \sin\frac{C}{2} \leqslant \frac{3}{2}.$$

由于 $y = \sin x$ 在 $0 \leqslant x \leqslant 90°$ 上为凹函数,因此由 Jensen 不等式马上能得出上面的结果. 于是完成了引理 2 的证明,也证明了原题. □

证法三 考虑下面的图 77,包含了 $\triangle ABC$ 经过旋转或平移得到的几个全等的三角形 $\triangle ABC$、$\triangle A_2B_2C_2$、$\triangle A_4B_4C_4$、$\triangle A_6B_6C_6$,满足 B、$C = A_2$、$B_2 = C_4$、$A_4 = B_6$、C_6 共线. 定义 D_i、E_i、F_i 为 D、E、F 在 $\triangle A_iB_iC$ 中的像.

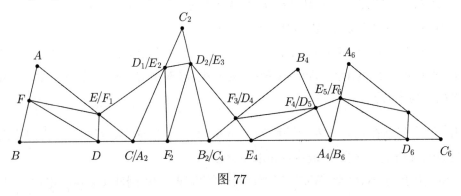

图 77

注意到 $\triangle ECE_2 \cong \triangle FBD$、$\triangle D_2B_2D_4 \cong \triangle EAF$、$\triangle F_4A_4F_6 \cong \triangle DAE$,利用这些全等关系、三角不等式以及 $FD \parallel F_6D_6$,我们得到

$$2(DE + EF + FA) \geqslant FE + EE_2 + E_2D_2 + D_2D_4 + D_4F_4 + F_4F_6$$
$$\geqslant FF_6 = AB + BC + CA.$$

于是证明完成. □

点评 最后的证明受到了 Hermann Schwarz 对下面问题给出的经典解答的启发.

Fagnano 定理 给定一个锐角三角形,由高的垂足构成的三角形在所有内接三角形中周长最小.

我们给出下面的图 78,由读者去阅读并发现这个定理的证明.

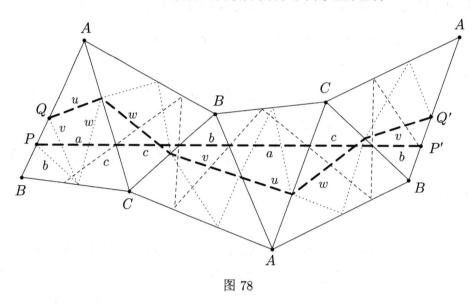

图 78

题目 100. (Sondat 定理) 设 $\triangle ABC$ 和 $\triangle A'B'C'$ 满足,从 A、B、C 分别到边 $B'C'$、$C'A'$、$A'B'$ 的垂线共点 O. 证明:

(a) 从 A'、B'、C' 分别到 BC、CA、AB 的垂线共点,设为 O'.

(b) 若 $O = O'$,则 AA'、BB'、CC' 共点.

(c) 若 $O \neq O'$,但是直线 AA'、BB'、CC' 还是共点于某点 P,则直线 OO' 经过点 P,并且垂直于 $\triangle ABC$ 和 $\triangle A'B'C'$ 的透视轴(两个透视的三角形由 Desargues 定理确定的直线).

证明 这个问题在几何学家中被称为 Sondat 定理,因为难度而知名. 我们给出的漂亮的纯几何证法来自于 Jean-Louis Ayme.

(a) 由于 A、B、C 到 $B'C'$、$C'A'$、$A'B'$ 的垂线共点,因此 Carnot 定理给出

$$(B'A^2 - C'A^2) + (C'B^2 - A'B^2) + (A'C^2 - B'C^2) = 0.$$

然而,重新配对得到

$$(A'B^2 - A'C^2) + (B'C^2 - B'A^2) + (C'A^2 - C'B^2) = 0,$$

根据 Carnot 定理,说明 A'、B'、C' 分别到 BC、CA、AB 的直线共点.

另一个方法是，注意到两个共点的条件用角元 Ceva 定理描述时等价.

点评 点 O 和 O' 被称为 $\triangle ABC$ 和 $\triangle A'B'C'$ 的正交中心 (orthology center). 这两个三角形可以称为正交三角形, 本身也有很多有趣的性质, 例如 (b) 和 (c). 这些一起被称为 Sondat 定理, 在应用中十分有用.

(b) 我们首先给出一个漂亮的共线性引理, 来自 Nikolaos Dergiades.

引理 1 设在 $\triangle ABC$ 中, 圆 Γ_a、Γ_b、Γ_c 分别以 BC、CA、AB 为弦. D 为 Γ_b 和 Γ_c 的第二个交点, E 为 Γ_c 和 Γ_a 的第二个交点, F 为 Γ_a 和 Γ_b 的第二个交点, 如图 79 所示. 进一步, 设 D 到 AD 的垂线与 BC 相交于 X, 类似地定义 Y 和 Z. 证明: X、Y、Z 共线.

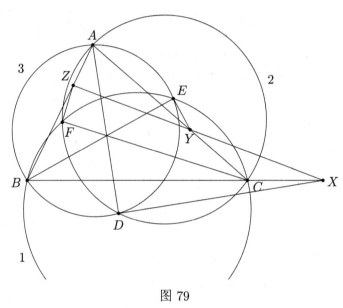

图 79

引理 1 的证明 设 A'、B'、C' 分别为圆 Γ_a、Γ_b、Γ_c 的圆心, A''、B''、C'' 分别为 BC、CA、AB 的中点, a、b、c 分别为 AX、BY、CZ 的中点.

直线 $B'C'$ 为 AD 的垂直平分线, 因此 $B'C' \perp AD$. 然而 $AD \perp DX$, 所以 $B'C' /\!/ DX$, 这说明 $B'C'$ 经过 AX 的中点 a. 类似地, 有 $b \in C'A'$ 以及 $c \in A'B'$. 另外, 点 a、b、c 还分别在中位线 $B''C''$、$C''A''$、$A''B''$ 上. 因此有

$$a = B'C' \cap B''C'', \quad b = C'A' \cap C''A'', \quad c = A'B' \cap A''B''.$$

直线 $A'A''$、$B'B''$、$C'C''$ 分别为 BC、CA、AB 的垂直平分线, 它们共点于 $\triangle ABC$ 的外心 O. 因此 Desargues 定理给出, a、b、c 共线.

现在考虑四边形 $BCYZ$, a、b、c 分别为对角线 AX、BY、CZ 的中点. 于是 Newton-Gauss 定理给出 X、Y、Z 共线. 这样就证明了引理 1.

回到 (b) 部分的证明. 设 D、E、F 分别为 AO、BO、CO 与 $B'C'$、$C'A'$、$A'B'$ 的交点,如图 80 所示. 进一步,设 $B_\#$ 为 BE 和 $A'B'$ 的交点,$C_\#$ 为 CF 与 $A'C'$ 的交点.

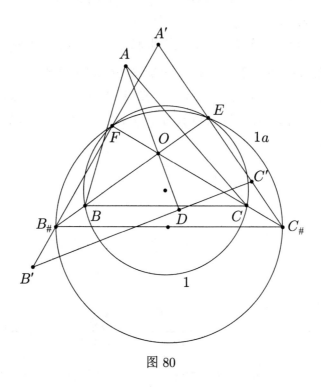

图 80

点 O 为 $\triangle A'B_\# C_\#$ 的垂心,因此 $B_\#$、$C_\#$、E、F 都在以 $B_\# C_\#$ 为直径的圆上. 特别地,有 $B_\# C_\#$ 为 $\triangle B_\# OC_\#$ 中 EF 的反平行线. 另外,$B_\# C_\# \perp A'O$、$A'O \perp BC$(因为 $O = O'$),于是 $B_\# C_\# \parallel BC$. 因此,BC 也是 $\triangle B_\# OC_\#$ 中 EF 的反平行线,因此 $BCEF$ 内接于圆. 类似地,我们得到 $CAFD$ 和 $ABDE$ 都内接于圆. 因此根据引理 1,交点 $X = B'C' \cap BC$、$Y = C'A' \cap CA$、$Z = A'B' \cap AB$ 共线. 然后由 Desargues 定理给出直线 AA'、BB'、CC' 共点. 这就完成了 (b) 部分的证明.

(c) 我们首先给出一个位似的简单引理.

引理 2 设 $\triangle ABC$ 和 $\triangle A'B'C'$ 在点 P 透视. $\triangle A''B''C''$ 与 $\triangle A'B'C'$ 位似,位似中心为 P. 设 $X = BC \cap B'C'$、$Y = CA \cap C'A'$、$Z = AB \cap A'B'$,以及 $X' = BC \cap B''C''$、$Y' = CA \cap C''A''$、$Z' = AB \cap A''B''$,如图 81 所示. 那么,直线 XYZ 和 $X''Y''Z''$ 平行.

我们省略引理 2 的证明,留给读者作为 Desargues 定理的一个简单练习. 应用引理前我们给出两个断言.

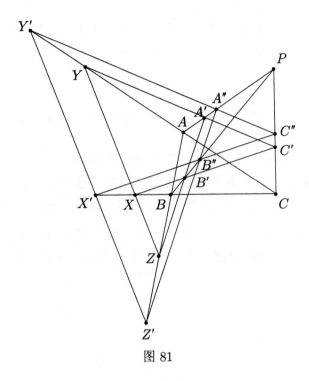

图 81

断言 1 设 $\triangle ABC$ 和 $\triangle A'B'C'$ 为正交三角形,正交中心为 $O = O'$. 于是直线 AA'、BB'、CC' 共点. 设 X 为 BC 和 $B'C'$ 的交点. 那么,直线 OX 和 AA' 垂直.

断言 1 的证明 设 D 为 AO 与 $B'C'$ 的交点,E 为 BO 与 $C'A'$ 的交点,F 为 CO 与 $A'B'$ 的交点,如图 82 所示.

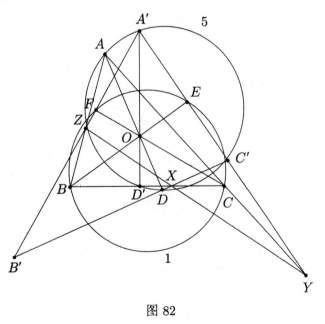

图 82

根据 (b) 的证明,点 B、C、E、F 共圆,而且点 A、C、F、D 共圆. 进一步,若 D' 为 $A'O$ 与 BC 的交点,E' 为 $B'O$ 与 CA 的交点,则点 A'、B'、D'、E' 也共圆. 计算点 O 的幂给出

$$OA' \cdot OD' = OB' \cdot OE' = OC \cdot OF = OA \cdot OD.$$

因此,$OA' \cdot OD' = OA \cdot OD$,于是点 A、A'、D、D' 共圆.

另外,以 OX 为直径的圆 γ 经过点 D 和 D',于是容易验证在点 O 处 γ 的切线 τ 和 AA' 平行. 但是 τ 也垂直于 OX,因此 $OX \perp AA'$. 这就证明了断言 1.

断言 2 用与上面一样的记号. 设 P 为 AA'、BB'、CC' 的公共点,Y 为 CA 和 $C'A'$ 的交点,Z 为 AB 和 $A'B'$ 的交点,如图 83 所示. 那么,OP 和经过 X、Y、Z 的直线垂直.

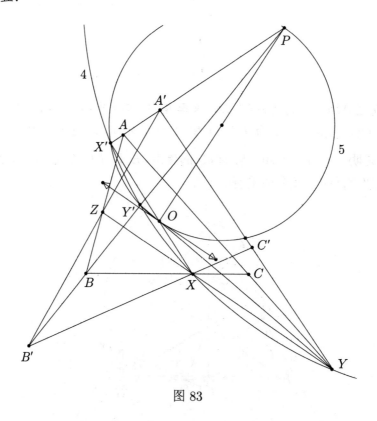

图 83

断言 2 的证明 设 D' 为 $A'O$ 与 BC 的交点,X' 为 OX 与 AA' 的交点. 以 $A'X$ 为直径的圆经过 D' 和 X',因此 $OX \cdot OX' = OA' \cdot OD'$.

设 $B'O$ 交 CA 于 E'. 根据 (b) 的证明,点 A'、B'、D'、E' 共圆,因此

$$OA' \cdot OD' = OB' \cdot OE'.$$

但是以 $B'Y$ 为直径的圆经过 E',以及 OY 与 BB' 的交点 Y',因此

$$OB' \cdot OE' = OY' \cdot OY.$$

将上述三个关于点的幂的等式结合,我们得到 $OX \cdot OX' = OY \cdot OY'$,于是 X、X'、Y、Y' 共圆.

我们如断言 1 的证明一样地得到结论. 以 OP 为直径的圆 ω 经过 X' 和 Y',容易验证此圆在 O 处的切线平行于 XY. 因此 $XY \perp OP$,这就证明了断言 2.

现在回到 (c) 的证明,考察当 $O \neq O'$ 时的情形. 我们使用与断言 2 同样的记号. 进一步,设 A^* 为 O 到 BC 的垂线与 AA' 的交点,B^* 为经过 A^* 与 $A'B'$ 平行的直线与 BB' 的交点,C^* 为经过 B^* 与 $B'C'$ 平行的直线与 CC' 的交点,如图 84 所示.

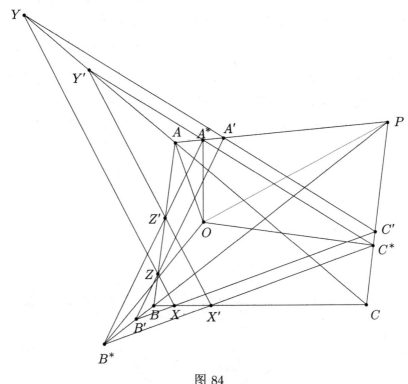

图 84

$\triangle A^*B^*C^*$ 和 $\triangle A'B'C'$ 在点 P 处透视,应用 Desargues 定理,得到直线 A^*C^* 和 $A'C'$ 平行. 因此,$\triangle A^*B^*C^*$ 和 $\triangle A'B'C'$ 位似,位似中心为 P. 特别地,由于 $AO \perp B'C' \parallel B^*C^*$,因此得到 $AO \perp B^*C^*$,以及类似的关系. 也就是说,$\triangle ABC$ 和 $\triangle A^*B^*C^*$ 也正交. 现在神奇的事情发生了!和 $\triangle ABC$ 与 $\triangle A'B'C'$ 不同,这两个的正交中心在点 O 处重合,而且还在点 P 处透视. 因此根据断言 2,得到点 $X' = B^*C^* \cap BC$、$Y' = C^*A^* \cap CA$、$Z' = A^*B^* \cap AB$ 共线,并且此线垂直于 OP.

我们可以看出引理 2 的证明基本要完成了. 利用同样的方式, 我们可以定义 A^* 为 AA' 与 O' 到 $B'C'$ 的垂线的交点, B^* 为 BB' 与经过 A^* 平行于 AB 的直线的交点, C^* 为 CC' 与经过 B^* 与 BC 平行的直线的交点. 类似地, 我们得到 $\triangle ABC$ 和 $\triangle A^*B^*C^*$ 位似, 位似中心为 P, 于是 $\triangle A'B'C'$ 和 $\triangle A^*B^*C^*$ 正交, 并且正交中心在点 O' 处重合, 而且保持在点 P 处的透视关系. 根据断言 2, $X'' = B^*C^* \cap B'C'$、$Y'' = C^*A^* \cap C'A'$、$Z'' = A^*B^* \cap A'B'$ 共线, 并且此线垂直于 $O'P$. 但是引理 2 告诉我们 $XYZ /\!/ X''Y''Z''$. 因此, 根据上面的结果, 得到 $OP /\!/ O'P$. 特别地, 这说明点 O、O'、P 共线, 并且此线垂直于 XYZ. 这就完成了 Sondat 定理的证明. □

题目 101. 设非等边 $\triangle ABC$ 的外接圆为 Γ, A'、B'、C' 分别为 A、B、C 关于边 BC、CA、AB 的反射, A_t、B_t、C_t 分别为 Γ 在 $\triangle ABC$ 的顶点处的切线两两配对的交点. 证明: $\triangle A_tB'C'$、$\triangle B_tC'A'$、$\triangle C_tA'B'$ 的外接圆共点.

Cosmin Pohoata – 几何论坛

证明 我们使用有向角度的记号, (ℓ_1, ℓ_2) 表示将直线 ℓ_1 旋转到 ℓ_2 的平行方向所需的角度 (模 $180°$ 定义), 旋转方向和 $\triangle ABC$ 的定向一致.

设 α、β、γ 分别为经过 A、B、C 平行于 Euler 线的直线. 根据题目 48 的结论, 它们分别关于 BC、CA、AB 的反射 α'、β'、γ' 共点, 记为 P (称为 Parry 反射点), 如图 85 所示.

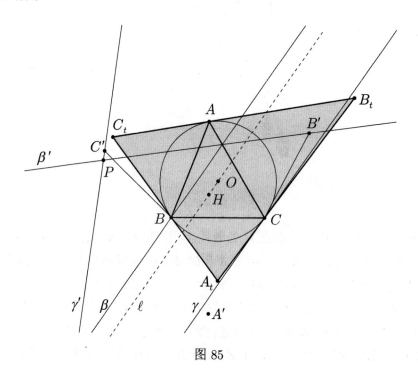

图 85

现在,由于 α、β、γ 相互平行,因此

$$\begin{aligned}(PB', PC') &= (\beta', AC) + (AC, AB) + (AB, \gamma') \\ &= (AC, \beta) + (AC, AB) + (\gamma, AB) \\ &= 2(AC, AB) = 2\angle CAB \\ &= (A_tC, CB) + (CB, A_tB) = (A_tC, A_tB).\end{aligned}$$

因为 $A_tB = A_tC$、$BC' = BC = B'C$,所以得到 $\triangle A_tBC'$ 和 $\triangle A_tCB'$ 全等. 因此,$(A_tB', A_tC') = (A_tC, A_tB)$. 这给出 $(PB', PC') = (A_tB', A_tC')$,而且点 P、A_t、B'、C' 共圆. 圆 $(A_tB'C')$ 经过点 P,同理,另外两个圆 $(B_tC'A')$、$(C_tA'B')$ 也经过点 P. □

点评 注意到 $\triangle A'B_tC_t$、$\triangle B'C_tA_t$、$\triangle C'A_tB_t$ 的外接圆也共点. 事实上,考虑关于 Parry 反射点 P 的任意半径的反演 Ψ. 由于 $\triangle A_tB'C'$、$\triangle B_tC'A'$、$\triangle C_tA'B'$ 的外接圆在 P 处共点,它们在反演 Ψ 下的像为三条直线,围成 $\triangle A'^*B'^*C'^*$,其中 A'^*、B'^*、C'^* 分别为 A'、B'、C' 的反演像. 由于点 A_t^*、B_t^*、C_t^* 分别在直线 $B'^*C'^*$、$C'^*A'^*$、$A'^*B'^*$ 上,因此,根据 Miquel 定理,$\triangle A_t^*B'^*C'^*$、$\triangle B_t^*C'^*A'^*$、$\triangle C_t^*A'^*B'^*$ 的外接圆共点. 于是在反演之前,$\triangle A_tB'C'$、$\triangle B_tC'A'$、$\triangle C_tA'B'$ 的外接圆也共点.

题目 102. 如图 86 所示,四条线段将一个凸四边形分成 9 个四边形,这些线段的交点在四边形的对角线上. 已知四边形 1、2、3、4 都有内切圆. 证明:四边形 5 也有内切圆.

Nairi Sedrakyan – Zhautykov 数学奥林匹克 2014

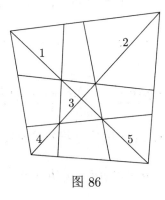

图 86

证明 关键的想法是反复利用下面来自 Marius Iosifescu 的结果.

Iosifescu 定理 一个凸四边形 $ABCD$ 有内切圆,当且仅当

$$\tan\frac{x}{2} \cdot \tan\frac{z}{2} = \tan\frac{y}{2} \cdot \tan\frac{w}{2},$$

其中 $x = \angle ABD$、$y = \angle ADB$、$z = \angle BDC$、$w = \angle DBC$.

Iosifescu 定理的证明 利用三角恒等式得到 $\tan^2 \frac{u}{2} = \frac{1-\cos u}{1+\cos u}$, 因此定理中的恒等式等价于

$$(1-\cos x)(1-\cos z)(1+\cos y)(1+\cos w)$$
$$=(1-\cos y)(1-\cos w)(1+\cos x)(1+\cos z). \tag{1}$$

设 $a = AB$、$b = BC$、$c = CD$、$d = DA$, $q = BD$. 根据余弦定理,有

$$\cos x = \frac{a^2 + q^2 - d^2}{2aq},$$

因此得到

$$1 - \cos x = \frac{d^2 - (a-q)^2}{2aq} = \frac{(d+a-q)(d-a+q)}{2aq}, \tag{2}$$

$$1 + \cos x = \frac{(a+q)^2 - d^2}{2aq} = \frac{(a+q+d)(a+q-d)}{2aq}. \tag{3}$$

类似地,有

$$1 - \cos y = \frac{(a+d-q)(a-d+q)}{2dq}, \quad 1 + \cos y = \frac{(d+q+a)(d+q-a)}{2dq}, \tag{4}$$

$$1 - \cos z = \frac{(b+c-q)(b-c+q)}{2cq}, \quad 1 + \cos z = \frac{(c+q+b)(c+q-b)}{2cq}, \tag{5}$$

$$1 - \cos w = \frac{(c+b-q)(c-b+q)}{2bq}, \quad 1 + \cos w = \frac{(b+q+c)(b+q-c)}{2bq}. \tag{6}$$

将式 (2) ~ (6) 代入式 (1) 后整理, 可得 Iosifescu 定理中的恒等式等价于

$$P\left((d-a+q)^2(b-c+q)^2 - (a-d+q)^2(c-b+q)^2\right) = 0, \tag{7}$$

其中

$$P = \frac{(d+a-q)(b+c-q)(d+q+a)(b+q+c)}{16abcdq^4},$$

由三角不等式得到 $P > 0$. 将式 (7) 用平方差公式因式分解, 整理得到

$$4qP(b+d-a-c)\left((d-a)(b-c) + q^2\right) = 0,$$

其中第二个括号中的式子恒正(由三角不等式,有 $q > a-d$、$q > b-c$). 因此得到

$$\tan\frac{x}{2} \cdot \tan\frac{z}{2} = \tan\frac{y}{2} \cdot \tan\frac{w}{2}$$

等价于 $b + d - a - c = 0$. 因此,根据 Pitot 定理(见题目 80), 当且仅当 $ABCD$ 有内切圆时, 才会发生这种情况.

要将 Iosifescu 定理应用到四边形 5, 我们需要证明

$$\tan\frac{\angle FHG}{2}\cdot\tan\frac{\angle BDC}{2}=\tan\frac{\angle ADB}{2}\cdot\tan\frac{\angle EHF}{2}.$$

然而, 由于四边形 3 有内切圆, 因此

$$\tan\frac{\angle EFH}{2}\cdot\tan\frac{\angle FHG}{2}=\tan\frac{\angle EHF}{2}\cdot\tan\frac{\angle HFG}{2}.$$

只需证明

$$\tan\frac{\angle EFH}{2}\cdot\tan\frac{\angle ADB}{2}=\tan\frac{\angle HFG}{2}\cdot\tan\frac{\angle BDC}{2}.$$

将 Iosifescu 定理应用到四边形 1, 上述等式等价于

$$\tan\frac{\angle ABD}{2}\cdot\tan\frac{\angle BDC}{2}=\tan\frac{\angle ADB}{2}\cdot\tan\frac{\angle DBC}{2},$$

这成立, 当且仅当 $ABCD$ 有内切圆.

这就是神奇的事情发生的地方. 我们利用 Iosifescu 定理到 $ABCD$ 的另一条对角线 AC, 从而证明 $ABCD$ 有内切圆. 具体说, 就是证明

$$\tan\frac{\angle BAC}{2}\cdot\tan\frac{\angle ACD}{2}=\tan\frac{\angle BCA}{2}\cdot\tan\frac{\angle CAD}{2}.$$

这可以用与上面相同的方式来证明, 将 Iosifescu 定理应用到四边形 2、3、4, 用由四边形 2、4 得到的恒等式除以由四边形 3 得到的恒等式, 就得到上面的结论. 证明的细节留给读者. □

题目 103. 在 $\triangle ABC$ 中, 圆 C_A 与边 AB、AC 相切, 与外接圆内切. 类似地定义 C_B 和 C_C. 求 $\triangle ABC$ 的形状 (唯一确定到至多相差一个相似), 使得内径以及三个圆 C_A、C_B、C_C 的半径成等差数列.

Paul Yiu – 《数学难题》

解 分别用 r 以及 r_A、r_B、r_C 表示内径以及三个伪内切圆 C_A、C_B、C_C 的半径. 我们知道,

$$\begin{aligned}r_A &= r\sec^2\frac{A}{2}=r\left(1+\tan^2\frac{A}{2}\right),\\ r_B &= r\sec^2\frac{B}{2}=r\left(1+\tan^2\frac{B}{2}\right),\\ r_C &= r\sec^2\frac{C}{2}=r\left(1+\tan^2\frac{C}{2}\right).\end{aligned}$$

事实上，我们可以参考题目 36 中的点评 2，伪内切圆 C_A、C_B、C_C 对应 Thebault 圆的退化情形，因此可以应用对应的内径恒等式.

现在，如果我们设 $r \leqslant r_A \leqslant r_B \leqslant r_C$，那么由这些半径构成等差数列推出，存在公差 d，使得 $r_A = r+d$、$r_B = r+2d$、$r_C = r+3d$. 利用上面的公式，我们得到 $d = r\tan^2\frac{A}{2}$、$2d = r\tan^2\frac{B}{2}$、$3d = r\tan^2\frac{C}{2}$.

因此有
$$\tan\frac{B}{2} = \sqrt{2}\tan\frac{A}{2}, \quad \tan\frac{C}{2} = \sqrt{3}\tan\frac{A}{2}.$$

令 a、b、c 分别为 $\angle A$、$\angle B$、$\angle C$ 的对边，可以记 $a = x+y$、$b = x+z$、$c = y+z$，其中 x、y、z 为正实数. 进一步，我们有 $\tan\frac{A}{2} = \frac{r}{z}$、$\tan\frac{B}{2} = \frac{r}{y}$、$\tan\frac{C}{2} = \frac{r}{x}$，得到
$$x : y : z = \sqrt{2} : \sqrt{3} : \sqrt{6},$$

于是，三角形的三边长满足
$$a : b : c = (\sqrt{2}+\sqrt{3}) : (\sqrt{2}+\sqrt{6}) : (\sqrt{3}+\sqrt{6}).$$

进一步，我们知道
$$\tan\frac{A}{2}\tan\frac{B}{2} + \tan\frac{B}{2}\tan\frac{C}{2} + \tan\frac{C}{2}\tan\frac{A}{2} = 1,$$

因此得到
$$\tan^2\frac{A}{2} = (\sqrt{2}+\sqrt{3}+\sqrt{6})^{-1}.$$

这给出三角形的内角为
$$\angle A = 2\tan^{-1}\frac{1}{\sqrt{\sqrt{2}+\sqrt{3}+\sqrt{6}}},$$
$$\angle B = 2\tan^{-1}\frac{\sqrt{2}}{\sqrt{\sqrt{2}+\sqrt{3}+\sqrt{6}}},$$
$$\angle C = 2\tan^{-1}\frac{\sqrt{3}}{\sqrt{\sqrt{2}+\sqrt{3}+\sqrt{6}}}.$$

□

题目 104. 设 $BCKL$、$CAHF$、$ABDE$ 分别为由 $\triangle ABC$ 的边 BC、CA、AB 向外作出的矩形，A' 为 EK 和 HL 的交点、B' 为 HL 和 DF 的交点、C' 为 DF 与 EK 的交点. 证明：直线 AA'、BB'、CC' 共点.

Kostas Vittas – AoPS 论坛

证明 设 (O_1)、(O_2)、(O_3) 分别为 $ABDE$、$ACFH$、$BCKL$ 的外接圆. 进一步, 设 A'' 为 (O_1) 与 (O_2) 的另一个交点, 类似地定义 B'' 和 C''.

注意到 $\angle AA''D + \angle AA''F = \angle ABD + \angle ACF = 180°$, 因此 A'' 在直线 DF 上. 类似地, B'' 在 EK 上, C'' 在 HL 上. 此外, 注意到 AA'' 为 (O_2) 和 (O_3) 的根轴, BB'' 为 (O_3) 和 (O_1) 的根轴, CC'' 为 (O_1) 和 (O_2) 的根轴. 因此 AA''、BB''、CC'' 相交于这三个圆的根心, 记为 P.

现在观察 $\triangle ABC$ 和 $\triangle A'B'C'$, 从 A、B、C 分别到 $B'C'$、$C'A'$、$A'B'$ 的垂线共点, 记为 P, 也就是说, $\triangle ABC$ 和 $\triangle A'B'C'$ 为正交的三角形. 因此, 根据题目 100 (a), 从 A'、B'、C' 分别到 BC、CA、AB 的垂线共点, 记为 P'. 我们断言 $P' = P$. 将这一点结合题目 100 (b), 给出 AA'、BB'、CC' 共点.

圆 (O_3) 经过 $\triangle PB''C''$ 的顶点 B''、C'', 然后和它的两条边 PB''、PC'' 分别交于 B、C. 于是直线 BC 关于 $\triangle PB''C''$ 的 $\angle P$ 与 $B''C''$ 反平行. 由于 $\angle A'B''P = \angle A'C''P = 90°$, 线段 $A'P$ 是 $\triangle PB''C''$ 的外接圆的直径, 因此 $A'P \perp BC$. 类似地, 我们可以得到 $B'P \perp AC$ 以及 $C'P \perp AB$, 然后得出 $P' = P$. 证明完成. $\square$

题目 105. (Rabinowitz 七圆定理) 设 Γ 为平面上的一个圆, 六个圆 γ_A、γ_B、γ_C、γ_D、γ_E、γ_F 在 Γ 内, 均与 Γ 相切, 并且依次相切, A、B、C、D、E、F 分别为小圆和 Γ 的切点, 如图 87 所示. 证明: 直线 AD、BE、CF 共点.

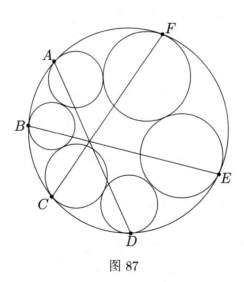

图 87

证明 我们首先给出一个关于六边形的 Ceva 类型的引理.

引理 设 A、B、C、D、E、F 为一个圆周上依次的六个点, 如图 88 所示, 则弦 AD、BE、CF 共点, 当且仅当 $AB \cdot CD \cdot EF = BC \cdot DE \cdot FA$.

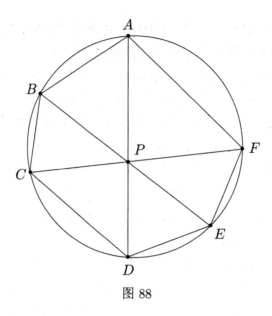

图 88

引理的证明 根据正弦定理，我们分别有

$$AB = 2R\sin\angle AEB, \quad CD = 2R\sin\angle CAD, \quad EF = 2R\sin\angle ECF,$$
$$BC = 2R\sin\angle BEC, \quad DE = 2R\sin\angle DAE, \quad FA = 2R\sin\angle ACF.$$

因此 $AB \cdot CD \cdot EF = BC \cdot DE \cdot FA$，当且仅当

$$\frac{\sin\angle CAD}{\sin\angle EAD} \cdot \frac{\sin\angle AEB}{\sin\angle CEB} \cdot \frac{\sin\angle ECF}{\sin\angle ACF} = 1,$$

这等价于在 $\triangle ACE$ 中 AD、BE、CF 共点的角元 Ceva 定理. 因此证明了引理.

回到原题. 设 Γ 的半径为 R，γ_X 的半径为 r_X，其中 $X \in \mathcal{V} = \{A, \cdots, F\}$. 用与题目 80 中的 Casey 弦定理的证明类似的计算方法，我们得到

$$XY = 2Rf(r_X)f(r_Y),$$

其中 $f(r) = \sqrt{\frac{r}{R-r}}$，$X, Y \in \mathcal{V}$. 因此

$$AB \cdot CD \cdot EF = 8R^3 f(r_A)f(r_B)f(r_C)f(r_D)f(r_E)f(r_F)$$
$$= BC \cdot DE \cdot FA.$$

根据引理，AD、BE、CF 共点. 证明完成. □

点评 你可能会想到，将内切换成外切，如图 89 所示，结论也成立.

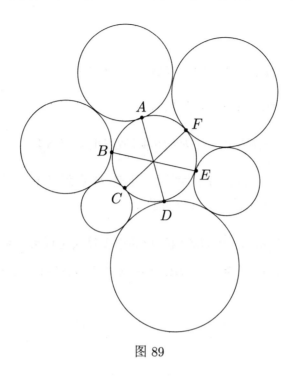

图 89

题目 106. (Leon-Anne 定理) 设 $ABCD$ 为凸四边形,r 为正实数. 证明:平面上使得 $[PAB]+[PCD]$ 等于 r 的点 P 的轨迹为一条直线.*

证明 设 P 满足 $[PAB]+[PCD]=k^2$. 若 $ABCD$ 为矩形,则很容易证明结论,该证明留给读者作为练习. 否则,不妨设 AB 和 CD 相交于 X. 分别在射线 XA、XD 上取点 Y、Z,满足 $XY=AB$、$XZ=CD$(若 $AB//CD$,则直接在 AB 上取点 Z,使得 $BZ=CD$,令 $X=B,Y=A$),如图 90 所示.

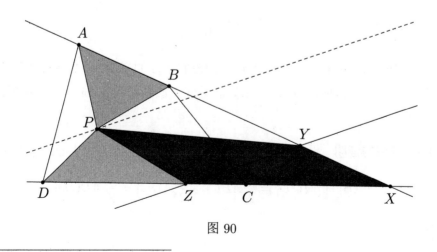

图 90

---

*当 $ABCD$ 为矩形,r 为矩形面积的一半时,这个轨迹为一个区域. ——译者注

注意到

$$[PAB] + [PCD] = [PXY] + [PXZ] = [PZXY] = [PYZ] + [XYZ].$$

而 $\triangle XYZ$ 是固定的，$[XYZ]$ 为常数，因此

$$[PXY] = ([PAB] + [PCD]) - [PXZ]$$

为常数. 这说明 $XY \cdot \delta(P, XY)$ 为常数，于是 P 在到 XY 为固定距离的直线上（两条同样距离的直线只有一条符合要求）. □

点评 这个结果常常和几何中有关四边形的很多经典定理有联系.

Newton 定理 如图 91 所示，若 $ABCD$ 有内切圆，则对角线的中点和内切圆的圆心共线.

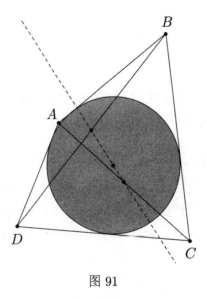

图 91

尽管叙述很简单，但这个优美的结果却没有很多的证明. 需要完整结果的读者可以参考文献 [1]. 目前，理解这个结果的最佳方法是利用 Leon-Anne 定理，我们记录如下.

Newton 定理的证明 设 M、N 分别为 AC、BD 的中点，I 为内心. 注意到

$$[MAB] + [MCD] = \frac{1}{2}[ABC] + \frac{1}{2}[ADC] = \frac{1}{2}[ABCD],$$

类似地，有

$$[NAB] + [NCD] = \frac{1}{2}[ABD] + \frac{1}{2}[BCD] = \frac{1}{2}[ABCD].$$

进一步,有

$$
\begin{aligned}
[IAB]+[ICD] &= \frac{1}{2}r\cdot(AB+CD)\\
&= \frac{1}{4}r\cdot(AB+CD+DA+BC)\\
&= \frac{1}{2}([IAB]+[IBC]+[ICD]+[IDA])\\
&= \frac{1}{2}[ABCD],
\end{aligned}
$$

其中第二个等式用到了 Pitot 定理:四边形 $ABCD$ 有内切圆,于是

$$AB+CD=AD+BC. \qquad \Box$$

题目 107. 设 $ABCD$ 是凸四边形,M、N 分别为对角线 AC、BD 的中点,$XYZT$ 为由四条内角平分线确定的四边形. 证明: $XYZT$ 内接于圆,并且 M、N 以及 $XYZT$ 的反中心*共线.

Titu Andreescu, Luis Gonzalez, Cosmin Pohoata –《数学反思》

证明 关键的想法是利用 Leon-Anne 定理,就像证明 Newton 定理一样. 在这之前,我们需要一个重要的初步结果.

引理 设 $ABCD$ 为圆内接四边形,H_A、H_B、H_C、H_D 分别为 $\triangle BCD$、$\triangle CDA$、$\triangle DAB$、$\triangle ABC$ 的垂心,如图 92 所示. 那么,线段 AH_A、BH_B、CH_C、DH_D 的中点重合.

引理的证明 只需证明线段 AH_A、BH_B 的中点重合,其他的类似. 为此,需要说明 A、B、H_A、H_B 构成平行四边形.

首先,由于 AH_B 和 BH_A 都垂直于 CD,因此 $AH_B /\!/ BH_A$. 其次,又因为它们长度相等

$$AH_B = 2R|\cos\angle CAD| = 2R|\cos\angle CBD| = BH_A,$$

其中 R 为 $ABCD$ 的外接圆的半径,所以 ABH_AH_B 为平行四边形. 这就证明了引理.

线段 AH_A、BH_B、CH_C、DH_D 的公共中点称为圆内接四边形 $ABCD$ 的反中心,它还有其他的优美性质. 例如,由题目 95 的推广的证明可以知道,此点也是 $\triangle BCD$、$\triangle CDA$、$\triangle DAB$、$\triangle ABC$ 的九点圆的公共点. 还有其他的替代方法来描述此点. 要证明本题,只需要引理中的描述即可.

---

*在题目的证明中有定义. ——译者注

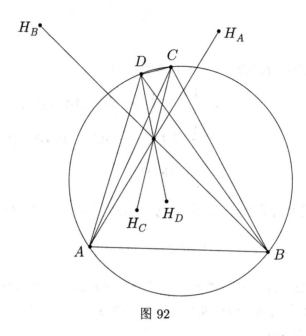

图 92

回到原题. 通过导角我们马上发现 $XYZT$ 内接于圆. 注意到

$$\angle YXT + \angle YZT = 180° - \frac{1}{2}(\angle D + \angle C) + 180° - \frac{1}{2}(\angle A + \angle B)$$
$$= 360° - \frac{1}{2}(\angle A + \angle B + \angle C + \angle D) = 180°.$$

接下来是证明工作的重点. 设 P 为 BC 和 AD 的交点,Q 为 AB 和 CD 的交点. 如图 93 所示,不妨设 X 和 T 分别为 $\triangle PCD$、$\triangle QDA$ 的内心,Y、Z 分别为 $\triangle QBC$、$\triangle PAB$ 相对于顶点 Q、P 的旁心.

记 $\angle P = \angle APB$. 在 $\triangle PAB$ 和 $\triangle PCD$ 中回忆下面的恒等式

$$\cot \frac{P}{2} = \frac{PZ \cdot AB}{ZA \cdot ZB}, \quad \cot \frac{P}{2} = \frac{PX \cdot CD}{XD \cdot XC}.$$

于是得到

$$\cot \frac{P}{2} \cdot (XD \cdot XC + ZA \cdot ZB)$$
$$= PZ \cdot AB + PX \cdot DC$$
$$= PZ \cdot \left(2\cos \frac{P}{2} \cdot PX + AB\right) - PX \cdot \left(2\cos \frac{P}{2} \cdot PZ - DC\right). \tag{1}$$

回忆在 $\triangle PAB$ 和 $\triangle PCD$ 中,我们有

$$\cos \frac{P}{2} = \frac{PA + PB + AB}{2 \cdot PZ}, \tag{2}$$

$$\cos \frac{P}{2} = \frac{PD + PC - DC}{2 \cdot PX}. \tag{3}$$

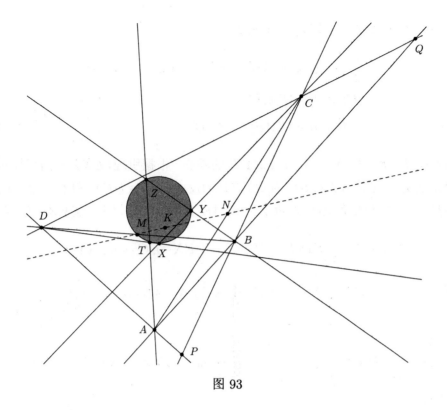

图 93

因此，结合式 (1)(2)(3) 得到

$$\cot\frac{P}{2} \cdot (XD \cdot XC + ZA \cdot ZB)$$
$$= PZ \cdot (PD + PC - DC + AB) - PX \cdot (PA + PB + AB - DC);$$

因此有

$$PZ \cdot (PD + PC) - PX \cdot (PA + PB)$$
$$= XZ \cdot (DC - AB) + \cot\frac{P}{2} \cdot (XD \cdot XC + ZA \cdot ZB). \tag{4}$$

另外

$$[XDC] = \frac{1}{2}XD \cdot XC \cdot \sin\angle CXD = \frac{1}{2}XD \cdot XC \cdot \sin\frac{P}{2},$$
$$[ZAB] = \frac{1}{2}ZA \cdot ZB \cdot \sin\angle AZB = \frac{1}{2}ZA \cdot ZB \cdot \sin\frac{P}{2},$$
$$[PDZC] = [PDZ] + [PCZ] = \frac{1}{2}PZ \cdot (PD + PC) \cdot \sin\frac{P}{2},$$
$$[PAXB] = [PAX] + [PBX] = \frac{1}{2}PX \cdot (PA + PB) \cdot \sin\frac{P}{2}.$$

将式 (4) 与上述四个等式结合, 得到

$$\frac{1}{2}XZ \cdot (DC - AB) \cdot \sin\frac{P}{2} + [XDC] + [ZAB]$$
$$= [PDZC] - [PAXB]$$
$$= [ABCD] - [XAB] - [ZCD]. \tag{5}$$

设 E、F 分别为 $\triangle XYT$ 和 $\triangle ZYT$ 的垂心. 根据引理, $EXZF$ 为平行四边形, 对角线交点 $K = XF \cap ZE$ 为 $XYZT$ 的反中心. 直线 EX 和 CD 之间的夹角显然等于 $\angle XYZ$; 类似地, 直线 ZF 和 AB 之间的夹角等于 $\angle XYZ$. 因此有

$$[DECX] = [EDC] - [XDC] = \frac{1}{2}EX \cdot DC \cdot \sin\angle XYZ,$$

$$[AFBZ] = [ZAB] - [FAB] = \frac{1}{2}EX \cdot AB \cdot \sin\angle XYZ.$$

于是

$$[EDC] + [FAB] = \frac{1}{2}EX(DC - AB) \cdot \sin\angle XYZ + [XDC] + [ZAB].$$

然而

$$EX = XZ \cdot \frac{\cos\angle YZT}{\sin\angle XYZ} = XZ \cdot \frac{\sin\frac{P}{2}}{\sin\angle XYZ}.$$

于是有

$$[EDC] + [FAB] = \frac{1}{2}XZ(DC - AB) \cdot \sin\frac{P}{2} + [XDC] + [ZAB]. \tag{6}$$

由式 (5) 和 (6) 得到

$$[EDC] + [FAB] + [XAB] + [ZCD] = [ABCD]. \tag{7}$$

现在, 由于 K 为 FX 和 EZ 的中点, 因此得到

$$2[KAB] = [XAB] + [FAB], \quad 2[KDC] = [EDC] + [ZDC],$$

即

$$2[KAB] + 2[KDC] = [XAB] + [FAB] + [EDC] + [ZDC]. \tag{8}$$

最后, 从式 (7) 和 (8), 我们得到

$$[KAB] + [KCD] = \frac{1}{2}[ABCD].$$

因此, 根据 Leon-Anne 定理, K 在 $ABCD$ 的直线 MN 上, 证明完成. □

点评 显然,当 $ABCD$ 有内切圆时,内角平分线交于一点,于是 $X=Y=Z=T=K$,因此得到了经典的 Newton 定理.

题目 108. 在 $\triangle ABC$ 中,求 BC 上满足如下性质的所有点 P:若 X、Y 分别为直线 PA 与 $\triangle PAB$、$\triangle PAC$ 的外接圆的两条公切线的交点,则有

$$\left(\frac{PA}{XY}\right)^2 + \frac{PB \cdot PC}{AB \cdot AC} = 1.$$

Titu Andreescu, Cosmin Pohoata – USAMO 2013

解 设 $\Gamma_1(O_1, R_1)$、$\Gamma_2(O_2, R_2)$ 分别为 $\triangle PAB$、$\triangle PAC$ 的外接圆. 我们先给出一个引理.

引理 设 U、V 为 Γ_1 和 Γ_2 的一条外公切线段的端点,那么有

$$XY = UV \cdot \frac{R_1 + R_2}{O_1 O_2}.$$

引理的证明 不妨设 UV 为包含 X 的外公切线,如图 94 所示. 只需证明

$$XY \cdot O_1 O_2 = UV \cdot (R_1 + R_2).$$

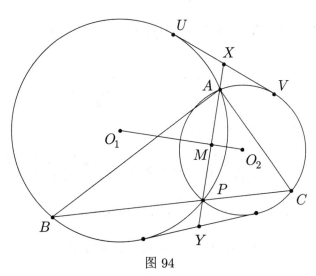

图 94

注意到式子的左端为 $\triangle XO_1O_2$ 面积的四倍,右端为 $\triangle UVO_1$ 和 $\triangle UVO_2$ 面积之和的两倍. 然而,因为 X 为 UV 中点,UO_1O_2V 为梯形,所以

$$[XO_1O_2] = \frac{1}{2}[UO_1O_2V] = \frac{1}{2}([UVO_1]+[VO_1O_2]) = \frac{1}{2}([UVO_1]+[UVO_2]).$$

于是证明了引理.

回到原题,保留引理中的记号,如图 95 所示. 注意到 $\angle O_1AO_2 = \angle BAC$,以及 $\frac{AB}{AO_1} = 2\sin\angle APB = 2\sin\angle APC = \frac{AC}{AO_2}$(正弦定理),因此得到 $\triangle O_1AO_2$ 和 $\triangle BAC$ 相似.

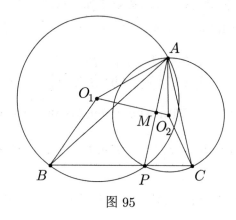

图 95

因此可以得到

$$\frac{R_1}{AB} = \frac{R_2}{AC} = \frac{O_1O_2}{BC} = \frac{AP}{2h_a},$$

其中后一个等式成立是因为 AM 为 $\triangle AO_1O_2$ 的高且 $AP = 2AM$. 然而,若 s 表示 $\triangle ABC$ 的半周长,则根据 $\triangle O_1AO_2$ 与 $\triangle BAC$ 相似,以及

$$UV^2 = O_1O_2^2 - (R_1 - R_2)^2 = (O_1O_2 - R_1 + R_2)(O_1O_2 + R_1 - R_2),$$

可得

$$\frac{AP}{2h_a} = \frac{R \cdot AP}{bc} = \frac{UV}{2\sqrt{(s-b)(s-c)}}.$$

现在,回到引理. 结合我们得到的关于 UV 的事实,有

$$XY^2 = UV^2 \cdot \left(\frac{R_1 + R_2}{O_1O_2}\right)^2 = (s-b)(s-c) \cdot \frac{R^2 \cdot AP^2}{b^2c^2} \cdot \left(\frac{b+c}{a}\right)^2,$$

然后利用熟知的等式 $abc = 4R \cdot [ABC]$,以及 Heron 公式

$$s(s-a)(s-b)(s-c) = [ABC]^2,$$

我们得到

$$XY^2 = \frac{4(s-b)(s-c)R^2 \cdot AP^2 \cdot (b+c)^2}{16R^2[ABC]^2} = \frac{AP^2(b+c)^2}{4s(s-a)}.$$

因此有

$$\left(\frac{AP}{XY}\right)^2 = \frac{4s(s-a)}{(b+c)^2}.$$

也就是说，我们发现 BC 上的点 P 要满足

$$\left(\frac{AP}{XY}\right)^2 + \frac{PB \cdot PC}{AB \cdot AC} = 1,$$

当且仅当

$$\frac{PB \cdot PC}{AB \cdot AC} = 1 - \frac{4s(s-a)}{(b+c)^2} = \frac{a^2}{(b+c)^2},$$

或者等价地

$$PB \cdot PC = \frac{a^2 bc}{(b+c)^2}. \tag{1}$$

恰好有两个点满足这个性质：从 A 出发的角平分线与 BC 的交点，以及它关于 BC 中点的反射. 事实上，若 P 为从 A 出发的角平分线与对边的交点，则根据角平分线定理，有 $PB = \frac{ac}{b+c}$、$PC = \frac{ab}{b+c}$. 因此 $PB \cdot PC = \frac{a^2 bc}{(b+c)^2}$. 若 Q 为 P 关于 BC 中点的反射，则 $QB = PC$、$QC = PB$，因此 $QB \cdot QC = PB \cdot PC = \frac{a^2 bc}{(b+c)^2}$.

要结束这个问题，只需证明没有更多的点满足这个条件. 有两个方法能够说明这一点. 其一，$PB \cdot PC$ 为点 P 关于 $\triangle ABC$ 的外接圆的幂，因此 $PB \cdot PC = |OP^2 - R^2|$，于是 OP 由式 (1) 及这个等式决定，因此满足条件的 P 至多有两个. 其二，可以写出

$$\frac{a^2 bc}{(b+c)^2} = PB \cdot PC = PB \cdot (a - PB),$$

然后发现这是关于 PB 的二次函数，因此最多有两个解. 这样就完成了解答. □

题目 109. 设 $\triangle ABC$ 的边长分别为 a、b、c，面积为 S，x、y、z 为三个正实数. 证明：

$$a^2 + b^2 + c^2 \geqslant 4\sqrt{3}S + \frac{2}{x+y+z}\left(\frac{x^2 - yz}{x} \cdot a^2 + \frac{y^2 - zx}{y} \cdot b^2 + \frac{z^2 - xy}{z} \cdot c^2\right).$$

Cosmin Pohoata –《美国数学月刊》

证明 我们先给出下面的初步结果，可以用于很多困难的几何不等式. 这个结果的历史有点模糊，几何学家通常将其归功于 John Conway.

Conway 代换定理 设 u、v、w 为三个实数，满足 $v+w$、$w+u$、$u+v$ 和 $vw + wu + uv$ 都非负. 那么，存在 $\triangle XYZ$，边长分别为

$$x = YZ = \sqrt{v+w}, \ y = ZX = \sqrt{w+u}, \ z = XY = \sqrt{u+v}.$$

这个三角形满足

$$y^2 + z^2 - x^2 = 2u, \ z^2 + x^2 - y^2 = 2v, \ x^2 + y^2 - z^2 = 2w.$$

这个三角形的面积为
$$[XYZ] = \frac{1}{2}\sqrt{vw+wu+uv}.$$

若 $\angle X = \angle ZXY$、$\angle Y = \angle XYZ$、$\angle Z = \angle YZX$ 分别为这个三角形的三个角，则有
$$\cot X = \frac{u}{2[XYZ]}, \quad \cot Y = \frac{v}{2[XYZ]}, \quad \cot Z = \frac{w}{2[XYZ]}.$$

Conway 代换定理的证明 由于 $v+w$、$w+u$、$u+v$ 非负，因此它们的平方根 $\sqrt{v+w}$、$\sqrt{w+u}$、$\sqrt{u+v}$ 存在且非负. 直接计算得到 $\sqrt{w+u}+\sqrt{u+v} \geqslant \sqrt{v+w}$. 类似地，有
$$\sqrt{u+v}+\sqrt{v+w} \geqslant \sqrt{w+u},$$
$$\sqrt{u+w}+\sqrt{w+u} \geqslant \sqrt{u+v}.$$

于是存在 $\triangle XYZ$，边长分别为
$$x = YZ = \sqrt{v+w},\ y = ZX = \sqrt{w+u},\ z = XY = \sqrt{u+v}.$$

因此得到
$$y^2 + z^2 - x^2 = \left(\sqrt{w+u}\right)^2 + \left(\sqrt{u+v}\right)^2 - \left(\sqrt{v+w}\right)^2 = 2u.$$

类似地，有 $z^2 + x^2 - y^2 = 2v$ 和 $x^2 + y^2 - z^2 = 2w$. 由余弦定理，得
$$\cot Z = \frac{x^2+y^2-z^2}{4T},$$

因此得到 $\cot Z = \frac{w}{2[XYZ]}$，类似地，得到 $\cot X = \frac{u}{2[XYZ]}$ 和 $\cot Y = \frac{v}{2[XYZ]}$. 熟知的三角不等式
$$\cot Y \cot Z + \cot Z \cot X + \cot X \cot Y = 1$$

变为
$$\frac{v}{2[XYZ]} \cdot \frac{w}{2[XYZ]} + \frac{w}{2[XYZ]} \cdot \frac{u}{2[XYZ]} + \frac{u}{2[XYZ]} \cdot \frac{v}{2[XYZ]} = 1,$$

即
$$vw + wu + uv = 4[XYZ]^2,$$

于是
$$T = \frac{1}{2}\sqrt{4[XYZ]^2} = \frac{1}{2}\sqrt{vw+wu+uv}.$$

这样就完成了定理的证明.

接下来我们证明下面的部分结果，本身也可以作为一个竞赛题目.

断言 设 $\triangle ABC$ 的边长分别为 a、b、c，面积为 $[ABC]$，实数 u、v、w 满足 $v+w$、$w+u$、$u+v$ 以及 $vw+wu+uv$ 均非负. 那么有
$$ua^2+vb^2+wc^2\geqslant 4\sqrt{vw+wu+uv}\cdot [ABC].$$

断言的证明 利用 Conway 代换定理，我们可以作一个三角形，边长分别为 $x=\sqrt{v+w}$、$y=\sqrt{w+u}$、$z=\sqrt{u+v}$，面积为 $[XYZ]=\frac{1}{2}\sqrt{vw+wu+uv}$. 设这个三角形为 $\triangle XYZ$. 于是，将题目 30 中的 Neuberg-Pedoe 不等式应用到 $\triangle ABC$ 和 $\triangle XYZ$，我们得到
$$a^2\left(y^2+z^2-x^2\right)+b^2\left(z^2+x^2-y^2\right)+c^2\left(x^2+y^2-z^2\right)\geqslant 16[ABC][XYZ].$$
根据 Conway 代换定理的公式，这等价于
$$a^2\cdot 2u+b^2\cdot 2v+c^2\cdot 2w\geqslant 16[ABC]\cdot\frac{1}{2}\sqrt{vw+wu+uv},$$
化简为
$$ua^2+vb^2+wc^2\geqslant 4\sqrt{vw+wu+uv}\cdot [ABC].$$
这就证明了断言.

回到原题，分别设
$$m=xyz(x+y+z)-2yz(x^2-yz),$$
$$n=xyz(x+y+z)-2zx(y^2-zx),$$
$$p=xyz(x+y+z)-2xy(z^2-xy).$$
式子 $n+p$、$p+m$、$m+n$ 均为非负的. 由于
$$mn+np+pm=3x^2y^2z^2(x+y+z)^2\geqslant 0,$$
因此根据上面的断言得到
$$\sum_{\text{cyc}}[xyz(x+y+z)-2yz(x^2-yz)]a^2\geqslant 4\sqrt{3}xyz(x+y+z)[ABC].$$
这可以改写为
$$\sum_{\text{cyc}}\left[(x+y+z)-2\cdot\frac{x^2-yz}{x}\right]a^2\geqslant 4\sqrt{3}(x+y+z)[ABC],$$
因此
$$a^2+b^2+c^2\geqslant 4\sqrt{3}[ABC]+\frac{2}{x+y+z}\left(\frac{x^2-yz}{x}\cdot a^2+\frac{y^2-zx}{y}\cdot b^2+\frac{z^2-xy}{z}\cdot c^2\right).$$
证明完成. $\square$

点评 将 $x=a$、$y=b$、$z=c$ 代入到原始的不等式,然后利用事实

$$a^3+b^3+c^3-3abc=\frac{1}{2}(a+b+c)\left[(a-b)^2+(b-c)^2+(c-a)^2\right],$$

这个题目蕴含了著名的 Hadwiger-Finsler 不等式

$$a^2+b^2+c^2\geqslant 4\sqrt{3}[ABC]+(a-b)^2+(b-c)^2+(c-a)^2.$$

题目 110. (Yiu 定理) 设在 $\triangle ABC$ 中,D_1、D_2 分别为 A-旁切圆与直线 AB、AC 的切点. 类似地定义 B_1、B_1 和 C_1、C_2. 进一步,设 E_1E_2 和 F_1F_1 相交于 X,F_1F_2 和 D_1D_2 相交于 Y,D_1D_2 和 E_1E_2 相交于 Z. 证明:X、Y、Z 分别在 $\triangle ABC$ 的三条高上.

证明 这个题目需要读者知道关于三角形旁切圆的所有工具库才能想出下面的证明. 为了完整起见,我们会慢慢地叙述这些知识,利用这个优美的定理来回顾这个模型的很多有趣的性质.

我们先给出下面的引理.

引理 1 点 B 到 $\angle ACB$ 的外角平分线的投影在直线 D_1D_2 上.

读者所期待的这个结论可以由题目 32 中的断言得到. 总是可以把关于内切圆和内心的结论推广到旁切圆上. 因此,利用调和点列可以给出一个类似的证明. 然而,我们这里给出一个不同的证明.

引理 1 的证明 设 X_1 为 B 到 $\angle C$ 的外角平分线的投影、X_2 为 C 到 $\angle B$ 外角平分线的投影,I_a 为 $\triangle ABC$ 的 A-旁心. 由于 $\angle BX_1C = \angle CX_2B = 90°$,因此点 X_1 和 X_2 在以 BC 为直径的圆上,特别地,$\angle CBX_1 = \angle CX_2X_1$.

另外,$\triangle CBX_1$ 和 $\triangle CI_aD_2$ 相似,因此 $\angle CBX_1 = \angle CI_aD_2$. 此外,四边形 $CX_2I_aD_1$ 内接于圆(因为在 X_2 和 D_2 有相对的直角),因此 $\angle CI_aD_2 = \angle CX_2D_2$. 于是得到 $\angle CX_2X_1 = \angle CX_2D_2$,这说明 X_1、X_2、D_2 共线. 类似地,我们得到 X_1、X_2、D_1 也共线. 因此证明了引理 1.

对于下一个引理,我们首先同样地定义点 Y_1、Y_2、Z_1、Z_2,注意到 $Y_1,Y_2 \in E_1E_2$,$Z_1,Z_2 \in F_1F_2$. 我们需要下面的漂亮结果.

引理 2 点 X_1、X_2、Y_1、Y_2、Z_1、Z_2 共圆.

引理 2 的证明 这可以很快地由题目 4 中的 Taylor 定理得到. 事实上,考虑旁心三角形 $\triangle I_aI_bI_c$. 在这个三角形中,直线 I_aA、I_bB、I_cC 为高,根据引理 1,点 X_1、X_2、Y_1、Y_2、Z_1、Z_2 分别为 A、B、C 到 $I_aI_bI_c$ 的对应边的投影,如图 96 所示. 于是 Taylor 定理给出,它们都是共圆的. 因此证明了引理 2.

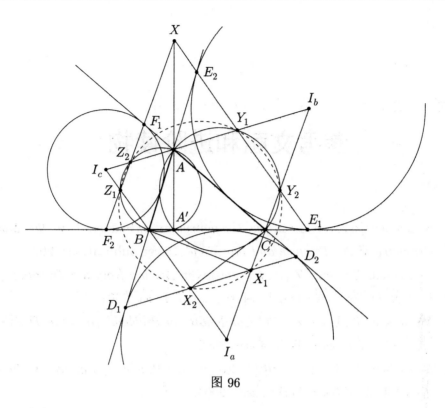

图 96

回到原题. 设 Γ 为由 X_1、X_2、Y_1、Y_2、Z_1、Z_2 决定的圆, ω_c 为以 AB 为直径的圆, ω_b 为以 AC 为直径的圆, A' 为 $\triangle ABC$ 中从 A 出发的高的垂足. 根据引理 1 和引理 2, 我们有 Z_1Z_2 为 Γ 和 ω_c 的根轴, Y_1Y_2 为 Γ 和 ω_b 的根轴, AA' 为 ω_b 和 ω_c 的根轴. 因此, 这三条直线相交于 Γ、ω_b、ω_c 的根心. 这证明了 X 在 $\triangle ABC$ 中从 A 出发的高 AA' 上. 类似地, Y 在 BB' 上, Z 在 CC' 上. 证明完成. □

参考文献和进阶读物*

1. Altschiller-Court, N., *College Geometry, an Introduction to the Modern Geometry of the Triangle and the Circle*, Dover publications, 2007.
2. Andreescu, T.; Feng, Z., *101 Problems in Algebra from the Training of the USA IMO Team*, Australian Mathematics Trust, 2001.
3. Andreescu, T.; Feng, Z., *102 Combinatorial Problems from the Training of the USA IMO Team*, Birkhäuser, 2002.
4. Andreescu, T.; Feng, Z., *103 Trigonometry Problems from the Training of the USA IMO Team*, Birkhäuser, 2004.
5. Andreescu, T.; Andrica, D.; Feng, Z., *104 Number Theory Problems from the Training of the USA IMO Team*, Birkhäuser, 2006.
6. Andreescu, T.; Feng, Z.; Loh, P., *USA and International Mathematical Olympiads 2004*, Mathematical Association of America, 2005.
7. Andreescu, T.; Feng, Z., *USA and International Mathematical Olympiads 2003*, Mathematical Association of America, 2004.
8. Andreescu, T.; Feng, Z., *USA and International Mathematical Olympiads 2002*, Mathematical Association of America, 2003.
9. Andreescu, T.; Feng, Z., *USA and International Mathematical Olympiads 2001*, Mathematical Association of America, 2002.
10. Andreescu, T.; Feng, Z., *USA and International Mathematical Olympiads 2000*, Mathematical Association of America, 2001.
11. Andreescu, T.; Feng, Z.; Lee, G.; Loh, P., *Mathematical Olympiads: Problems and Solutions from around the World, 2001–2002*, Mathematical Association of America, 2004.
12. Andreescu, T.; Feng, Z.; Lee, G., *Mathematical Olympiads: Problems and*

---

*为了尊重原版内容,未对参考文献格式进行改动. ——译者注

Solutions from around the World, 2000–2001, Mathematical Association of America, 2003.

13. Andreescu, T.; Feng, Z., *Mathematical Olympiads: Problems and Solutions from around the World, 1999–2000*, Mathematical Association of America, 2002.

14. Andreescu, T.; Feng, Z., *Mathematical Olympiads: Problems and Solutions from around the World, 1998–1999*, Mathematical Association of America, 2000.

15. Andreescu, T.; Kedlaya, K., *Mathematical Contests 1997–1998: Olympiad Problems from around the World, with Solutions*, American Mathematics Competitions, 1999.

16. Andreescu, T.; Kedlaya, K., *Mathematical Contests 1996–1997: Olympiad Problems from around the World, with Solutions*, American Mathematics Competitions, 1998.

17. Andreescu, T.; Kedlaya, K.; Zeitz, P., *Mathematical Contests 1995–1996: Olympiad Problems from around the World, with Solutions*, American Mathematics Competitions, 1997.

18. Andreescu, T.; Enescu, B., *Mathematical Olympiad Treasures*, 2nd edition, Birkhäuser, 2011.

19. Andreescu, T.; Gelca, R., *Mathematical Olympiad Challenges*, 2nd edition, Birkhäuser, 2009.

20. Andreescu, T.; Andrica, D.; Cucurezeanu, I., *An Introduction to Diophantine Equations: A Problem-Based Approach*, Birkhäuser, 2010.

21. Andreescu, T.; Andrica, D., *360 Problems for Mathematical Contests*, GIL Publishing House, 2003.

22. Andreescu, T.; Andrica, D., *Complex Numbers from A to Z*, Birkhäuser, 2004.

23. Andreescu, T.; Feng, Z., *A Path to Combinatorics for Undergraduate Students: Counting Strategies*, Birkhäuser, 2003.

24. Andreescu, T.; Andrica, D., *Number Theory - A Problem Solving Approach*, Birkhäuser, 2009.

25. Ayme, J-L., *Sawayama and Thebault's Theorem*, Forum Geom. 3, 225-229, 2003.

26. Coxeter, H. S. M.; Greitzer, S. L., *Geometry Revisited*, New Mathematical

Library, Vol. 19, Mathematical Association of America, 1967.

27. Coxeter, H. S. M., *Non-Euclidean Geometry*, The Mathematical Association of America, 1998.

28. Doob, M., *The Canadian Mathematical Olympiad 1969–1993*, University of Toronto Press, 1993.

29. Engel, A., *Problem-Solving Strategies*, Problem Books in Mathematics, Springer, 1998.

30. Fomin, D.; Kirichenko, A., *Leningrad Mathematical Olympiads 1987–1991*, MathPro Press, 1994.

31. Fomin, D.; Genkin, S.; Itenberg, I., *Mathematical Circles*, American Mathematical Society, 1996.

32. Gelca, R.; Andreescu, T., *Putnam and Beyond*, Springer, 2007.

33. Graham, R. L.; Knuth, D. E.; Patashnik, O., *Concrete Mathematics*, Addison-Wesley, 1989.

34. Greitzer, S. L., *International Mathematical Olympiads, 1959–1977*, New Mathematical Library, Vol. 27, Mathematical Association of America, 1978.

35. Holton, D., *Let's Solve Some Math Problems*, A Canadian Mathematics Competition Publication, 1993.

36. Kazarinoff, N. D., *Geometric Inequalities*, New Mathematical Library, Vol. 4, Random House, 1961.

37. Kedlaya, K; Poonen, B.; Vakil, R., *The William Lowell Putnam Mathematical Competition 1985–2000*, The Mathematical Association of America, 2002.

38. Klamkin, M., *International Mathematical Olympiads, 1978–1985*, New Mathematical Library, Vol. 31, Mathematical Association of America, 1986.

39. Klamkin, M., *USA Mathematical Olympiads, 1972–1986*, New Mathematical Library, Vol. 33, Mathematical Association of America, 1988.

40. Kürschák, J., *Hungarian Problem Book, volumes I & II*, New Mathematical Library, Vols. 11 & 12, Mathematical Association of America, 1967.

41. Kuczma, M., *144 Problems of the Austrian–Polish Mathematics Competition 1978–1993*, The Academic Distribution Center, 1994.

42. Kuczma, M., *International Mathematical Olympiads 1986–1999*, Mathematical Association of America, 2003.

43. Larson, L. C., *Problem-Solving Through Problems*, Springer-Verlag, 1983.

44. Lausch, H. *The Asian Pacific Mathematics Olympiad 1989–1993*, Australian Mathematics Trust, 1994.
45. Liu, A., *Chinese Mathematics Competitions and Olympiads 1981–1993*, Australian Mathematics Trust, 1998.
46. Liu, A., *Hungarian Problem Book III*, New Mathematical Library, Vol. 42, Mathematical Association of America, 2001.
47. Lozansky, E.; Rousseau, C. *Winning Solutions*, Springer, 1996.
48. Mitrinovic, D. S.; Pecaric, J. E.; Volonec, V. *Recent Advances in Geometric Inequalities*, Kluwer Academic Publisher, 1989.
49. Mordell, L.J., *Diophantine Equations*, Academic Press, London and New York, 1969.
50. Niven, I., Zuckerman, H.S., Montgomery, H.L., *An Introduction to the Theory of Numbers*, Fifth Edition, John Wiley & Sons, Inc., New York, Chichester, Brisbane, Toronto, Singapore, 1991.
51. Prasolov, V.V., *Problems in Plane Geometry*, Fifth Edition, Moscow textbooks, 2006.
52. Savchev, S.; Andreescu, T. *Mathematical Miniatures*, Anneli Lax New Mathematical Library, Vol. 43, Mathematical Association of America, 2002.
53. Sharygin, I. F., *Problems in Plane Geometry*, Mir, Moscow, 1988.
54. Sharygin, I. F., *Problems in Solid Geometry*, Mir, Moscow, 1986.
55. Shklarsky, D. O; Chentzov, N. N; Yaglom, I. M., *The USSR Olympiad Problem Book*, Freeman, 1962.
56. Slinko, A., *USSR Mathematical Olympiads 1989–1992*, Australian Mathematics Trust, 1997.
57. Szekely, G. J., *Contests in Higher Mathematics*, Springer-Verlag, 1996.
58. Tattersall, J.J., *Elementary Number Theory in Nine Chapters*, Cambridge University Press, 1999.
59. Taylor, P. J., *Tournament of Towns 1980–1984*, Australian Mathematics Trust, 1993.
60. Taylor, P. J., *Tournament of Towns 1984–1989*, Australian Mathematics Trust, 1992.
61. Taylor, P. J., *Tournament of Towns 1989–1993*, Australian Mathematics Trust, 1994.

62. Taylor, P. J.; Storozhev, A., *Tournament of Towns 1993–1997*, Australian Mathematics Trust, 1998.
63. Yaglom, I. M., *Geometric Transformations*, New Mathematical Library, Vol. 8, Random House, 1962.
64. Yaglom, I. M., *Geometric Transformations II*, New Mathematical Library, Vol. 21, Random House, 1968.
65. Yaglom, I. M., *Geometric Transformations III*, New Mathematical Library, Vol. 24, Random House, 1973.

刘培杰数学工作室
已出版(即将出版)图书目录——初等数学

书　名	出版时间	定　价	编号
新编中学数学解题方法全书(高中版)上卷(第2版)	2018—08	58.00	951
新编中学数学解题方法全书(高中版)中卷(第2版)	2018—08	68.00	952
新编中学数学解题方法全书(高中版)下卷(一)(第2版)	2018—08	58.00	953
新编中学数学解题方法全书(高中版)下卷(二)(第2版)	2018—08	58.00	954
新编中学数学解题方法全书(高中版)下卷(三)(第2版)	2018—08	68.00	955
新编中学数学解题方法全书(初中版)上卷	2008—01	28.00	29
新编中学数学解题方法全书(初中版)中卷	2010—07	38.00	75
新编中学数学解题方法全书(高考复习卷)	2010—01	48.00	67
新编中学数学解题方法全书(高考真题卷)	2010—01	38.00	62
新编中学数学解题方法全书(高考精华卷)	2011—03	68.00	118
新编平面解析几何解题方法全书(专题讲座卷)	2010—01	18.00	61
新编中学数学解题方法全书(自主招生卷)	2013—08	88.00	261
数学奥林匹克与数学文化(第一辑)	2006—05	48.00	4
数学奥林匹克与数学文化(第二辑)(竞赛卷)	2008—01	48.00	19
数学奥林匹克与数学文化(第二辑)(文化卷)	2008—07	58.00	36′
数学奥林匹克与数学文化(第三辑)(竞赛卷)	2010—01	48.00	59
数学奥林匹克与数学文化(第四辑)(竞赛卷)	2011—08	58.00	87
数学奥林匹克与数学文化(第五辑)	2015—06	98.00	370
世界著名平面几何经典著作钩沉——几何作图专题卷(共3卷)	2022—01	198.00	1460
世界著名平面几何经典著作钩沉(民国平面几何老课本)	2011—03	38.00	113
世界著名平面几何经典著作钩沉(建国初期平面三角老课本)	2015—08	38.00	507
世界著名解析几何经典著作钩沉——平面解析几何卷	2014—01	38.00	264
世界著名数论经典著作钩沉(算术卷)	2012—01	28.00	125
世界著名数学经典著作钩沉——立体几何卷	2011—02	28.00	88
世界著名三角学经典著作钩沉(平面三角卷Ⅰ)	2010—06	28.00	69
世界著名三角学经典著作钩沉(平面三角卷Ⅱ)	2011—01	38.00	78
世界著名初等数论经典著作钩沉(理论和实用算术卷)	2011—07	38.00	126
世界著名几何经典著作钩沉(解析几何卷)	2022—10	68.00	1564
发展你的空间想象力(第3版)	2021—01	98.00	1464
空间想象力进阶	2019—05	68.00	1062
走向国际数学奥林匹克的平面几何试题诠释.第1卷	2019—07	88.00	1043
走向国际数学奥林匹克的平面几何试题诠释.第2卷	2019—09	78.00	1044
走向国际数学奥林匹克的平面几何试题诠释.第3卷	2019—03	78.00	1045
走向国际数学奥林匹克的平面几何试题诠释.第4卷	2019—09	98.00	1046
平面几何证明方法全书	2007—08	48.00	1
平面几何证明方法全书习题解答(第2版)	2006—12	18.00	10
平面几何天天练上卷·基础篇(直线型)	2013—01	58.00	208
平面几何天天练中卷·基础篇(涉及圆)	2013—01	28.00	234
平面几何天天练下卷·提高篇	2013—01	58.00	237
平面几何专题研究	2013—07	98.00	258
平面几何解题之道.第1卷	2022—05	38.00	1494
几何学习题集	2020—10	48.00	1217
通过解题学习代数几何	2021—04	88.00	1301
圆锥曲线的奥秘	2022—06	88.00	1541

刘培杰数学工作室
已出版(即将出版)图书目录——初等数学

书　名	出版时间	定　价	编号
最新世界各国数学奥林匹克中的平面几何试题	2007—09	38.00	14
数学竞赛平面几何典型题及新颖解	2010—07	48.00	74
初等数学复习及研究(平面几何)	2008—09	68.00	38
初等数学复习及研究(立体几何)	2010—06	38.00	71
初等数学复习及研究(平面几何)习题解答	2009—01	58.00	42
几何学教程(平面几何卷)	2011—03	68.00	90
几何学教程(立体几何卷)	2011—07	68.00	130
几何变换与几何证题	2010—06	88.00	70
计算方法与几何证题	2011—06	28.00	129
立体几何技巧与方法(第2版)	2022—10	168.00	1572
几何瑰宝——平面几何500名题暨1500条定理(上、下)	2021—07	168.00	1358
三角形的解法与应用	2012—07	18.00	183
近代的三角形几何学	2012—07	48.00	184
一般折线几何学	2015—08	48.00	503
三角形的五心	2009—06	28.00	51
三角形的六心及其应用	2015—10	68.00	542
三角形趣谈	2012—08	28.00	212
解三角形	2014—01	28.00	265
探秘三角形:一次数学旅行	2021—10	68.00	1387
三角学专门教程	2014—09	28.00	387
图天下几何新题试卷.初中(第2版)	2017—11	58.00	855
圆锥曲线习题集(上册)	2013—06	68.00	255
圆锥曲线习题集(中册)	2015—01	78.00	434
圆锥曲线习题集(下册·第1卷)	2016—10	78.00	683
圆锥曲线习题集(下册·第2卷)	2018—01	98.00	853
圆锥曲线习题集(下册·第3卷)	2019—10	128.00	1113
圆锥曲线的思想方法	2021—08	48.00	1379
圆锥曲线的八个主要问题	2021—10	48.00	1415
论九点圆	2015—05	88.00	645
近代欧氏几何学	2012—03	48.00	162
罗巴切夫斯基几何学及几何基础概要	2012—07	28.00	188
罗巴切夫斯基几何学初步	2015—06	28.00	474
用三角、解析几何、复数、向量计算解数学竞赛几何题	2015—03	48.00	455
用解析法研究圆锥曲线的几何理论	2022—05	48.00	1495
美国中学几何教程	2015—04	88.00	458
三线坐标与三角形特征点	2015—04	98.00	460
坐标几何学基础.第1卷,笛卡儿坐标	2021—08	48.00	1398
坐标几何学基础.第2卷,三线坐标	2021—09	28.00	1399
平面解析几何方法与研究(第1卷)	2015—05	28.00	471
平面解析几何方法与研究(第2卷)	2015—06	38.00	472
平面解析几何方法与研究(第3卷)	2015—07	28.00	473
解析几何研究	2015—01	38.00	425
解析几何学教程.上	2016—01	38.00	574
解析几何学教程.下	2016—01	38.00	575
几何学基础	2016—01	58.00	581
初等几何研究	2015—02	58.00	444
十九和二十世纪欧氏几何学中的片段	2017—01	58.00	696
平面几何中考.高考.奥数一本通	2017—07	28.00	820
几何学简史	2017—08	28.00	833
四面体	2018—01	48.00	880
平面几何证明方法思路	2018—12	68.00	913
折纸中的几何练习	2022—09	48.00	1559
中学新几何学(英文)	2022—10	98.00	1562
线性代数与几何	2023—04	68.00	1633
四面体几何学引论	2023—06	68.00	1648

刘培杰数学工作室
已出版(即将出版)图书目录——初等数学

书　名	出版时间	定　价	编号
平面几何图形特性新析.上篇	2019—01	68.00	911
平面几何图形特性新析.下篇	2018—06	88.00	912
平面几何范例多解探究.上篇	2018—04	48.00	910
平面几何范例多解探究.下篇	2018—12	68.00	914
从分析解题过程学解题：竞赛中的几何问题研究	2018—07	68.00	946
从分析解题过程学解题：竞赛中的向量几何与不等式研究(全2册)	2019—06	138.00	1090
从分析解题过程学解题：竞赛中的不等式问题	2021—01	48.00	1249
二维、三维欧氏几何的对偶原理	2018—12	38.00	990
星形大观及闭折线论	2019—03	68.00	1020
立体几何的问题和方法	2019—11	58.00	1127
三角代换论	2021—05	58.00	1313
俄罗斯平面几何问题集	2009—08	88.00	55
俄罗斯立体几何问题集	2014—03	58.00	283
俄罗斯几何大师——沙雷金论数学及其他	2014—01	48.00	271
来自俄罗斯的5000道几何习题及解答	2011—03	58.00	89
俄罗斯初等数学问题集	2012—05	38.00	177
俄罗斯函数问题集	2011—03	38.00	103
俄罗斯组合分析问题集	2011—01	48.00	79
俄罗斯初等数学万题选——三角卷	2012—11	38.00	222
俄罗斯初等数学万题选——代数卷	2013—08	68.00	225
俄罗斯初等数学万题选——几何卷	2014—01	68.00	226
俄罗斯《量子》杂志数学征解问题100题选	2018—08	48.00	969
俄罗斯《量子》杂志数学征解问题又100题选	2018—08	48.00	970
俄罗斯《量子》杂志数学征解问题	2020—05	48.00	1138
463个俄罗斯几何老问题	2012—01	28.00	152
《量子》数学短文精粹	2018—09	38.00	972
用三角、解析几何等计算解来自俄罗斯的几何题	2019—11	88.00	1119
基谢廖夫平面几何	2022—01	48.00	1461
基谢廖夫立体几何	2023—04	48.00	1599
数学：代数、数学分析和几何(10—11年级)	2021—01	48.00	1250
直观几何学：5—6年级	2022—04	58.00	1508
几何学：第2版.7—9年级	2023—08	68.00	1684
平面几何：9—11年级	2022—10	48.00	1571
立体几何.10—11年级	2022—01	58.00	1472
谈谈素数	2011—03	18.00	91
平方和	2011—03	18.00	92
整数论	2011—05	38.00	120
从整数谈起	2015—10	28.00	538
数与多项式	2016—01	38.00	558
谈谈不定方程	2011—05	28.00	119
质数漫谈	2022—07	68.00	1529
解析不等式新论	2009—06	68.00	48
建立不等式的方法	2011—03	98.00	104
数学奥林匹克不等式研究(第2版)	2020—07	68.00	1181
不等式研究(第三辑)	2023—08	198.00	1673
不等式的秘密(第一卷)(第2版)	2014—02	38.00	286
不等式的秘密(第二卷)	2014—01	38.00	268
初等不等式的证明方法	2010—06	38.00	123
初等不等式的证明方法(第二版)	2014—11	38.00	407
不等式・理论・方法(基础卷)	2015—07	38.00	496
不等式・理论・方法(经典不等式卷)	2015—07	38.00	497
不等式・理论・方法(特殊类型不等式卷)	2015—07	48.00	498
不等式探究	2016—03	38.00	582
不等式探秘	2017—01	88.00	689
四面体不等式	2017—01	68.00	715
数学奥林匹克中常见重要不等式	2017—09	38.00	845

— 3 —

刘培杰数学工作室
已出版(即将出版)图书目录——初等数学

书　　名	出版时间	定　价	编号
三正弦不等式	2018—09	98.00	974
函数方程与不等式:解法与稳定性结果	2019—04	68.00	1058
数学不等式.第1卷,对称多项式不等式	2022—05	78.00	1455
数学不等式.第2卷,对称有理不等式与对称无理不等式	2022—05	88.00	1456
数学不等式.第3卷,循环不等式与非循环不等式	2022—05	88.00	1457
数学不等式.第4卷,Jensen不等式的扩展与加细	2022—05	88.00	1458
数学不等式.第5卷,创建不等式与解不等式的其他方法	2022—05	88.00	1459
不定方程及其应用.上	2018—12	58.00	992
不定方程及其应用.中	2019—01	78.00	993
不定方程及其应用.下	2019—02	98.00	994
Nesbitt不等式加强式的研究	2022—06	128.00	1527
最值定理与分析不等式	2023—02	78.00	1567
一类积分不等式	2023—02	88.00	1579
邦费罗尼不等式及概率应用	2023—05	58.00	1637
同余理论	2012—05	38.00	163
[x]与{x}	2015—04	48.00	476
极值与最值.上卷	2015—06	28.00	486
极值与最值.中卷	2015—06	38.00	487
极值与最值.下卷	2015—06	28.00	488
整数的性质	2012—11	38.00	192
完全平方数及其应用	2015—08	78.00	506
多项式理论	2015—10	88.00	541
奇数、偶数、奇偶分析法	2018—01	98.00	876
历届美国中学生数学竞赛试题及解答(第一卷)1950—1954	2014—07	18.00	277
历届美国中学生数学竞赛试题及解答(第二卷)1955—1959	2014—04	18.00	278
历届美国中学生数学竞赛试题及解答(第三卷)1960—1964	2014—06	18.00	279
历届美国中学生数学竞赛试题及解答(第四卷)1965—1969	2014—04	28.00	280
历届美国中学生数学竞赛试题及解答(第五卷)1970—1972	2014—06	18.00	281
历届美国中学生数学竞赛试题及解答(第六卷)1973—1980	2017—07	18.00	768
历届美国中学生数学竞赛试题及解答(第七卷)1981—1986	2015—01	18.00	424
历届美国中学生数学竞赛试题及解答(第八卷)1987—1990	2017—05	18.00	769
历届国际数学奥林匹克试题集	2023—09	158.00	1701
历届中国数学奥林匹克试题集(第3版)	2021—10	58.00	1440
历届加拿大数学奥林匹克试题集	2012—08	38.00	215
历届美国数学奥林匹克试题集	2023—08	98.00	1681
历届波兰数学竞赛试题集.第1卷,1949~1963	2015—03	18.00	453
历届波兰数学竞赛试题集.第2卷,1964~1976	2015—03	18.00	454
历届巴尔干数学奥林匹克试题集	2015—05	38.00	466
保加利亚数学奥林匹克	2014—10	38.00	393
圣彼得堡数学奥林匹克试题集	2015—01	38.00	429
匈牙利奥林匹克数学竞赛题解.第1卷	2016—05	28.00	593
匈牙利奥林匹克数学竞赛题解.第2卷	2016—05	28.00	594
历届美国数学邀请赛试题集(第2版)	2017—10	78.00	851
普林斯顿大学数学竞赛	2016—06	38.00	669
亚太地区数学奥林匹克竞赛题	2015—07	18.00	492
日本历届(初级)广中杯数学竞赛试题及解答.第1卷(2000~2007)	2016—05	28.00	641
日本历届(初级)广中杯数学竞赛试题及解答.第2卷(2008~2015)	2016—05	38.00	642
越南数学奥林匹克题选:1962—2009	2021—07	48.00	1370
360个数学竞赛问题	2016—08	58.00	677
奥数最佳实战题.上卷	2017—06	38.00	760
奥数最佳实战题.下卷	2017—05	58.00	761
哈尔滨市早期中学数学竞赛试题汇编	2016—07	28.00	672
全国高中数学联赛试题及解答:1981—2019(第4版)	2020—07	138.00	1176
2024年全国高中数学联合竞赛模拟题集	2024—01	38.00	1702

刘培杰数学工作室
已出版(即将出版)图书目录——初等数学

书　　名	出版时间	定　价	编号
20世纪50年代全国部分城市数学竞赛试题汇编	2017—07	28.00	797
国内外数学竞赛题及精解:2018~2019	2020—08	45.00	1192
国内外数学竞赛题及精解:2019~2020	2021—11	58.00	1439
许康华竞赛优学精选集.第一辑	2018—08	68.00	949
天问叶班数学问题征解100题.Ⅰ,2016—2018	2019—05	88.00	1075
天问叶班数学问题征解100题.Ⅱ,2017—2019	2020—07	98.00	1177
美国初中数学竞赛:AMC8准备(共6卷)	2019—07	138.00	1089
美国高中数学竞赛:AMC10准备(共6卷)	2019—08	158.00	1105
王连笑教你怎样学数学:高考选择题解题策略与客观题实用训练	2014—01	48.00	262
王连笑教你怎样学数学:高考数学高层次讲座	2015—02	48.00	432
高考数学的理论与实践	2009—08	38.00	53
高考数学核心题型解题方法与技巧	2010—01	28.00	86
高考思维新平台	2014—03	38.00	259
高考数学压轴题解题诀窍(上)(第2版)	2018—01	58.00	874
高考数学压轴题解题诀窍(下)(第2版)	2018—01	48.00	875
北京市五区文科数学三年高考模拟题详解:2013~2015	2015—08	48.00	500
北京市五区理科数学三年高考模拟题详解:2013~2015	2015—09	68.00	505
向量法巧解数学高考题	2009—08	28.00	54
高中数学课堂教学的实践与反思	2021—11	48.00	791
数学高考参考	2016—01	78.00	589
新课程标准高考数学解答题各种题型解法指导	2020—08	78.00	1196
全国及各省市高考数学试题审题要津与解法研究	2015—02	48.00	450
高中数学章节起始课的教学研究与案例设计	2019—05	28.00	1064
新课标高考数学——五年试题分章详解(2007~2011)(上、下)	2011—10	78.00	140,141
全国中考数学压轴题审题要津与解法研究	2013—04	78.00	248
新编全国及各省市中考数学压轴题审题要津与解法研究	2014—05	58.00	342
全国及各省市5年中考数学压轴题审题要津与解法研究(2015版)	2015—04	58.00	462
中考数学专题总复习	2007—04	28.00	6
中考数学较难题常考题型解题方法与技巧	2016—09	48.00	681
中考数学难题常考题型解题方法与技巧	2016—09	48.00	682
中考数学中档题常考题型解题方法与技巧	2017—08	68.00	835
中考数学选择填空压轴好题妙解365	2024—01	80.00	1698
中考数学:三类重点考题的解法例析与习题	2020—04	48.00	1140
中小学数学的历史文化	2019—11	48.00	1124
初中平面几何百题多思创新解	2020—01	58.00	1125
初中数学中考备考	2020—01	58.00	1126
高考数学之九章演义	2019—08	68.00	1044
高考数学之难题谈笑间	2022—06	68.00	1519
化学可以这样学:高中化学知识方法智慧感悟疑难辨析	2019—07	58.00	1103
如何成为学习高手	2019—09	58.00	1107
高考数学:经典真题分类解析	2020—04	78.00	1134
高考数学解答题破解策略	2020—11	58.00	1221
从分析解题过程学解题:高考压轴题与竞赛题之关系探究	2020—08	88.00	1179
教学新思考:单元整体视角下的初中数学教学设计	2021—03	58.00	1278
思维再拓展:2020年经典几何题的多解探究与思考	即将出版		1279
中考数学小压轴汇编初讲	2017—07	48.00	788
中考数学大压轴专题微言	2017—09	48.00	846
怎么解中考平面几何探索题	2019—06	48.00	1093
北京中考数学压轴题解题方法突破(第9版)	2024—01	78.00	1645
助你高考成功的数学解题智慧:知识是智慧的基础	2016—01	58.00	596
助你高考成功的数学解题智慧:错误是智慧的试金石	2016—04	58.00	643
助你高考成功的数学解题智慧:方法是智慧的推手	2016—04	68.00	657
高考数学奇思妙解	2016—04	38.00	610
高考数学解题策略	2016—05	48.00	670
数学解题泄天机(第2版)	2017—10	48.00	850

刘培杰数学工作室
已出版(即将出版)图书目录——初等数学

书　　名	出版时间	定　价	编号
高中物理教学讲义	2018—01	48.00	871
高中物理教学讲义：全模块	2022—03	98.00	1492
高中物理答疑解惑65篇	2021—11	48.00	1462
中学物理基础问题解析	2020—08	48.00	1183
初中数学、高中数学脱节知识补缺教材	2017—06	48.00	766
高考数学客观题解题方法和技巧	2017—10	38.00	847
十年高考数学精品试题审题要津与解法研究	2021—10	98.00	1427
中国历届高考数学试题及解答.1949—1979	2018—01	38.00	877
历届中国高考数学试题及解答.第二卷,1980—1989	2018—10	28.00	975
历届中国高考数学试题及解答.第三卷,1990—1999	2018—10	48.00	976
跟我学解高中数学题	2018—07	58.00	926
中学数学研究的方法及案例	2018—05	58.00	869
高考数学抢分技能	2018—07	68.00	934
高一新生常用数学方法和重要数学思想提升教材	2018—06	38.00	921
高考数学全国卷六道解答题常考题型解题诀窍.理科(全2册)	2019—07	78.00	1101
高考数学全国卷16道选择、填空题常考题型解题诀窍.理科	2018—09	88.00	971
高考数学全国卷16道选择、填空题常考题型解题诀窍.文科	2020—01	88.00	1123
高中数学一题多解	2019—06	58.00	1087
历届中国高考数学试题及解答:1917—1999	2021—08	98.00	1371
2000～2003年全国及各省市高考数学试题及解答	2022—05	88.00	1499
2004年全国及各省市高考数学试题及解答	2023—08	78.00	1500
2005年全国及各省市高考数学试题及解答	2023—08	78.00	1501
2006年全国及各省市高考数学试题及解答	2023—08	88.00	1502
2007年全国及各省市高考数学试题及解答	2023—08	98.00	1503
2008年全国及各省市高考数学试题及解答	2023—08	88.00	1504
2009年全国及各省市高考数学试题及解答	2023—08	88.00	1505
2010年全国及各省市高考数学试题及解答	2023—08	98.00	1506
2011～2017年全国及各省市高考数学试题及解答	2024—01	78.00	1507
2018～2023年全国及各省市高考数学试题及解答	2024—03	78.00	1709
突破高原:高中数学解题思维探究	2021—08	48.00	1375
高考数学中的"取值范围"	2021—10	48.00	1429
新课程标准高中数学各种题型解法大全.必修一分册	2021—06	58.00	1315
新课程标准高中数学各种题型解法大全.必修二分册	2022—01	68.00	1471
高中数学各种题型解法大全.选择性必修一分册	2022—06	68.00	1525
高中数学各种题型解法大全.选择性必修二分册	2023—01	58.00	1600
高中数学各种题型解法大全.选择性必修三分册	2023—04	48.00	1643
历届全国初中数学竞赛经典试题详解	2023—04	88.00	1624
孟祥礼高考数学精刷精解	2023—06	98.00	1663

书　　名	出版时间	定　价	编号
新编640个世界著名数学智力趣题	2014—01	88.00	242
500个最新世界著名数学智力趣题	2008—06	48.00	3
400个最新世界著名数学最值问题	2008—09	48.00	36
500个世界著名数学征解问题	2009—06	48.00	52
400个中国最佳初等数学征解老问题	2010—01	48.00	60
500个俄罗斯数学经典老题	2011—01	28.00	81
1000个国外中学物理好题	2012—04	48.00	174
300个日本高考数学题	2012—05	38.00	142
700个早期日本高考数学试题	2017—02	88.00	752
500个前苏联早期高考数学试题及解答	2012—05	28.00	185
546个早期俄罗斯大学生数学竞赛题	2014—03	38.00	285
548个来自美苏的数学好问题	2014—11	28.00	396
20所苏联著名大学早期入学试题	2015—02	18.00	452
161道德国工科大学生必做的微分方程习题	2015—05	28.00	469
500个德国工科大学生必做的高数习题	2015—06	28.00	478
360个数学竞赛问题	2016—08	58.00	677
200个趣味数学故事	2018—02	48.00	857
470个数学奥林匹克中的最值问题	2018—10	88.00	985
德国讲义日本考题.微积分卷	2015—04	48.00	456
德国讲义日本考题.微分方程卷	2015—04	38.00	457
二十世纪中叶中、英、美、日、法、俄高考数学试题精选	2017—06	38.00	783

刘培杰数学工作室
已出版(即将出版)图书目录——初等数学

书 名	出版时间	定 价	编号
中国初等数学研究 2009卷(第1辑)	2009—05	20.00	45
中国初等数学研究 2010卷(第2辑)	2010—05	30.00	68
中国初等数学研究 2011卷(第3辑)	2011—07	60.00	127
中国初等数学研究 2012卷(第4辑)	2012—07	48.00	190
中国初等数学研究 2014卷(第5辑)	2014—02	48.00	288
中国初等数学研究 2015卷(第6辑)	2015—06	68.00	493
中国初等数学研究 2016卷(第7辑)	2016—04	68.00	609
中国初等数学研究 2017卷(第8辑)	2017—01	98.00	712
初等数学研究在中国.第1辑	2019—03	158.00	1024
初等数学研究在中国.第2辑	2019—10	158.00	1116
初等数学研究在中国.第3辑	2021—05	158.00	1306
初等数学研究在中国.第4辑	2022—06	158.00	1520
初等数学研究在中国.第5辑	2023—07	158.00	1635
几何变换(Ⅰ)	2014—07	28.00	353
几何变换(Ⅱ)	2015—06	28.00	354
几何变换(Ⅲ)	2015—01	38.00	355
几何变换(Ⅳ)	2015—12	38.00	356
初等数论难题集(第一卷)	2009—05	68.00	44
初等数论难题集(第二卷)(上、下)	2011—02	128.00	82,83
数论概貌	2011—03	18.00	93
代数数论(第二版)	2013—08	58.00	94
代数多项式	2014—06	38.00	289
初等数论的知识与问题	2011—02	28.00	95
超越数论基础	2011—03	28.00	96
数论初等教程	2011—03	28.00	97
数论基础	2011—03	18.00	98
数论基础与维诺格拉多夫	2014—03	18.00	292
解析数论基础	2012—08	28.00	216
解析数论基础(第二版)	2014—01	48.00	287
解析数论问题集(第二版)(原版引进)	2014—05	88.00	343
解析数论问题集(第二版)(中译本)	2016—04	88.00	607
解析数论基础(潘承洞,潘承彪著)	2016—07	98.00	673
解析数论导引	2016—07	58.00	674
数论入门	2011—03	38.00	99
代数数论入门	2015—03	38.00	448
数论开篇	2012—07	28.00	194
解析数论引论	2011—03	48.00	100
Barban Davenport Halberstam 均值和	2009—01	40.00	33
基础数论	2011—03	28.00	101
初等数论100例	2011—05	18.00	122
初等数论经典例题	2012—07	18.00	204
最新世界各国数学奥林匹克中的初等数论试题(上、下)	2012—01	138.00	144,145
初等数论(Ⅰ)	2012—01	18.00	156
初等数论(Ⅱ)	2012—01	18.00	157
初等数论(Ⅲ)	2012—01	28.00	158

刘培杰数学工作室
已出版(即将出版)图书目录——初等数学

书　名	出版时间	定　价	编号
平面几何与数论中未解决的新老问题	2013—01	68.00	229
代数数论简史	2014—11	28.00	408
代数数论	2015—09	88.00	532
代数、数论及分析习题集	2016—11	98.00	695
数论导引提要及习题解答	2016—01	48.00	559
素数定理的初等证明.第2版	2016—09	48.00	686
数论中的模函数与狄利克雷级数(第二版)	2017—11	78.00	837
数论:数学导引	2018—01	68.00	849
范氏大代数	2019—02	98.00	1016
解析数学讲义.第一卷,导来式及微分、积分、级数	2019—04	88.00	1021
解析数学讲义.第二卷,关于几何的应用	2019—04	68.00	1022
解析数学讲义.第三卷,解析函数论	2019—04	78.00	1023
分析·组合·数论纵横谈	2019—04	58.00	1039
Hall代数:民国时期的中学数学课本:英文	2019—08	88.00	1106
基谢廖夫初等代数	2022—07	38.00	1531
数学精神巡礼	2019—01	58.00	731
数学眼光透视(第2版)	2017—06	78.00	732
数学思想领悟(第2版)	2018—01	68.00	733
数学方法溯源(第2版)	2018—08	68.00	734
数学解题引论	2017—05	58.00	735
数学史话览胜(第2版)	2017—01	48.00	736
数学应用展观(第2版)	2017—08	68.00	737
数学建模尝试	2018—04	48.00	738
数学竞赛采风	2018—01	68.00	739
数学测评探营	2019—05	58.00	740
数学技能操握	2018—03	48.00	741
数学欣赏拾趣	2018—02	48.00	742
从毕达哥拉斯到怀尔斯	2007—10	48.00	9
从迪利克雷到维斯卡尔迪	2008—01	48.00	21
从哥德巴赫到陈景润	2008—05	98.00	35
从庞加莱到佩雷尔曼	2011—08	138.00	136
博弈论精粹	2008—03	58.00	30
博弈论精粹.第二版(精装)	2015—01	88.00	461
数学 我爱你	2008—01	28.00	20
精神的圣徒 别样的人生——60位中国数学家成长的历程	2008—09	48.00	39
数学史概论	2009—06	78.00	50
数学史概论(精装)	2013—03	158.00	272
数学史选讲	2016—01	48.00	544
斐波那契数列	2010—02	28.00	65
数学拼盘和斐波那契魔方	2010—07	38.00	72
斐波那契数列欣赏(第2版)	2018—08	58.00	948
Fibonacci数列中的明珠	2018—06	58.00	928
数学的创造	2011—02	48.00	85
数学美与创造力	2016—01	48.00	595
数海拾贝	2016—01	48.00	590
数学中的美(第2版)	2019—04	68.00	1057
数论中的美学	2014—12	38.00	351

— 8 —

刘培杰数学工作室
已出版(即将出版)图书目录——初等数学

书 名	出版时间	定 价	编号
数学王者 科学巨人——高斯	2015—01	28.00	428
振兴祖国数学的圆梦之旅:中国初等数学研究史话	2015—06	98.00	490
二十世纪中国数学史料研究	2015—10	48.00	536
数字谜、数阵图与棋盘覆盖	2016—01	58.00	298
数学概念的进化:一个初步的研究	2023—07	68.00	1683
数学发现的艺术:数学探索中的合情推理	2016—07	58.00	671
活跃在数学中的参数	2016—07	48.00	675
数海趣史	2021—05	98.00	1314
玩转幻中之幻	2023—08	88.00	1682
数学艺术品	2023—09	98.00	1685
数学博弈与游戏	2023—10	68.00	1692
数学解题——靠数学思想给力(上)	2011—07	38.00	131
数学解题——靠数学思想给力(中)	2011—07	48.00	132
数学解题——靠数学思想给力(下)	2011—07	38.00	133
我怎样解题	2013—01	48.00	227
数学解题中的物理方法	2011—06	28.00	114
数学解题的特殊方法	2011—06	48.00	115
中学数学计算技巧(第2版)	2020—10	48.00	1220
中学数学证明方法	2012—01	58.00	117
数学趣题巧解	2012—03	28.00	128
高中数学教学通鉴	2015—05	58.00	479
和高中生漫谈:数学与哲学的故事	2014—08	28.00	369
算术问题集	2017—03	38.00	789
张教授讲数学	2018—07	38.00	933
陈永明实话实说数学教学	2020—04	68.00	1132
中学数学学科知识与教学能力	2020—06	58.00	1155
怎样把课讲好:大罕数学教学随笔	2022—03	58.00	1484
中国高考评价体系下高考数学探秘	2022—03	48.00	1487
教苑漫步	2024—01	58.00	1670
自主招生考试中的参数方程问题	2015—01	28.00	435
自主招生考试中的极坐标问题	2015—04	28.00	463
近年全国重点大学自主招生数学试题全解及研究.华约卷	2015—02	38.00	441
近年全国重点大学自主招生数学试题全解及研究.北约卷	2016—05	38.00	619
自主招生数学解证宝典	2015—09	48.00	535
中国科学技术大学创新班数学真题解析	2022—03	48.00	1488
中国科学技术大学创新班物理真题解析	2022—03	58.00	1489
格点和面积	2012—07	18.00	191
射影几何趣谈	2012—04	28.00	175
斯潘纳尔引理——从一道加拿大数学奥林匹克试题谈起	2014—01	28.00	228
李普希兹条件——从几道近年高考数学试题谈起	2012—10	18.00	221
拉格朗日中值定理——从一道北京高考试题的解法谈起	2015—10	18.00	197
闵科夫斯基定理——从一道清华大学自主招生试题谈起	2014—01	28.00	198
哈尔测度——从一道冬令营试题的背景谈起	2012—08	28.00	202
切比雪夫逼近问题——从一道中国台北数学奥林匹克试题谈起	2013—04	38.00	238
伯恩斯坦多项式与贝齐尔曲面——从一道全国高中数学联赛试题谈起	2013—03	38.00	236
卡塔兰猜想——从一道普特南竞赛试题谈起	2013—06	18.00	256
麦卡锡函数和阿克曼函数——从一道前南斯拉夫数学奥林匹克试题谈起	2012—08	18.00	201
贝蒂定理与拉姆贝克莫斯尔定理——从一个拣石子游戏谈起	2012—08	18.00	217
皮亚诺曲线和豪斯道夫分球定理——从无限集谈起	2012—08	18.00	211
平面凸图形与凸多面体	2012—10	28.00	218
斯坦因豪斯问题——从一道二十五省市自治区中学数学竞赛试题谈起	2012—07	18.00	196

— 9 —

刘培杰数学工作室
已出版(即将出版)图书目录——初等数学

书　　名	出版时间	定　价	编号
纽结理论中的亚历山大多项式与琼斯多项式——从一道北京市高一数学竞赛试题谈起	2012—07	28.00	195
原则与策略——从波利亚"解题表"谈起	2013—04	38.00	244
转化与化归——从三大尺规作图不能问题谈起	2012—08	28.00	214
代数几何中的贝祖定理(第一版)——从一道 IMO 试题的解法谈起	2013—08	18.00	193
成功连贯理论与约当块理论——从一道比利时数学竞赛试题谈起	2012—04	18.00	180
素数判定与大数分解	2014—08	18.00	199
置换多项式及其应用	2012—10	18.00	220
椭圆函数与模函数——从一道美国加州大学洛杉矶分校(UCLA)博士资格考题谈起	2012—10	28.00	219
差分方程的拉格朗日方法——从一道 2011 年全国高考理科试题的解法谈起	2012—08	28.00	200
力学在几何中的一些应用	2013—01	38.00	240
从根式解到伽罗华理论	2020—01	48.00	1121
康托洛维奇不等式——从一道全国高中联赛试题谈起	2013—03	28.00	337
西格尔引理——从一道第 18 届 IMO 试题的解法谈起	即将出版		
罗斯定理——从一道前苏联数学竞赛试题谈起	即将出版		
拉克斯定理和阿廷定理——从一道 IMO 试题的解法谈起	2014—01	58.00	246
毕卡大定理——从一道美国大学数学竞赛试题谈起	2014—07	18.00	350
贝齐尔曲线——从一道全国高中联赛试题谈起	即将出版		
拉格朗日乘子定理——从一道 2005 年全国高中联赛试题的高等数学解法谈起	2015—05	28.00	480
雅可比定理——从一道日本数学奥林匹克试题谈起	2013—04	48.00	249
李天岩－约克定理——从一道波兰数学竞赛试题谈起	2014—06	28.00	349
受控理论与初等不等式:从一道 IMO 试题的解法谈起	2023—03	48.00	1601
布劳维不动点定理——从一道前苏联数学奥林匹克试题谈起	2014—01	38.00	273
伯恩赛德定理——从一道英国数学奥林匹克试题谈起	即将出版		
布查特－莫斯特定理——从一道上海市初中竞赛试题谈起	即将出版		
数论中的同余数问题——从一道普特南竞赛试题谈起	即将出版		
范·德蒙行列式——从一道美国数学奥林匹克试题谈起	即将出版		
中国剩余定理:总数法构建中国历史年表	2015—01	28.00	430
牛顿程序与方程求根——从一道全国高考试题解法谈起	即将出版		
库默尔定理——从一道 IMO 预选试题谈起	即将出版		
卢丁定理——从一道冬令营试题的解法谈起	即将出版		
沃斯滕霍姆定理——从一道 IMO 预选试题谈起	即将出版		
卡尔松不等式——从一道莫斯科数学奥林匹克试题谈起	即将出版		
信息论中的香农熵——从一道近年高考压轴题谈起	即将出版		
约当不等式——从一道希望杯竞赛试题谈起	即将出版		
拉比诺维奇定理	即将出版		
刘维尔定理——从一道《美国数学月刊》征解问题的解法谈起	即将出版		
卡塔兰恒等式与级数求和——从一道 IMO 试题的解法谈起	即将出版		
勒让德猜想与素数分布——从一道爱尔兰竞赛试题谈起	即将出版		
天平称重与信息论——从一道基辅市数学奥林匹克试题谈起	即将出版		
哈密尔顿－凯莱定理:从一道高中数学联赛试题的解法谈起	2014—09	18.00	376
艾思特曼定理——从一道 CMO 试题的解法谈起	即将出版		

刘培杰数学工作室
已出版(即将出版)图书目录——初等数学

书　　名	出版时间	定　价	编号
阿贝尔恒等式与经典不等式及应用	2018—06	98.00	923
迪利克雷除数问题	2018—07	48.00	930
幻方、幻立方与拉丁方	2019—08	48.00	1092
帕斯卡三角形	2014—03	18.00	294
蒲丰投针问题——从2009年清华大学的一道自主招生试题谈起	2014—01	38.00	295
斯图姆定理——从一道"华约"自主招生试题的解法谈起	2014—01	18.00	296
许瓦兹引理——从一道加利福尼亚大学伯克利分校数学系博士生试题谈起	2014—08	18.00	297
拉姆塞定理——从王诗宬院士的一个问题谈起	2016—04	48.00	299
坐标法	2013—12	28.00	332
数论三角形	2014—04	38.00	341
毕克定理	2014—07	18.00	352
数林掠影	2014—09	48.00	389
我们周围的概率	2014—10	38.00	390
凸函数最值定理：从一道华约自主招生题的解法谈起	2014—10	28.00	391
易学与数学奥林匹克	2014—10	38.00	392
生物数学趣谈	2015—01	18.00	409
反演	2015—01	28.00	420
因式分解与圆锥曲线	2015—01	18.00	426
轨迹	2015—01	28.00	427
面积原理：从常庚哲命的一道CMO试题的积分解法谈起	2015—01	48.00	431
形形色色的不动点定理：从一道28届IMO试题谈起	2015—01	38.00	439
柯西函数方程：从一道上海交大自主招生的试题谈起	2015—02	28.00	440
三角恒等式	2015—02	28.00	442
无理性判定：从一道2014年"北约"自主招生试题谈起	2015—01	38.00	443
数学归纳法	2015—03	18.00	451
极端原理与解题	2015—04	28.00	464
法雷级数	2014—08	18.00	367
摆线族	2015—01	38.00	438
函数方程及其解法	2015—05	38.00	470
含参数的方程和不等式	2012—09	28.00	213
希尔伯特第十问题	2016—01	38.00	543
无穷小量的求和	2016—01	28.00	545
切比雪夫多项式：从一道清华大学金秋营试题谈起	2016—01	38.00	583
泽肯多夫定理	2016—03	38.00	599
代数等式证题法	2016—01	28.00	600
三角等式证题法	2016—01	28.00	601
吴大任教授藏书中的一个因式分解公式：从一道美国数学邀请赛试题的解法谈起	2016—06	28.00	656
易卦——类万物的数学模型	2017—08	68.00	838
"不可思议"的数与数系可持续发展	2018—01	38.00	878
最短线	2018—01	38.00	879
数学在天文、地理、光学、机械力学中的一些应用	2023—03	88.00	1576
从阿基米德三角形谈起	2023—01	28.00	1578
幻方和魔方(第一卷)	2012—05	68.00	173
尘封的经典——初等数学经典文献选读(第一卷)	2012—07	48.00	205
尘封的经典——初等数学经典文献选读(第二卷)	2012—07	38.00	206
初级方程式论	2011—03	28.00	106
初等数学研究(Ⅰ)	2008—09	68.00	37
初等数学研究(Ⅱ)(上、下)	2009—05	118.00	46,47
初等数学专题研究	2022—10	68.00	1568

刘培杰数学工作室
已出版(即将出版)图书目录——初等数学

书　名	出版时间	定　价	编号
趣味初等方程妙题集锦	2014—09	48.00	388
趣味初等数论选美与欣赏	2015—02	48.00	445
耕读笔记(上卷):一位农民数学爱好者的初数探索	2015—04	28.00	459
耕读笔记(中卷):一位农民数学爱好者的初数探索	2015—05	28.00	483
耕读笔记(下卷):一位农民数学爱好者的初数探索	2015—05	28.00	484
几何不等式研究与欣赏.上卷	2016—01	88.00	547
几何不等式研究与欣赏.下卷	2016—01	48.00	552
初等数列研究与欣赏·上	2016—01	48.00	570
初等数列研究与欣赏·下	2016—01	48.00	571
趣味初等函数研究与欣赏.上	2016—09	48.00	684
趣味初等函数研究与欣赏.下	2018—09	48.00	685
三角不等式研究与欣赏	2020—10	68.00	1197
新编平面解析几何解题方法研究与欣赏	2021—10	78.00	1426
火柴游戏(第2版)	2022—05	38.00	1493
智力解谜.第1卷	2017—07	38.00	613
智力解谜.第2卷	2017—07	38.00	614
故事智力	2016—07	48.00	615
名人们喜欢的智力问题	2020—01	48.00	616
数学大师的发现、创造与失误	2018—01	48.00	617
异曲同工	2018—09	48.00	618
数学的味道(第2版)	2023—10	68.00	1686
数学千字文	2018—10	68.00	977
数贝偶拾——高考数学题研究	2014—04	28.00	274
数贝偶拾——初等数学研究	2014—04	38.00	275
数贝偶拾——奥数题研究	2014—04	48.00	276
钱昌本教你快乐学数学(上)	2011—12	48.00	155
钱昌本教你快乐学数学(下)	2012—03	58.00	171
集合、函数与方程	2014—01	28.00	300
数列与不等式	2014—01	38.00	301
三角与平面向量	2014—01	28.00	302
平面解析几何	2014—01	38.00	303
立体几何与组合	2014—01	28.00	304
极限与导数、数学归纳法	2014—01	38.00	305
趣味数学	2014—03	28.00	306
教材教法	2014—04	68.00	307
自主招生	2014—05	58.00	308
高考压轴题(上)	2015—01	48.00	309
高考压轴题(下)	2014—10	68.00	310
从费马到怀尔斯——费马大定理的历史	2013—10	198.00	I
从庞加莱到佩雷尔曼——庞加莱猜想的历史	2013—10	298.00	II
从切比雪夫到爱尔特希(上)——素数定理的初等证明	2013—07	48.00	III
从切比雪夫到爱尔特希(下)——素数定理100年	2012—12	98.00	III
从高斯到盖尔方特——二次域的高斯猜想	2013—10	198.00	IV
从库默尔到朗兰兹——朗兰兹猜想的历史	2014—01	98.00	V
从比勃巴赫到德布朗斯——比勃巴赫猜想的历史	2014—02	298.00	VI
从麦比乌斯到陈省身——麦比乌斯变换与麦比乌斯带	2014—02	298.00	VII
从布尔到豪斯道夫——布尔方程与格论漫谈	2013—10	198.00	VIII
从开普勒到阿诺德——三体问题的历史	2014—05	298.00	IX
从华林到华罗庚——华林问题的历史	2013—10	298.00	X

刘培杰数学工作室
已出版(即将出版)图书目录——初等数学

书　　名	出版时间	定　价	编号
美国高中数学竞赛五十讲.第1卷(英文)	2014—08	28.00	357
美国高中数学竞赛五十讲.第2卷(英文)	2014—08	28.00	358
美国高中数学竞赛五十讲.第3卷(英文)	2014—09	28.00	359
美国高中数学竞赛五十讲.第4卷(英文)	2014—09	28.00	360
美国高中数学竞赛五十讲.第5卷(英文)	2014—10	28.00	361
美国高中数学竞赛五十讲.第6卷(英文)	2014—11	28.00	362
美国高中数学竞赛五十讲.第7卷(英文)	2014—12	28.00	363
美国高中数学竞赛五十讲.第8卷(英文)	2015—01	28.00	364
美国高中数学竞赛五十讲.第9卷(英文)	2015—01	28.00	365
美国高中数学竞赛五十讲.第10卷(英文)	2015—02	38.00	366
三角函数(第2版)	2017—04	38.00	626
不等式	2014—01	38.00	312
数列	2014—01	38.00	313
方程(第2版)	2017—04	38.00	624
排列和组合	2014—01	28.00	315
极限与导数(第2版)	2016—04	38.00	635
向量(第2版)	2018—08	58.00	627
复数及其应用	2014—08	28.00	318
函数	2014—01	38.00	319
集合	2020—01	48.00	320
直线与平面	2014—01	28.00	321
立体几何(第2版)	2016—04	38.00	629
解三角形	即将出版		323
直线与圆(第2版)	2016—11	38.00	631
圆锥曲线(第2版)	2016—09	48.00	632
解题通法(一)	2014—07	38.00	326
解题通法(二)	2014—07	38.00	327
解题通法(三)	2014—05	38.00	328
概率与统计	2014—01	28.00	329
信息迁移与算法	即将出版		330
IMO 50年.第1卷(1959—1963)	2014—11	28.00	377
IMO 50年.第2卷(1964—1968)	2014—11	28.00	378
IMO 50年.第3卷(1969—1973)	2014—09	28.00	379
IMO 50年.第4卷(1974—1978)	2016—04	38.00	380
IMO 50年.第5卷(1979—1984)	2015—04	38.00	381
IMO 50年.第6卷(1985—1989)	2015—04	58.00	382
IMO 50年.第7卷(1990—1994)	2016—01	48.00	383
IMO 50年.第8卷(1995—1999)	2016—06	38.00	384
IMO 50年.第9卷(2000—2004)	2015—04	58.00	385
IMO 50年.第10卷(2005—2009)	2016—01	48.00	386
IMO 50年.第11卷(2010—2015)	2017—03	48.00	646

刘培杰数学工作室
已出版(即将出版)图书目录——初等数学

书 名	出版时间	定 价	编号
数学反思(2006—2007)	2020—09	88.00	915
数学反思(2008—2009)	2019—01	68.00	917
数学反思(2010—2011)	2018—05	58.00	916
数学反思(2012—2013)	2019—01	58.00	918
数学反思(2014—2015)	2019—03	78.00	919
数学反思(2016—2017)	2021—03	58.00	1286
数学反思(2018—2019)	2023—01	88.00	1593
历届美国大学生数学竞赛试题集.第一卷(1938—1949)	2015—01	28.00	397
历届美国大学生数学竞赛试题集.第二卷(1950—1959)	2015—01	28.00	398
历届美国大学生数学竞赛试题集.第三卷(1960—1969)	2015—01	28.00	399
历届美国大学生数学竞赛试题集.第四卷(1970—1979)	2015—01	18.00	400
历届美国大学生数学竞赛试题集.第五卷(1980—1989)	2015—01	28.00	401
历届美国大学生数学竞赛试题集.第六卷(1990—1999)	2015—01	28.00	402
历届美国大学生数学竞赛试题集.第七卷(2000—2009)	2015—08	18.00	403
历届美国大学生数学竞赛试题集.第八卷(2010—2012)	2015—01	18.00	404
新课标高考数学创新题解题诀窍:总论	2014—09	28.00	372
新课标高考数学创新题解题诀窍:必修 1~5 分册	2014—08	38.00	373
新课标高考数学创新题解题诀窍:选修 2-1,2-2,1-1,1-2分册	2014—09	38.00	374
新课标高考数学创新题解题诀窍:选修 2-3,4-4,4-5 分册	2014—09	18.00	375
全国重点大学自主招生英文数学试题全攻略:词汇卷	2015—07	48.00	410
全国重点大学自主招生英文数学试题全攻略:概念卷	2015—01	28.00	411
全国重点大学自主招生英文数学试题全攻略:文章选读卷(上)	2016—09	38.00	412
全国重点大学自主招生英文数学试题全攻略:文章选读卷(下)	2017—01	58.00	413
全国重点大学自主招生英文数学试题全攻略:试题卷	2015—07	38.00	414
全国重点大学自主招生英文数学试题全攻略:名著欣赏卷	2017—03	48.00	415
劳埃德数学趣题大全.题目卷.1:英文	2016—01	18.00	516
劳埃德数学趣题大全.题目卷.2:英文	2016—01	18.00	517
劳埃德数学趣题大全.题目卷.3:英文	2016—01	18.00	518
劳埃德数学趣题大全.题目卷.4:英文	2016—01	18.00	519
劳埃德数学趣题大全.题目卷.5:英文	2016—01	18.00	520
劳埃德数学趣题大全.答案卷:英文	2016—01	18.00	521
李成章教练奥数笔记.第 1 卷	2016—01	48.00	522
李成章教练奥数笔记.第 2 卷	2016—01	48.00	523
李成章教练奥数笔记.第 3 卷	2016—01	38.00	524
李成章教练奥数笔记.第 4 卷	2016—01	38.00	525
李成章教练奥数笔记.第 5 卷	2016—01	38.00	526
李成章教练奥数笔记.第 6 卷	2016—01	38.00	527
李成章教练奥数笔记.第 7 卷	2016—01	38.00	528
李成章教练奥数笔记.第 8 卷	2016—01	48.00	529
李成章教练奥数笔记.第 9 卷	2016—01	28.00	530

刘培杰数学工作室
已出版(即将出版)图书目录——初等数学

书　名	出版时间	定　价	编号
第19~23届"希望杯"全国数学邀请赛试题审题要津详细评注(初一版)	2014—03	28.00	333
第19~23届"希望杯"全国数学邀请赛试题审题要津详细评注(初二、初三版)	2014—03	38.00	334
第19~23届"希望杯"全国数学邀请赛试题审题要津详细评注(高一版)	2014—03	28.00	335
第19~23届"希望杯"全国数学邀请赛试题审题要津详细评注(高二版)	2014—03	38.00	336
第19~25届"希望杯"全国数学邀请赛试题审题要津详细评注(初一版)	2015—01	38.00	416
第19~25届"希望杯"全国数学邀请赛试题审题要津详细评注(初二、初三版)	2015—01	58.00	417
第19~25届"希望杯"全国数学邀请赛试题审题要津详细评注(高一版)	2015—01	48.00	418
第19~25届"希望杯"全国数学邀请赛试题审题要津详细评注(高二版)	2015—01	48.00	419
物理奥林匹克竞赛大题典——力学卷	2014—11	48.00	405
物理奥林匹克竞赛大题典——热学卷	2014—04	28.00	339
物理奥林匹克竞赛大题典——电磁学卷	2015—07	48.00	406
物理奥林匹克竞赛大题典——光学与近代物理卷	2014—06	28.00	345
历届中国东南地区数学奥林匹克试题集(2004~2012)	2014—06	18.00	346
历届中国西部地区数学奥林匹克试题集(2001~2012)	2014—07	18.00	347
历届中国女子数学奥林匹克试题集(2002~2012)	2014—08	18.00	348
数学奥林匹克在中国	2014—06	98.00	344
数学奥林匹克问题集	2014—01	38.00	267
数学奥林匹克不等式散论	2010—06	38.00	124
数学奥林匹克不等式欣赏	2011—09	38.00	138
数学奥林匹克超级题库(初中卷上)	2010—01	58.00	66
数学奥林匹克不等式证明方法和技巧(上、下)	2011—08	158.00	134,135
他们学什么:原民主德国中学数学课本	2016—09	38.00	658
他们学什么:英国中学数学课本	2016—09	38.00	659
他们学什么:法国中学数学课本.1	2016—09	38.00	660
他们学什么:法国中学数学课本.2	2016—09	28.00	661
他们学什么:法国中学数学课本.3	2016—09	38.00	662
他们学什么:苏联中学数学课本	2016—09	28.00	679
高中数学题典——集合与简易逻辑·函数	2016—07	48.00	647
高中数学题典——导数	2016—07	48.00	648
高中数学题典——三角函数·平面向量	2016—07	48.00	649
高中数学题典——数列	2016—07	58.00	650
高中数学题典——不等式·推理与证明	2016—07	38.00	651
高中数学题典——立体几何	2016—07	48.00	652
高中数学题典——平面解析几何	2016—07	78.00	653
高中数学题典——计数原理·统计·概率·复数	2016—07	48.00	654
高中数学题典——算法·平面几何·初等数论·组合数学·其他	2016—07	68.00	655

— 15 —

刘培杰数学工作室
已出版(即将出版)图书目录——初等数学

书　名	出版时间	定　价	编号
台湾地区奥林匹克数学竞赛试题.小学一年级	2017—03	38.00	722
台湾地区奥林匹克数学竞赛试题.小学二年级	2017—03	38.00	723
台湾地区奥林匹克数学竞赛试题.小学三年级	2017—03	38.00	724
台湾地区奥林匹克数学竞赛试题.小学四年级	2017—03	38.00	725
台湾地区奥林匹克数学竞赛试题.小学五年级	2017—03	38.00	726
台湾地区奥林匹克数学竞赛试题.小学六年级	2017—03	38.00	727
台湾地区奥林匹克数学竞赛试题.初中一年级	2017—03	38.00	728
台湾地区奥林匹克数学竞赛试题.初中二年级	2017—03	38.00	729
台湾地区奥林匹克数学竞赛试题.初中三年级	2017—03	28.00	730
不等式证题法	2017—04	28.00	747
平面几何培优教程	2019—08	88.00	748
奥数鼎级培优教程.高一分册	2018—09	88.00	749
奥数鼎级培优教程.高二分册.上	2018—04	68.00	750
奥数鼎级培优教程.高二分册.下	2018—04	68.00	751
高中数学竞赛冲刺宝典	2019—04	68.00	883
初中尖子生数学超级题典.实数	2017—07	58.00	792
初中尖子生数学超级题典.式、方程与不等式	2017—08	58.00	793
初中尖子生数学超级题典.圆、面积	2017—08	38.00	794
初中尖子生数学超级题典.函数、逻辑推理	2017—08	48.00	795
初中尖子生数学超级题典.角、线段、三角形与多边形	2017—07	58.00	796
数学王子——高斯	2018—01	48.00	858
坎坷奇星——阿贝尔	2018—01	48.00	859
闪烁奇星——伽罗瓦	2018—01	58.00	860
无穷统帅——康托尔	2018—01	48.00	861
科学公主——柯瓦列夫斯卡娅	2018—01	48.00	862
抽象代数之母——埃米·诺特	2018—01	48.00	863
电脑先驱——图灵	2018—01	58.00	864
昔日神童——维纳	2018—01	48.00	865
数坛怪侠——爱尔特希	2018—01	68.00	866
传奇数学家徐利治	2019—09	88.00	1110
当代世界中的数学.数学思想与数学基础	2019—01	38.00	892
当代世界中的数学.数学问题	2019—01	38.00	893
当代世界中的数学.应用数学与数学应用	2019—01	38.00	894
当代世界中的数学.数学王国的新疆域(一)	2019—01	38.00	895
当代世界中的数学.数学王国的新疆域(二)	2019—01	38.00	896
当代世界中的数学.数林撷英(一)	2019—01	38.00	897
当代世界中的数学.数林撷英(二)	2019—01	48.00	898
当代世界中的数学.数学之路	2019—01	38.00	899

刘培杰数学工作室
已出版(即将出版)图书目录——初等数学

书　名	出版时间	定　价	编号
105个代数问题:来自AwesomeMath夏季课程	2019—02	58.00	956
106个几何问题:来自AwesomeMath夏季课程	2020—07	58.00	957
107个几何问题:来自AwesomeMath全年课程	2020—07	58.00	958
108个代数问题:来自AwesomeMath全年课程	2019—01	68.00	959
109个不等式:来自AwesomeMath夏季课程	2019—04	58.00	960
110个几何问题:选自各国数学奥林匹克竞赛	2024—04	58.00	961
111个代数和数论问题	2019—05	58.00	962
112个组合问题:来自AwesomeMath夏季课程	2019—05	58.00	963
113个几何不等式:来自AwesomeMath夏季课程	2020—08	58.00	964
114个指数和对数问题:来自AwesomeMath夏季课程	2019—09	48.00	965
115个三角问题:来自AwesomeMath夏季课程	2019—09	58.00	966
116个代数不等式:来自AwesomeMath全年课程	2019—04	58.00	967
117个多项式问题:来自AwesomeMath夏季课程	2021—09	58.00	1409
118个数学竞赛不等式	2022—08	78.00	1526
紫色彗星国际数学竞赛试题	2019—02	58.00	999
数学竞赛中的数学:为数学爱好者、父母、教师和教练准备的丰富资源.第一部	2020—04	58.00	1141
数学竞赛中的数学:为数学爱好者、父母、教师和教练准备的丰富资源.第二部	2020—07	48.00	1142
和与积	2020—10	38.00	1219
数论:概念和问题	2020—12	68.00	1257
初等数学问题研究	2021—03	48.00	1270
数学奥林匹克中的欧几里得几何	2021—10	68.00	1413
数学奥林匹克题解新编	2022—01	58.00	1430
图论入门	2022—09	58.00	1554
新的、更新的、最新的不等式	2023—07	58.00	1650
数学竞赛中奇妙的多项式	2024—01	78.00	1646
120个奇妙的代数问题及20个奖励问题	2024—04	48.00	1647
澳大利亚中学数学竞赛试题及解答(初级卷)1978～1984	2019—02	28.00	1002
澳大利亚中学数学竞赛试题及解答(初级卷)1985～1991	2019—02	28.00	1003
澳大利亚中学数学竞赛试题及解答(初级卷)1992～1998	2019—02	28.00	1004
澳大利亚中学数学竞赛试题及解答(初级卷)1999～2005	2019—02	28.00	1005
澳大利亚中学数学竞赛试题及解答(中级卷)1978～1984	2019—03	28.00	1006
澳大利亚中学数学竞赛试题及解答(中级卷)1985～1991	2019—03	28.00	1007
澳大利亚中学数学竞赛试题及解答(中级卷)1992～1998	2019—03	28.00	1008
澳大利亚中学数学竞赛试题及解答(中级卷)1999～2005	2019—03	28.00	1009
澳大利亚中学数学竞赛试题及解答(高级卷)1978～1984	2019—05	28.00	1010
澳大利亚中学数学竞赛试题及解答(高级卷)1985～1991	2019—05	28.00	1011
澳大利亚中学数学竞赛试题及解答(高级卷)1992～1998	2019—05	28.00	1012
澳大利亚中学数学竞赛试题及解答(高级卷)1999～2005	2019—05	28.00	1013
天才中小学生智力测验题.第一卷	2019—03	38.00	1026
天才中小学生智力测验题.第二卷	2019—03	38.00	1027
天才中小学生智力测验题.第三卷	2019—03	38.00	1028
天才中小学生智力测验题.第四卷	2019—03	38.00	1029
天才中小学生智力测验题.第五卷	2019—03	38.00	1030
天才中小学生智力测验题.第六卷	2019—03	38.00	1031
天才中小学生智力测验题.第七卷	2019—03	38.00	1032
天才中小学生智力测验题.第八卷	2019—03	38.00	1033
天才中小学生智力测验题.第九卷	2019—03	38.00	1034
天才中小学生智力测验题.第十卷	2019—03	38.00	1035
天才中小学生智力测验题.第十一卷	2019—03	38.00	1036
天才中小学生智力测验题.第十二卷	2019—03	38.00	1037
天才中小学生智力测验题.第十三卷	2019—03	38.00	1038

刘培杰数学工作室
已出版(即将出版)图书目录——初等数学

书　　名	出版时间	定　价	编号
重点大学自主招生数学备考全书:函数	2020—05	48.00	1047
重点大学自主招生数学备考全书:导数	2020—08	48.00	1048
重点大学自主招生数学备考全书:数列与不等式	2019—10	78.00	1049
重点大学自主招生数学备考全书:三角函数与平面向量	2020—08	68.00	1050
重点大学自主招生数学备考全书:平面解析几何	2020—07	58.00	1051
重点大学自主招生数学备考全书:立体几何与平面几何	2019—08	48.00	1052
重点大学自主招生数学备考全书:排列组合・概率统计・复数	2019—09	48.00	1053
重点大学自主招生数学备考全书:初等数论与组合数学	2019—08	48.00	1054
重点大学自主招生数学备考全书:重点大学自主招生真题.上	2019—04	68.00	1055
重点大学自主招生数学备考全书:重点大学自主招生真题.下	2019—04	58.00	1056
高中数学竞赛培训教程:平面几何问题的求解方法与策略.上	2018—05	68.00	906
高中数学竞赛培训教程:平面几何问题的求解方法与策略.下	2018—06	78.00	907
高中数学竞赛培训教程:整除与同余以及不定方程	2018—01	88.00	908
高中数学竞赛培训教程:组合计数与组合极值	2018—04	48.00	909
高中数学竞赛培训教程:初等代数	2019—04	78.00	1042
高中数学讲座:数学竞赛基础教程(第一册)	2019—06	48.00	1094
高中数学讲座:数学竞赛基础教程(第二册)	即将出版		1095
高中数学讲座:数学竞赛基础教程(第三册)	即将出版		1096
高中数学讲座:数学竞赛基础教程(第四册)	即将出版		1097
新编中学数学解题方法1000招丛书.实数(初中版)	2022—05	58.00	1291
新编中学数学解题方法1000招丛书.式(初中版)	2022—05	48.00	1292
新编中学数学解题方法1000招丛书.方程与不等式(初中版)	2021—04	58.00	1293
新编中学数学解题方法1000招丛书.函数(初中版)	2022—05	38.00	1294
新编中学数学解题方法1000招丛书.角(初中版)	2022—05	48.00	1295
新编中学数学解题方法1000招丛书.线段(初中版)	2022—05	48.00	1296
新编中学数学解题方法1000招丛书.三角形与多边形(初中版)	2021—04	48.00	1297
新编中学数学解题方法1000招丛书.圆(初中版)	2022—05	48.00	1298
新编中学数学解题方法1000招丛书.面积(初中版)	2021—07	28.00	1299
新编中学数学解题方法1000招丛书.逻辑推理(初中版)	2022—06	48.00	1300
高中数学题典精编.第一辑.函数	2022—01	58.00	1444
高中数学题典精编.第一辑.导数	2022—01	68.00	1445
高中数学题典精编.第一辑.三角函数・平面向量	2022—01	68.00	1446
高中数学题典精编.第一辑.数列	2022—01	58.00	1447
高中数学题典精编.第一辑.不等式・推理与证明	2022—01	58.00	1448
高中数学题典精编.第一辑.立体几何	2022—01	58.00	1449
高中数学题典精编.第一辑.平面解析几何	2022—01	68.00	1450
高中数学题典精编.第一辑.统计・概率・平面几何	2022—01	58.00	1451
高中数学题典精编.第一辑.初等数论・组合数学・数学文化・解题方法	2022—01	58.00	1452
历届全国初中数学竞赛试题分类解析.初等代数	2022—09	98.00	1555
历届全国初中数学竞赛试题分类解析.初等数论	2022—09	48.00	1556
历届全国初中数学竞赛试题分类解析.平面几何	2022—09	38.00	1557
历届全国初中数学竞赛试题分类解析.组合	2022—09	38.00	1558

刘培杰数学工作室
已出版(即将出版)图书目录——初等数学

书 名	出版时间	定 价	编号
从三道高三数学模拟题的背景谈起:兼谈傅里叶三角级数	2023—03	48.00	1651
从一道日本东京大学的入学试题谈起:兼谈π的方方面面	即将出版		1652
从两道2021年福建高三数学测试题谈起:兼谈球面几何学与球面三角学	即将出版		1653
从一道湖南高考数学试题谈起:兼谈有界变差数列	2024—01	48.00	1654
从一道高校自主招生试题谈起:兼谈詹森函数方程	即将出版		1655
从一道上海高考数学试题谈起:兼谈有界变差函数	即将出版		1656
从一道北京大学金秋营数学试题的解法谈起:兼谈伽罗瓦理论	即将出版		1657
从一道北京高考数学试题的解法谈起:兼谈毕克定理	即将出版		1658
从一道北京大学金秋营数学试题的解法谈起:兼谈帕塞瓦尔恒等式	即将出版		1659
从一道高三数学模拟测试题的背景谈起:兼谈等周问题与等周不等式	即将出版		1660
从一道2020年全国高考数学试题的解法谈起:兼谈斐波那契数列和纳卡穆拉定理及奥斯图达定理	即将出版		1661
从一道高考数学附加题谈起:兼谈广义斐波那契数列	即将出版		1662
代数学教程.第一卷,集合论	2023—08	58.00	1664
代数学教程.第二卷,抽象代数基础	2023—08	68.00	1665
代数学教程.第三卷,数论原理	2023—08	58.00	1666
代数学教程.第四卷,代数方程式论	2023—08	48.00	1667
代数学教程.第五卷,多项式理论	2023—08	58.00	1668

联系地址:哈尔滨市南岗区复华四道街10号　哈尔滨工业大学出版社刘培杰数学工作室
邮　编:150006
联系电话:0451—86281378　　13904613167
E-mail:lpj1378@163.com